高等职业本科教育新形态教材

建筑工程造价数字化应用

黄春霞　马梦娜　主　编
郭　靖　冯改荣　副主编

清华大学出版社
北京

内 容 简 介

本书立足造价员岗位技能要求，以学生技能培养为本位，依据职业标准，通过企业真实案例，还原真实的工作流程和要求，注重操作技能，全面体现和细化职业标准的基本工作要求。

根据高等学校土木工程类专业的人才培养目标、教学计划及数字造价技术培养的教学特点和要求，本书以 22G101 系列图集平法规则、《房屋建筑与装饰工程工程量计算规范》(GB 50854—2013)和《陕西省建筑、装饰工程消耗量定额》(2004)为依据进行案例编制。

本书依托最新版本的造价软件 GTJ2021、GCCP6.0 进行工程计量与计价，在此基础上拓展为工程造价数字化应用综合项目训练。全书包括 3 个项目、7 个模块、33 个任务和 17 个建筑故事。

本书可作为高等院校工程管理、工程造价等专业的教材，适用于土木工程类相关专业造价软件课程的教学，也可作为建设单位、施工单位、设计单位及监理单位工程造价人员学习的参考资料。

版权所有，侵权必究。举报：010-62782989，beiqinquan@tup.tsinghua.edu.cn。

图书在版编目(CIP)数据

建筑工程造价数字化应用 / 黄春霞，马梦娜主编.
北京：清华大学出版社，2024.10. -- (高等职业本科教育新形态教材). -- ISBN 978-7-302-67489-4
Ⅰ. TU723.31-39
中国国家版本馆 CIP 数据核字第 2024R3826J 号

责任编辑：王向珍　王　华
封面设计：陈国熙
责任校对：欧　洋
责任印制：丛怀宇

出版发行：清华大学出版社
网　　址：https://www.tup.com.cn, https://www.wqxuetang.com
地　　址：北京清华大学学研大厦 A 座　　邮　编：100084
社 总 机：010-83470000　　邮　购：010-62786544
投稿与读者服务：010-62776969, c-service@tup.tsinghua.edu.cn
质量反馈：010-62772015, zhiliang@tup.tsinghua.edu.cn
印 装 者：三河市龙大印装有限公司
经　　销：全国新华书店
开　　本：185mm×260mm　　印　张：19　　字　数：461 千字
版　　次：2024 年 11 月第 1 版　　印　次：2024 年 11 月第 1 次印刷
定　　价：59.80 元

产品编号：103301-01

编 委 会

主　　编：黄春霞　马梦娜
副 主 编：郭　靖　冯改荣
参　　编：代　元　陈晓婕　李竹青　田　颖　郑宣宣
　　　　　丁　瑶　李兴平　张　慧　王琳娜

前言

"建筑工程造价数字化应用"课程是工程造价专业的核心课程,也是从事建筑工程预算、施工等工作的技术人员必须掌握的专业知识和技能。通过对本课程相关理论与工程实例的学习,学生可以掌握"广联达 BIM 土建计量平台 GTJ2021"和"广联达云计价平台 GCCP6.0"两个软件的应用,熟悉 22G101 系列图集平法规则、《房屋建筑与装饰工程工程量计算规范》(GB 50854—2013)等规范,具备运用计算机完成土建工程量计算及清单计价等一系列工程造价工作的能力。本书的特色主要包括以下三方面。

1. 校企融通共建,教学知行合一

在课程建设过程中,团队教师积极与企业深度合作共建,教学内容源于企业真实案例,课程框架源于工作流程。采用情景模拟激活学生学习动力,运用教学案例,提升学生实践技能;通过岗位实习,践行理论知识;通过理论实践的循环往复,实现学用相融、知行合一。

2. 深度挖掘融入,思政综合育人

围绕具体学习任务,细化教学目标,贯穿"资源为基,技能为纲,应用为主,匠心为本"原则,对标课程思政元素,践行"守初心,铸匠魂,强技能"的育人理念。基于企业案例库中的真实案例,对每一个工程的模型建立追求精益求精、一丝不苟,引导学生树立正确的职业道德观,培养学生形成良好的敬业精神;运用土建算量平台、现行的清单和定额规范,精准计算工程量,描述项目特征,培养学生的责任心和使命感。

3. 定位岗位需求,提升就业能力

以工程造价软件操作实用技能为核心,推行"教中做、做中学",嵌入"1+X 证书"和技能大赛相关要求,重点围绕服务国家需要、市场需求和学生就业能力提升,对接企业用人需求,提升学生就业能力。

本书由高校教师与企业造价人员结合自己的实际工作经验,优势互补、分工协作共同完成。全书以 3 个实际工程实例的施工图算量与计价贯穿造价知识和技能领域,按企业完成一个工程项目的造价内容及造价文件的编制标准设计教材内容,适用于高等院校工程造价等专业学生、建筑行业入行新手等零基础学员学习参考,也可供建筑行业工程技术人员使用。

本书为黑白印刷,但为方便读者学习,书中涉及的彩色界面描述仍保留原有说法,阅读时参考二维码中内容使用。另外由于软件界面和命令中采用"其它""砼"等字无法修改,所以只在正文改正为"其他""混凝土"等。软件截图中钢筋等级用 A、B、C、D 表示,对应 ϕ、Φ、Φ、Φ 级钢筋。

本书由陕西工业职业技术学院黄春霞、马梦娜任主编,陕西工业职业技术学院郭靖、浙江广厦建设职业技术大学冯改荣任副主编,陕西工业职业技术学院代元、陈晓婕、李竹青、田颖、郑宣宣、丁瑶、张慧、王琳娜和中交二公局第五工程有限公司李兴平参编。全书框架结构安排、统稿和定稿由黄春霞承担。具体编写分工如表1所示。

表1 编写任务分工

序号	编写人员	编写任务
1	黄春霞	项目三 模块一 学习新视界15
2	马梦娜	项目一 模块一 任务4 项目二 模块一、模块二 学习新视界14
3	郭靖	项目一 模块一 任务10 　　　 模块二 任务11 项目三 模块二 任务6、任务7 学习新视界16
4	冯改荣	项目一 模块一 任务6、任务7 学习新视界4、5
5	代元	项目一 模块二 任务15 学习新视界11
6	陈晓婕	项目一 模块一 任务1、任务2、任务3
7	李竹青	项目三 模块二 任务8、任务9、任务10 学习新视界17
8	田颖	项目一 模块二 任务13、任务14 学习新视界9、10
9	郑宣宣	项目一 模块一 任务8、任务9 学习新视界6
10	丁瑶	项目一 模块二 任务12
11	李兴平	项目一 模块一 任务5
12	张慧	学习新视界1、2、3、8、12
13	王琳娜	学习新视界7、13

由于编者水平有限,书中难免存在不足之处,敬请读者提出宝贵意见。

以下为3个工程实例的电子图纸二维码,扫码即可下载查阅。

理实一体化
实训大楼

1号住宅楼

2号住宅楼

编　者

2024年1月

目录

项目一　建筑工程数字化计量

模块一　教学楼工程主体工程量计算 ························ 3
　任务 1　新建工程 ························ 4
　任务 2　轴网的建立 ························ 15
　任务 3　基础工程量计算 ························ 20
　任务 4　柱工程量计算 ························ 33
　任务 5　工程量汇总计算及检查 ························ 43
　任务 6　梁工程量计算 ························ 53
　任务 7　板工程量计算 ························ 63
　任务 8　砌体墙工程量计算 ························ 77
　任务 9　门窗、过梁、圈梁、构造柱工程量计算 ························ 85
　任务 10　土方工程量计算 ························ 96

模块二　教学楼工程其余构件工程量计算 ························ 106
　任务 11　建筑面积、平整场地工程量计算 ························ 106
　任务 12　楼梯工程量计算 ························ 112
　任务 13　台阶、雨篷工程量计算 ························ 118
　任务 14　散水、坡道工程量计算 ························ 127
　任务 15　装饰装修工程量计算 ························ 133

项目二　建筑工程数字化计价

模块一　编制分部分项工程费 ························ 161
　任务 1　招标控制价编制说明 ························ 162
　任务 2　新建招标项目 ························ 165
　任务 3　套用定额子目 ························ 174

模块二　编制措施项目费、其他项目费 ································· 185
任务 4　编制措施项目费 ··· 185
任务 5　编制其他项目费 ··· 196

模块三　生成电子招标文件 ·· 201
任务 6　调整人材机汇总费用 ·· 201
任务 7　费用汇总 ··· 208
任务 8　生成电子招标文件 ··· 212

项目三　建筑工程数字化计量拓展

模块一　"理实一体化实训大楼"工程 CAD 图纸智能识别 ·············· 219
任务 1　创建工程 ··· 219
任务 2　识别柱构件 ·· 226
任务 3　识别梁构件 ·· 231
任务 4　识别板构件 ·· 235
任务 5　识别墙构件及装饰装修 ··· 244

模块二　建筑主体构件工程量计算拓展 ··· 252
任务 6　筏板基础工程量计算 ·· 252
任务 7　集水坑工程量计算 ··· 263
任务 8　独立基础工程量计算 ·· 269
任务 9　剪力墙工程量计算 ··· 276
任务 10　剪力墙柱工程量计算 ··· 283

参考文献 ·· 293

二维码目录

1. 教材配套图纸
0-0-1	理实一体化实训大楼	IV
0-0-2	1号住宅楼	IV
0-0-3	2号住宅楼	IV

2. 微课视频
1-1-2	基本设置	6
1-1-3	新建楼层	7
1-1-4	计算设置	9
1-3-1	基础梁模型的创建	25
1-4-2	框架柱模型创建（上）	36
1-4-3	框架柱模型创建（下）	38
1-6-2	梁模型创建（上）	55
1-6-3	梁模型创建（下）	56
1-7-2	板模型创建（上）	66
1-7-3	板模型创建（下）	68
1-8-1	砌体墙模型创建	79
1-9-3	首层门窗、洞口模型创建	88
1-9-4	过梁模型创建	89
1-9-5	构造柱、圈梁模型创建	91
1-11-1	建筑面积、平整场地模型创建	108
1-12-2	楼梯模型创建	115
1-13-1	台阶模型创建	120
1-14-1	坡道模型创建	131
1-15-1	楼地面工程装修做法识读与定义	138
1-15-4	墙柱面工程装饰装修	140
1-15-5	天棚工程装饰装修做法识读与定义	140
1-15-7	外立面装饰装修做法识读与定义	141
2-1-1	数字工程计价前期准备	162
2-2-1	新建招标项目	165
2-3-1	分部分项清单	174

2-4-1	措施项目清单	187
2-5-1	其他项目清单	196
3-1-1	CAD识读概述及图纸管理	220
3-1-2	图纸操作和识别楼层表	221
3-1-3	识别轴网	223
3-2-1	识别柱	227
3-3-1	识别梁	232
3-4-1	识别板及板钢筋	236
3-5-1	识别墙	244
3-5-2	识别门窗和识别装修	246
3-6-1	筏板基础钢筋创建	254
3-6-2	筏板基础模型创建	256
3-9-2	剪力墙模型创建	279
3-10-2	剪力墙柱模型创建	286

3. 三维动画

1-1-1	整栋楼建筑模型创建过程	5
1-4-1	柱钢筋构造	35
1-6-1	梁钢筋构造	54
1-7-1	板钢筋构造	65
1-12-1	楼梯钢筋构造	112
3-9-1	剪力墙钢筋构造	277

4. 二维动画

1-9-1	过梁的作用	87
1-9-2	圈梁的作用	88
1-15-2	楼地面构造	139
1-15-3	墙面抹灰施工工艺	140
1-15-6	天棚吊顶构造	141
3-9-3	连梁的作用	282
3-10-1	暗梁的作用	284

项目一
建筑工程数字化计量

模块一　教学楼工程主体工程量计算

知识目标：

（1）了解清单计算规则与定额计算规则，以及相应清单库和定额库的选用。

（2）熟悉新建工程、工程设置、轴网的建立。

（3）理解图纸中各构件的识读方法。

（4）掌握垫层、桩基承台（简称桩承台）及条形基础属性定义，掌握建筑信息模型（building information model，BIM）创建以及清单套用的操作方法。

（5）掌握柱、梁、板、砌体墙、门窗、过梁、圈梁、构造柱、土石方工程等构件在GTJ算量软件中的新建及属性定义方法。

（6）掌握柱、梁、板、砌体墙、门窗、过梁、圈梁、构造柱、土石方工程等构件图元的绘制以及清单套用。

（7）了解钢筋编辑锁定、解锁及三维查看方法。

（8）掌握层间复制与构件信息修改方法。

（9）掌握工程量汇总、报表查看的操作方法。

能力目标：

（1）能够正确识读图纸，准确获取工程信息。

（2）能够正确新建工程，进行工程设置，绘制轴网。

（3）能够定义桩承台、条形基础、柱、梁、板等混凝土构件，并绘制图元。

（4）能够利用软件定义砌体墙、门窗、过梁及圈梁的属性，并绘制图元。

（5）能够使用GTJ算量软件正确定义土方开挖、回填土，并绘制图元。

（6）能够正确套取清单，计算混凝土构件、门窗、土石方工程等构件的工程量。

（7）能够利用层间复制功能完成各楼层构件的绘制。

（8）能够查看模型三维，汇总工程量并导出报表。

素质目标：

（1）培养学生严谨细致、精益求精的工作作风。

（2）培养学生发现问题、解决问题的能力。

（3）培养学生爱岗敬业、团结协作的精神。

（4）培养学生将理论应用于实践的能力。

任务1　新建工程

1.1　学习任务

1.1.1　任务说明

(1) 根据"理实一体化实训大楼"图纸,在软件中完成新建工程的各项设置。

(2) 根据"理实一体化实训大楼"图纸,在软件中完成楼层建立、混凝土强度等级和锚固搭接设置。

(3) 结合图纸和软件操作,填写任务考核中理论考核与任务成果相关内容。

1.1.2　任务指引

1. 分析图纸

1) 工程概况

本工程位于陕西省咸阳市,项目名称为"理实一体化实训大楼",地上主体8层,建筑物高度33.10m,总建筑面积11 344.31m^2,室内外高差750mm,檐高32.75m。框架结构,抗震设防烈度8度,框架抗震等级一级,上部嵌固部位是基础顶部。

2) 各楼层结构层高

由"理实一体化实训大楼"施工图纸(见前言二维码)中结施-3桩及桩承台布置图可知,基础底标高为−3.30m;由结施-4中1—1楼梯剖面图可知首层底标高为−0.05m,所以基础层层高为3.25m;由结构层高表可知各层层高,具体如表1-1所示。

表1-1　结构层高　　　　　　　　　　　　　　单位:m

楼　层	层底标高	层　高
装饰架	36.20	
屋面	32.00	4.20
第8层	27.95	4.05
第7层	23.95	4.00
第6层	19.95	4.00
第5层	15.95	4.00
第4层	11.95	4.00
第3层	7.95	4.00
第2层	3.95	4.00
首层	−0.05	4.00

3) 混凝土强度等级及保护层厚度

由结施-2的第(5)条、第(6)条以及楼层表中柱混凝土强度值,可得到各构件混凝土强度等级,如表1-2所示。

表1-2 混凝土强度等级

混凝土所在部位	混凝土强度等级
桩承台	C30
基础垫层	C15
基础顶～11.95m框架柱	C40
15.95～32.00m框架柱	C30
梁、楼板	C30
其余构件：构造柱、过梁、圈梁等	C25

由结施-2中第(6)条规定可知混凝土保护层厚度信息如下：基础为40mm，构造柱为20mm，圈梁为20mm；±0.000以上柱、梁、板均为20mm，±0.000以下柱、梁、板均为25mm。挑檐为20mm，室外挑檐梁为25mm，女儿墙为20mm，雨篷板为20mm，地下室外墙为25mm。

2. 计算规则

本工程采用22G101系列图集平法规则（简称22系平法规则），清单规则采用《房屋建筑与装饰工程计量规范计算规则》(2013—陕西)，清单库采用《建筑工程工程量清单计价规范》(2013—陕西)，定额库采用《陕西省建筑、装饰工程消耗量定额》(2004)、《陕西省建筑装饰市政园林绿化工程价目表》(2009)。

1.2 知识链接

1.2.1 新建工程

1. 启动软件

双击桌面上"广联达BIM土建计量平台GTJ2021"图标，启动软件，如图1-1所示。

2. 新建工程操作步骤

单击"新建工程"，进入新建工程界面，输入各项信息，如图1-2所示。

图1-1 软件图标

图1-2 新建工程

注：定额规则根据工程所在地进行选择，软件会采用选定的计算规则进行计算，后续操作中将无法更改。

1.2.2 基本设置

创建工程后,进入工程设置界面,包括“基本设置”“土建设置”“钢筋设置”三个部分。其中基本设置包括“工程信息”和“楼层设置”两部分内容。工程设置界面如图 1-3 所示。

微课 1-1-2

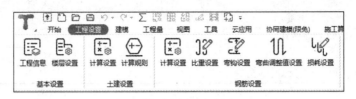

图 1-3 工程设置界面

1. 工程信息

工程信息设置的操作界面如图 1-4 所示,根据相关图纸输入各项信息。

工程信息

工程信息 计算规则 编制信息 自定义

	属性名称	属性值
1	⊟ 工程概况:	
2	工程名称:	理实一体化实训大楼
3	项目所在地:	陕西省咸阳市
4	详细地址:	陕西工业职业技术学院院内
5	建筑类型:	教育建筑
6	建筑用途:	教学楼
7	地上层数(层):	8
8	地下层数(层):	
9	裙房层数:	
10	建筑面积(m²):	11344.31
11	地上面积(m²):	(0)
12	地下面积(m²):	(0)
13	人防工程:	无人防
14	檐高(m):	32.75
15	结构类型:	框架结构
16	基础形式:	桩基础
17	⊟ 建筑结构等级参数:	
18	抗震设防类别:	丙类
19	抗震等级:	一级抗震
20	⊟ 地震参数:	
21	设防烈度:	8
22	基本地震加速度 (g) :	0.20
23	设计地震分组:	第一组
24	环境类别:	一
25	⊟ 施工信息:	
26	钢筋接头形式:	绑扎搭接+机械连接
27	室外地坪相对±0.000标高(m):	-0.75
28	基础埋深(m):	1.25
29	标准层高(m):	4
30	地下水位线相对±0.000标高(m):	
31	实施阶段:	招投标
32	开工日期:	2014-09-18
33	竣工日期:	2015-09-18

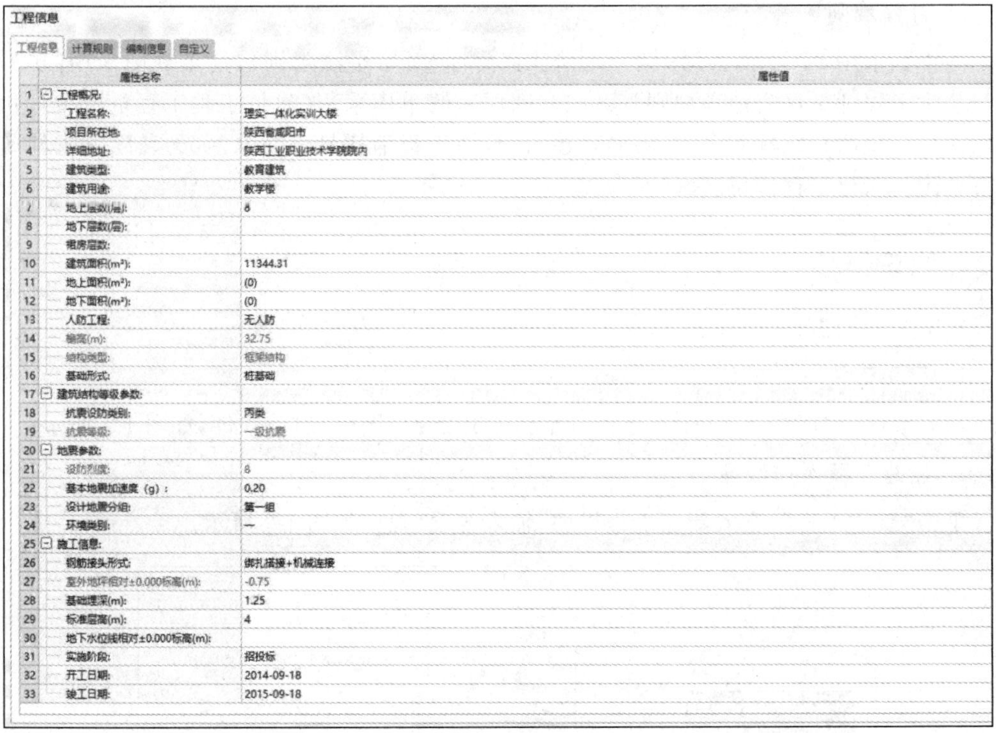

图 1-4 工程信息

注:软件中蓝色字体部分必须填写,黑色字体所示信息只起标识作用,可以不填,不影响计算结果。一般需要修改“檐高(m)”“结构类型”“抗震等级”“设防烈度”“室外地坪相对±0.000 标高(m)”。

2. 楼层设置

楼层设置包括楼层的建立、楼层混凝土强度和锚固搭接设置两部分,其中楼层混凝土强度和锚固搭接设置分为混凝土强度等级及类型、钢筋锚固和搭接、保护层厚度、砌体砂浆类型及强度等级的设置。

1) 建立楼层

单击"楼层设置",进入楼层设置界面,建立楼层的操作方法如图1-5所示。

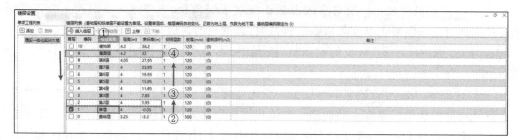

图1-5 建立楼层

操作步骤:

① 鼠标定位在首层,单击"插入楼层",即可添加"第2层";

② 选择首层所在的行,首层底标高输入"-0.05",层高输入"4",第2层底标高自动变为"3.95",板厚采用软件默认"120";

③ 选择第2层所在的行,根据楼层信息表修改第2层层高为"4",并重复第②、③步操作完成第3层到装饰架层的建立;

④ 选择第9层所在的行,将其名称修改为屋面层,层高输入"4.2",并修改基础层高为"3.25"。

注:软件默认给出"首层"和"基础层"。鼠标定位在首层,单击"插入楼层",则插入地上楼层;鼠标定位在基础层,单击"插入楼层",则插入负一层。

2) 混凝土强度等级和保护层厚度

根据表1-2修改各楼层"混凝土强度等级"和"保护层厚度",操作界面如图1-6所示。

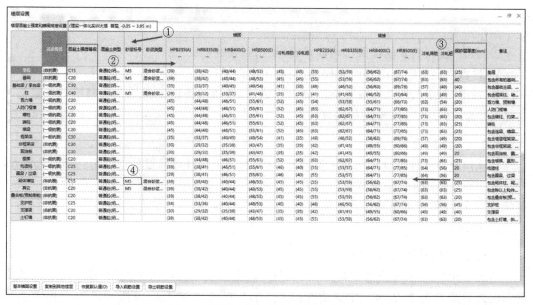

图1-6 混凝土强度等级和保护层厚度

操作步骤：

① 软件默认楼层列表在首层对应的行；

② 在下方表格中显示首层对应的混凝土强度等级信息，参考表1-2混凝土强度等级，单击各构件对应的混凝土强度等级框进行修改，修改后的数值呈现绿色状态；

③ 单击"保护层厚度"列中的对话框，按表1-2数据修改保护层厚度：构造柱"20"、圈梁/过梁"20"；

④ 软件默认"M5混合砂浆"，与图纸一致无须修改。

其他构件的保护层厚度在后期建立具体构件模型时进行属性编辑单独修改。完成首层混凝土强度等级和保护层厚度修改之后，可将其复制到其他楼层，其操作方法如图1-7所示。

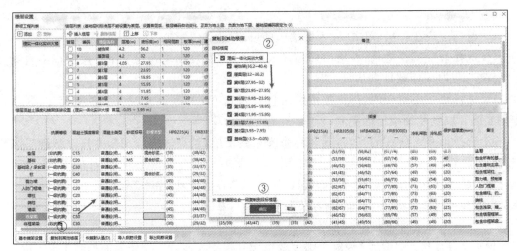

图1-7 复制到其他楼层

操作步骤：

① 单击"复制到其他楼层"，软件弹出"复制到其他楼层"窗；

② 弹窗中显示除首层外所有楼层，勾选全部楼层；

③ 单击"确定"，即可完成复制。复制完成后，参考结构施工图修改各楼层与首层混凝土强度等级、保护层厚度不同的构件即可。

1.2.3 计算设置

计算设置是软件内置规范和图集的显示，包括各类构件计算过程中所用到的参数设置，直接影响到计算结果。软件默认的设置是规范规定或工程中最常用的数值，一般无须修改。在特殊工程中，可根据结构设计说明或施工图进行修改。

1. 计算规则

1) 修改梁的计算规则

结施-2中"7.3关于钢筋混凝土柱、梁"第（6）条规定：主次梁相交处、梁上生柱处均在梁内设置附加箍筋和吊筋；井字梁交接处、在2根井字梁上均设附加箍筋。由节点详图7.3-3可知，梁每侧附加箍筋各3根，所以本工程次梁箍筋两侧共增加箍筋数量为6。软件中梁的计算规则修改方法如图1-8所示。

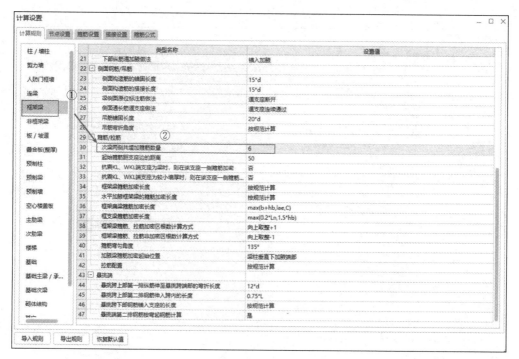

图 1-8 梁的计算规则修改

操作步骤：

① 单击计算规则中的"框架梁"；

② 单击第 30 项"次梁两侧共增加箍筋数量"，修改为"6"。

2）修改板的计算规则

结施-2 中"7.4 关于楼板"第（2）条规定：板内分布钢筋除图中注明外均为"C8@200"。软件中板分布钢筋设置方法如图 1-9 所示。

操作步骤：

① 单击计算规则中的"板/坡道"；

② 单击第 3 项"分布钢筋配置"，弹出"分布钢筋配置"窗；

③ 单击"所有的分布筋相同"，输入分布筋信息"C8@200"，单击"确定"即可。

结施-2 中"7.4 关于楼板"中第（3）、（4）条规定：板负筋长度中支座为端部到梁边，端支座为梁内边到端部。现浇板下部筋锚入支座的长度为伸过支座中心线，并不小于 $5d$（钢筋直径），所以跨板受力筋标注长度位置为支座中心线，板中间支座负筋标注长度不含支座，单边标注支座负筋标注长度位置为支座内边线。跨板受力筋、负筋长度标注方法如图 1-10 所示。

操作步骤：

① 单击计算规则中的"板/坡道"；

② 修改"跨板受力筋标注长度位置"，选择"支座中心线"；

③ 修改"负筋"中"板中间支座负筋标注是否含支座"，选择"否"；

④ 修改"负筋"中"单边标注支座负筋标注长度位置"，选择"支座内边线"。

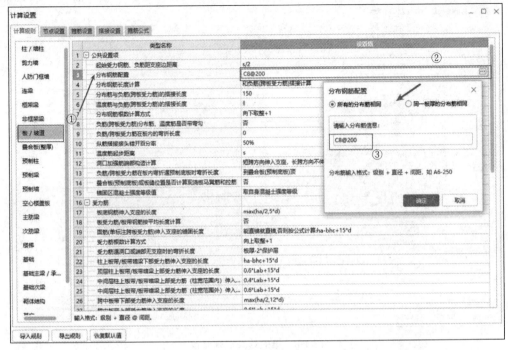

图 1-9　板分布钢筋设置方法

图 1-10　跨板受力筋、负筋长度标注

2. 节点设置

由结施-2 中节点详图 7.3-4 悬挑梁钢筋节点详图做法可知,梁的纵筋端部锚固平直部分为 $20d$。软件中该项节点的悬挑梁钢筋设置方法如图 1-11 所示。

图 1-11　悬挑梁钢筋设置

操作步骤:
① 单击节点设置中的"框架梁";
② 单击第 35 项"悬挑端钢筋图号选择",弹出"选择节点构造图"窗;
③ 根据图纸要求选择 3#弯起钢筋图;
④ 单击"确定",即可完成设置。
非框架梁和非框架悬挑钢筋的修改设置与此类似,不再赘述。

3. 搭接设置修改

由结施-2 中第 7.2 条规定可知:钢筋的接头设置优先采用焊接或机械连接接头,板可采用绑扎连接,梁宜采用机械连接,柱应采用焊接或机械连接(Ⅱ级)。钢筋直径≥22mm 时必须采用机械连接,机械连接性能等级Ⅱ级,并将定尺修改为 9000,搭接设置的修改方法如图 1-12 所示。

操作步骤:
① 选择计算设置对话框,单击"搭接设置";
② 单击钢筋直径范围"20～32",修改为"22～32";
③ 修改各构件的钢筋连接形式为"直螺纹连接";
④ 单击旁边侧栏"墙柱垂直筋定尺",修改定尺为"9000"。其余钢筋定尺参照此修改。

4. 密度设置(比重设置)修改

软件中的比重设置是对各直径的钢筋设置密度,它会影响钢筋质量的计算,因此要根据

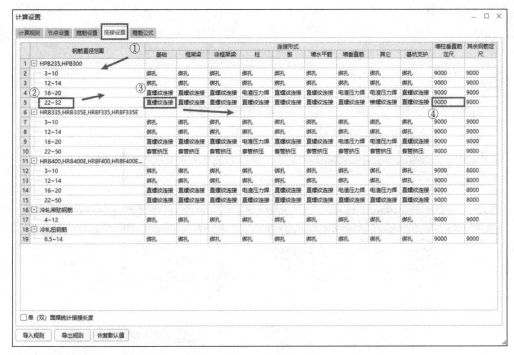

图 1-12 搭接设置

实际情况准确设置。目前,国内市场上没有直径为 6mm 的钢筋,一般采用直径为 6.5mm 的钢筋代替,因此需要将直径为 6mm 的钢筋密度修改成直径为 6.5mm 的钢筋密度。可单击对应数据框,直接输入数值或复制、粘贴即可。钢筋密度设置如图 1-13 所示。

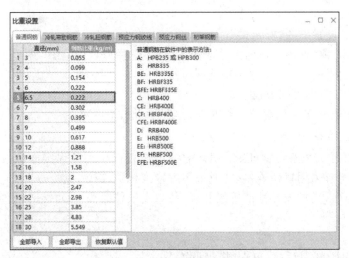

图 1-13 钢筋密度设置

5. 弯钩设置修改

进入"弯钩设置"界面,用户可以根据需要对钢筋的弯钩进行设置。一般来说,箍筋弯钩平直段按照工程设置信息的抗震等级计算选择。若图纸有要求,也可以勾选按照图元抗震考虑计算。如图 1-14 所示。

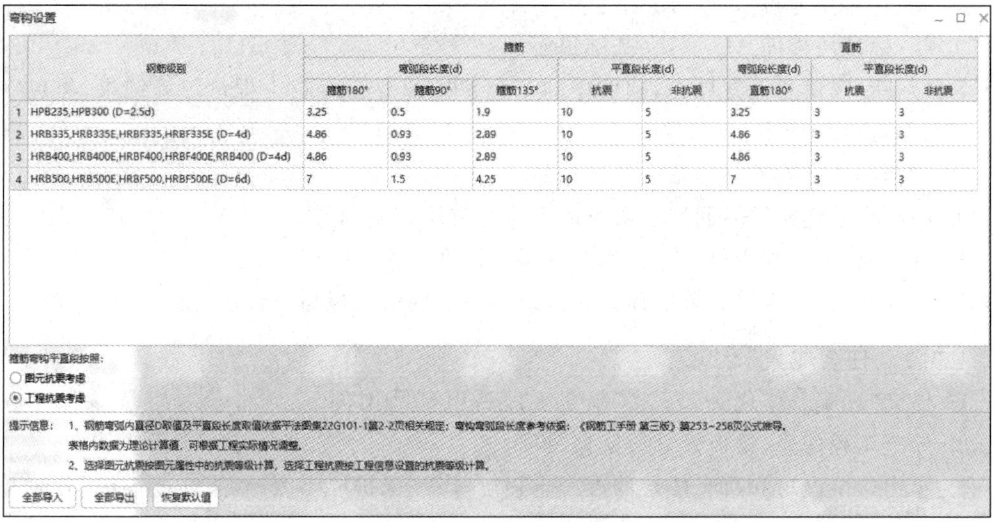

	钢筋级别	箍筋					直筋		
		弯弧段长度(d)			平直段长度(d)		弯弧段长度(d)	平直段长度(d)	
		箍筋180°	箍筋90°	箍筋135°	抗震	非抗震	直筋180°	抗震	非抗震
1	HPB235,HPB300 (D=2.5d)	3.25	0.5	1.9	10	5	3.25	3	3
2	HRB335,HRB335E,HRBF335,HRBF335E (D=4d)	4.86	0.93	2.89	10	5	4.86	3	3
3	HRB400,HRB400E,HRBF400,HRBF400E,RRB400 (D=4d)	4.86	0.93	2.89	10	5	4.86	3	3
4	HRB500,HRB500E,HRBF500,HRBF500E (D=6d)	7	1.5	4.25	10	5	7	3	3

图 1-14　弯钩设置

"箍筋设置"部分提供了多种箍筋组合，若实际遇到的箍筋肢数没有提供，可以手动添加。在"箍筋公式"部分可以查看不同肢数的箍筋计算公式。计算设置部分的内容在各类计算构件计算过程中所用的参数设置，直接影响钢筋计算结果；若图纸中没有要求，则无须修改。

1.3　任务考核

1.3.1　理论考核

1.（单选）(　　)是建筑施工图的重要组成部分，它详细地表示出所画部位的构造形状、大小尺寸、使用材料和施工方法等。

A. 建筑平面图　　B. 建筑详图

C. 建筑立面图　　D. 建筑剖面图

2.（单选）施工图中标注的相对标高零点±0.000 是指(　　)。

A. 青岛附近黄海平均海平面　　B. 建筑室外地坪

C. 该建筑物室内首层地面　　D. 建筑物室外平台

3.（单选）新建工程时把定额库和清单库选择错了，但是模型都已经建好了，如何更改计算规则，以下说法正确的是(　　)。

A. 用"导出工程"功能　　B. 无法修改，只能新建工程

C. 新建工程，导入已经做好的工程　　D. 直接在工程设置中修改过来即可

4.（单选）以下因素中，(　　)不会影响钢筋锚固长度。

A. 抗震等级　　B. 混凝土强度　　C. 钢筋种类　　D. 保护层厚度

5.（多选）框架柱的嵌固部位一般位于(　　)。

A. 地下室底板　　B. 地下室顶板　　C. 转换层顶面

D. 标准层楼面　　E. 基础顶面

6. (多选)影响柱基本插筋弯折长度的因素有(　　)。
   A. 保护层厚度　　B. 垫层厚度　　C. 基础厚度
   D. 标准层楼面　　E. 基础顶面

7. (判断)在信息设置界面,软件中的蓝色字体部分会影响工程量计算结果,黑色字体所示信息只起标识作用。(　　)

8. (判断)楼层的建立应依据建筑标高。(　　)

9. (判断)新建楼层界面默认给出的楼层是首层和基础层。(　　)

10. (判断)可以利用首层标记将基础层和标准层作为首层。(　　)

11. (判断)新建楼层时首层顶标高应该与第2层层底标高一致。(　　)

1.3.2 任务成果

1. 提交"理实一体化实训大楼"新建工程GTJ工程文件。
2. 导出工程信息、梁板计算设置修改项。
3. 导出楼层设置和所有楼层的混凝土强度等级、保护层厚度、砂浆强度等级、砂浆类型等内容。

1.4 总结拓展

本部分主要介绍了新建工程、基本设置、计算设置等内容,为后期GTJ模型的基本操作打基础。

1. 计算设置

计算设置内部的修改涉及柱/墙柱、剪力墙、框架梁/非框架梁等。常见的修改还有剪力墙的节点设置修改,如修改剪力墙墙身拉筋布置构造为"梅花布置",其操作方法如图1-15所示。

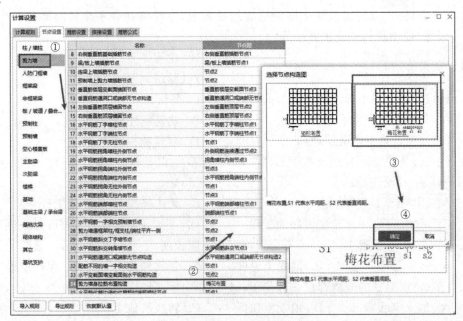

图1-15　剪力墙墙身拉筋布置

操作步骤：
① 单击计算设置中"节点设置"下的"剪力墙"模块；
② 单击"剪力墙墙身拉筋布置构造"，选择"梅花布置"。
③ 在弹出的"选择节点构造图"对话框中选择"梅花布置"；
④ 单击"确定"，即可完成设置。

2. 楼层设置

"楼层设置"包括两方面内容：一是楼层的建立，二是各个楼层默认钢筋设置。

（1）在软件中建立楼层时，按照以下原则确定楼层的层高和起始位置。
① 基础层设置为基础常用底标高，顶标高到位置最高处的基础顶；
② 基础上面一层从基础层顶到该层的结构顶板顶标高；
③ 中间层从层底的结构板顶到本层上部的板顶。

（2）底标高是各层的结构底标高，软件只允许修改首层的底标高，其他各层标高自动按层高反算。

任务2 轴网的建立

2.1 学习任务

2.1.1 任务说明

根据"理实一体化实训大楼"施工图纸，在软件中完成轴网的建立，并对轴网进行二次编辑。

2.1.2 任务指引

轴网在施工时用来放线定位建筑物的位置，在软件中则用来定位构件，所以需要选择比较全面的轴网尺寸。本工程结施-4轴网比较全面，是正交轴网，上下开间轴距为8400mm，左右进深从Ⓐ轴到Ⓓ轴依次为8000mm、3600mm、8000mm。图1-16为基础顶到3.950m柱平法施工图柱配筋图。

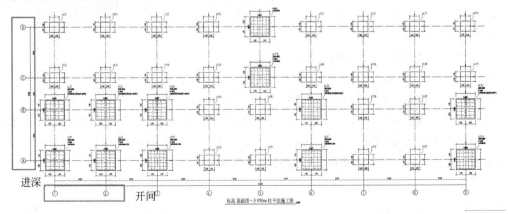

图1-16 基础顶～3.950m柱平法施工图柱配筋图

2.2 知识链接

2.2.1 轴网的属性定义

单击"建模",软件切换到建模界面。新建轴网的操作方法如图 1-17 所示。

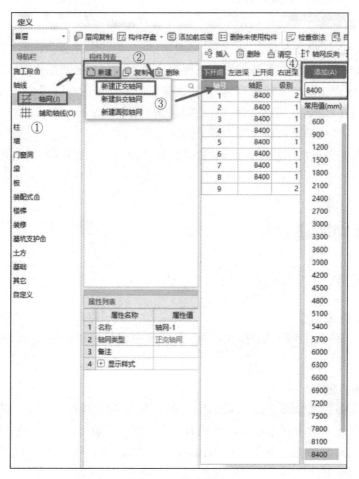

图 1-17 新建轴网

操作步骤:

① 单击模块导航栏轴线中"轴网(J)";

② 单击"新建"右侧的小倒三角形(▼);

③ 选择"新建正交轴网",新建"轴网-1";

④ 输入下开间,在"常用值"下面的列表选择所需数据,双击即可添加到轴距中,或者在"添加"按钮下的输入框中输入相应的轴网间距,单击"添加"按钮或双击即可。按照从左到右的顺序,在下开间的定义数据中分别输入 8 个"8400"。

上开间轴距可以采用同样的方法输入,也可以复制、粘贴,操作方法如图 1-18 所示。

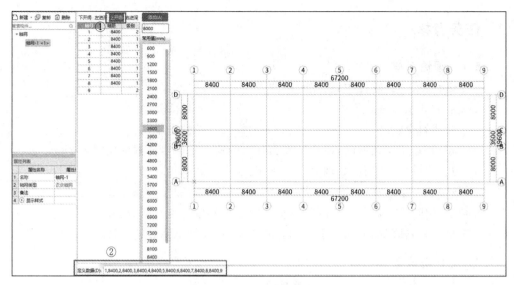

图 1-18　复制下开间定义

操作步骤：

① 单击"上开间"，切换到上开间的定义界面；

② 在"定义数据（D）"框里粘贴下开间定义数据。

按照同样的方法完成左进深、右进深的定义，定义后的轴网如图 1-19 所示。

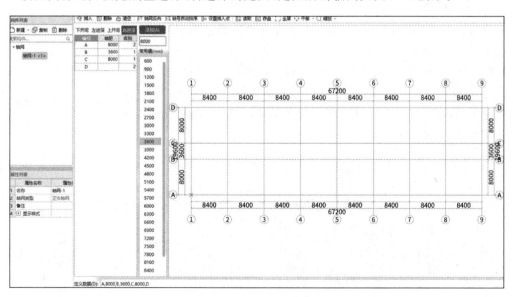

图 1-19　轴网定义后的界面

2.2.2　轴网模型的创建

轴网定义完毕，切换到绘图界面，弹出"请输入角度"对话框。本工程轴网是水平竖直方向的正交轴网，角度输入"0"即可，如图 1-20 所示。

图 1-20　输入角度对话框

2.3 任务考核

2.3.1 理论考核

1. (多选)在广联达软件中,新建轴网的类型有( )。
   A. 新建正交轴网   B. 新建圆弧轴网
   C. 新建斜交轴网   D. 新建极轴网
2. (判断)新建正交轴网时,在绘图界面弹出的输入角度对话框中应输入180。( )
3. (判断)软件中可以利用"轴号自动排序"命令自动调整轴号。( )
4. (判断)输入轴距有两种方法,分别是双击常用数值和直接添加数值。( )
5. (判断)用阿拉伯数字表示的竖向轴线间距是确定左、右进深尺寸。( )
6. (填空)如果轴网的方向与定义的方向不同时,需做整体旋转,可以用_____。

2.3.2 任务成果

提交"理实一体化实训大楼"的轴网模型。

2.4 总结拓展

常见的辅助轴线有两点辅轴、平行辅轴、点角辅轴和圆形辅轴等。

1. 平行辅轴

假设在距离①轴3600mm处有2根互相平行且逆时针倾斜30°的辅助轴线,添加方法如下。

单击"通用操作"页签中的"平行辅轴",如图1-21所示。

选择①轴为基准轴线,计算可知辅轴距离基准轴线向左水平偏移3600mm,所以在弹出的对话框中输入偏移距离"-3600",即可画出正交辅轴⑩,如图1-22所示。

图 1-21 平行辅轴

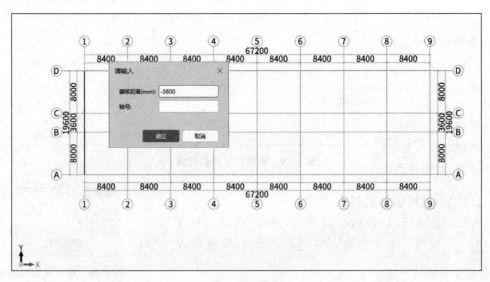

图 1-22 偏移

由于原来的轴线沿水平逆时针旋转60°,所以单击"旋转"功能,选择⑩辅轴,右键确定,选中辅轴与轴网的交点为插入点,进行旋转,输入角度"-30°"。添加辅轴如图1-23所示。

单击"修改轴号"和"修改轴号位置",可添加轴号⑩,修改轴号如图1-24所示。

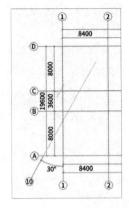

图1-23 添加辅轴⑩

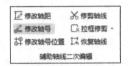

图1-24 修改轴号

两点辅轴、点角辅轴、圆形辅轴的绘制方法与此类似,不再赘述。

2. 轴网模型的二次编辑

(1) 设置轴网的插入点:轴网可以针对插入点进行设置,使用轴网"设置插入点"功能,选择轴网的某一点为绘制插入点。

(2) 复杂轴网的建立:当直接建立一个轴网不能满足实际工程需要时,还可以选择建立多个轴网,在绘图时进行拼接。

(3) 修改轴号和轴距:当检查到已经绘制的轴网有错误时,可以直接修改。单击"修改轴号位置",可选择所有轴线,右键确定,再利用"两端标注"功能即可完成修改。

学习新视界1

何为工程造价的工匠精神

古今中外对工匠精神的诠释众多,归纳起来,工匠精神是指从业者对自己的产品精雕细琢、精益求精的精神理念,其具体的意蕴表现在以下几方面。

第一,精益求精。为追求技艺的精湛与产品的精致细密而不断努力、兢兢业业、反复推敲,直至完美。基于精益求精的隐性意义对崇学、修身、为事所彰显的积极影响,也使其增添了道德的内涵,从而成为从业者所推崇的一种重要品性。第二,关注细节,标准严苛。每个工作细节都不惜花费大量的时间去处理,视细节为生命。第三,严谨、一丝不苟。对每道工序,每个部件的质量,都坚持严谨的工作态度,不容一丝马虎。第四,坚韧、专注。耐得住寂寞,沉得下心钻研,无论外面多精彩,专注、耐心贯穿于内心。第五,专业而敬业。专注于工作本身,心无旁骛,努力创造本行业的优质产品。第六,将生命之魂融入每件产品,从业者将每件产品比作自己的生命,将自己的灵魂融入每件产品中,产品即人,从而达到道、技、品合一的人生理想状态。

工程造价专业是一门综合"艺术"。计算的过程中,每一张图纸,每一个符号,每一次量算都彰显着精确严谨之美,绝不是简单重复的机械操作。工程造价专业人才培养过程中通过树立学生的"工匠精神""工程造价职业精神"来提高学生核心竞争力及综合能力。工程造价的工匠精神可以用12个字来诠释：讲科学、守诚信、做智者、用统筹。

央视纪录片《大国工匠》中，有记者来到制作手工杆秤的小镇。富有南方特点的小巷中，男女从业者忙于制作手工杆秤。他们选好原材料，用尺子量好所需的长度，把制造过程中的每一步都做到精致，量取、称重尽量做到毫厘不差。花费了大量时间与心血，做出了标准的秤。他们的坚守，为的是商家能诚信经营，让消费者有更多保障。

工人亲身打造的零件，修复师对钟表的反复校准，传统工艺美术雕刻师的精雕细琢，都是对"工匠精神"的一种坚守。一个团队花了20年时间编写的字典；一位老人传承文化，筛选、煮沸、晾晒出的红糖。正是因为有人在精益求精，有人在批量生产商品的时代里，选择坚守，才让飞机正常运行，才让中华文明得以传承。一个人的坚守，就会让世界大有不同。一个民族，一个国家更需要如匠人般坚守的执着。

中国是制造业大国，各行各业都需要慢下脚步，坚守自己分内的职责，做到精致，这样才会国泰，国泰才能民安。人民生活需要质的保障，质需要对匠人精神的坚守。十年磨一剑的耐力，恪尽职守的态度，精益求精的决心，才能让文化得以传承。

任务3 基础工程量计算

3.1 学习任务

3.1.1 任务说明

（1）完成"理实一体化实训大楼"基础层中桩承台、垫层、地圈梁、基础连系梁的混凝土以及钢筋、条形基础 BIM 模型的创建，并依据《房屋建筑与装饰工程工程量计算规范》(GB 50854—2013)编制工程量清单。

（2）汇总计算工程量，并填写任务考核中理论考核与任务成果相关内容。

3.1.2 任务指引

1. 分析图纸

（1）由结施-4 可知：本工程采用 119 根预应力高强混凝土管桩（PHC 桩），桩径 500mm。

（2）本工程桩承台分为三桩承台和四桩承台，其中 ZCT-1、ZCT-2 为等边三桩承台，ZCT-3、ZCT-4 为四桩承台。以 ZCT-1 为例读取相关信息，其平法识图如图 1-25 所示。

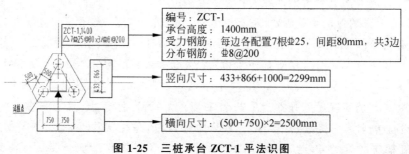

图 1-25 三桩承台 ZCT-1 平法识图

其他桩承台识读方法类似,桩承台信息如表1-3所示。

表1-3 桩承台信息

类型	名称	截面尺寸/mm²	底标高/m	桩承台高度/mm	受力钢筋	分布筋
三桩承台	ZCT-1	2500×2299	−3	1400	7⏀25@80	⏀8@200
	ZCT-2	2700×2472	−3.3/−3/−2.5	1400	7⏀25@90	⏀8@200
四桩承台	ZCT-3	2500×2500	−3	1200	x和y:⏀18@100	—
	ZCT-4	3200×3200	−2.5	1200	x和y:⏀20@200	—

(3)基础连系梁主要分布在④~⑤轴与ⓒ~ⓓ轴区域范围内。现以JLL1为例进行识读,如图1-26所示。

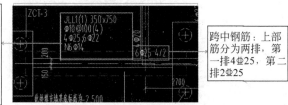

图1-26 连系梁JLL1平法识图

其他基础梁识读方法相同,本工程基础连系梁和非框架梁配筋如表1-4所示。

表1-4 基础连系梁、非框架梁配筋

类型	名称	截面尺寸/mm²	上通长筋	下通长筋	侧面钢筋	箍筋	肢数
基础连系梁	JLL1	350×750	4⏀25	6⏀22	6⏀14	⏀10@100	4
	JLL2	350×750	2⏀22	4⏀25	4⏀14	⏀10@100	4
非框架梁	L1	350×750	2⏀20	8⏀25 3/5	6⏀14	⏀10@100/150	2
	L2	250×500	2⏀18	3⏀18	—	⏀8@200	2

(4)由370mm填充外墙基础做法详图可知:外墙下采用条形砖基础,一阶;砖基础下垫层采用C30素混凝土,宽0.8m,出边距离0.155m,底标高−2.00m。条形基础内置地圈梁,混凝土强度等级C25,截面尺寸240mm×240mm,4根角筋⏀12,箍筋⏀6@200。

2. 软件操作

本工程基础构件类型较多,在软件中基本步骤分为新建桩承台、基础连系梁、条形基础、地圈梁、垫层,创建BIM模型绘制与清单套用三个部分。

(1)新建桩承台是将构件的相关信息输入属性定义框,图纸中有几种类型承台就新建几种承台,而且编号要与图纸一致。基础梁、条形基础的方法也是类似的。

(2)模型创建是将已完成属性定义的相关构件按照结施-3的相应位置进行布置。

(3)清单套用是根据《房屋建筑与装饰工程工程量计算规范》(GB 50854—2013)的规定,对桩承台、基础梁、条形基础、地圈梁以及垫层进行清单套取、项目特征描述。

3.2 知识链接

3.2.1 属性定义

1. 桩承台的属性定义

以 ZCT-1 为例介绍桩承台的新建及属性定义,其操作方法如图 1-27 所示。

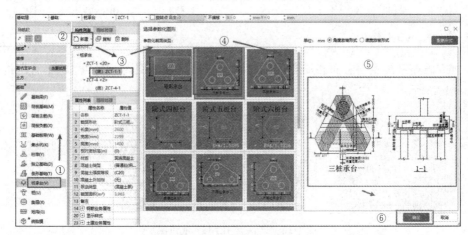

图 1-27 新建三桩承台及属性定义

操作步骤:

① 将楼层切换到基础层,在左侧导航栏下单击"桩承台(V)";
② 单击"新建",下方出现"(底)ZCT-1-1";
③ 选择"(底)ZCT-1-1",右击,选择新建"桩承台"单元,弹出"选择参数化图形"对话框;
④ 在"选择参数化图形"对话框中选择图形 2"三桩承台一";
⑤ 在右侧配筋图中输入相应的参数属性值,如图 1-28 所示;
⑥ 单击"确定"。

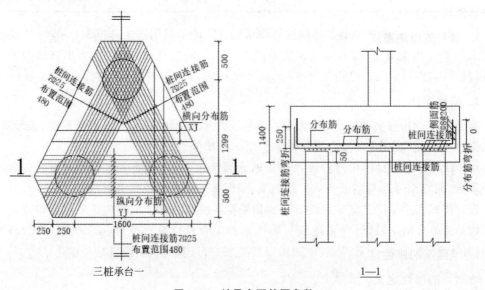

图 1-28 桩承台配筋图参数

分布筋在配筋编辑图不修改,直接删除,其信息在其他钢筋中输入,其编辑图如图1-29所示。

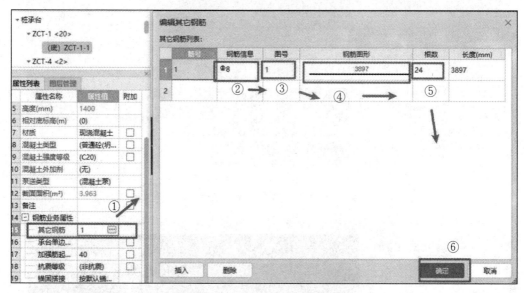

图1-29 其他钢筋配筋编辑图

操作步骤:

① 在属性编辑框单击"其它钢筋"右侧的三个点 ;

② 在钢筋信息处输入"Φ8";

③ 此处钢筋既没有弯钩也没有弯折,筋号选择图号"1";

④ 计算长度为 $3\times1299mm=3897mm$,在钢筋图形列中输入"3897";

⑤ 计算分布钢筋的根数,上桩间距(1299mm/200mm)+1≈7.5,取8根,三边共24根,根数处输入"24";

⑥ 单击"确定"。

矩形桩承台和三桩承台类似,只是其配筋形式为"均不翻起2"。

2. 条形基础的属性定义

370mm填充墙下参数化条形基础的操作步骤如图1-30所示。

操作步骤:

① 在左侧导航栏下选择"条形基础(T)",单击"新建",弹窗TJ-1构件;

② 选择TJ-1,右击,选择"新建参数化条基单元";

③ 在弹出的"选择参数化图形"对话框中选择"等高砖大放脚";

④ 修改右侧绿色属性值 $N=1$、$B=370mm$、$H=1530mm$;

⑤ 单击"确定"。

最后修改条形基础TJ-1-1的属性,在编辑框中把材质修改为"现浇混凝土",其编辑框和参数图如图1-31所示。

3. 地圈梁的属性定义

地圈梁的属性定义操作与编辑框如图1-32所示。

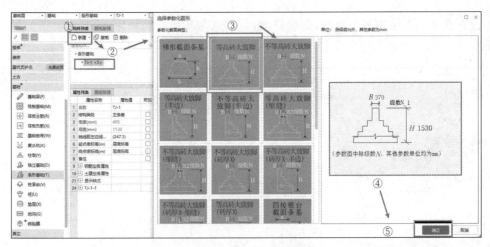

图 1-30 参数化条形基础

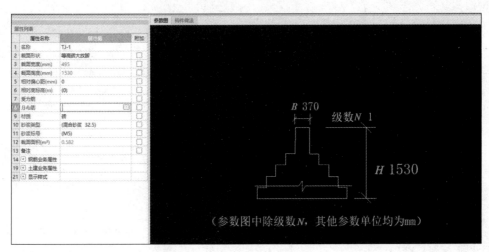

图 1-31 条形基础属性编辑框

操作步骤：

① 在基础层，从"构件列表"中单击新建 DQL；

② 修改截面宽度为 240mm，高度为 240mm；

③ 修改上部钢筋为 4Φ12；

④ 修改箍筋为 ϕ6@100；

最后需要修改灰色部分的私有属性起终点标高。由于圈梁高度 240mm，离地高度 60mm，所以梁底标高是 -0.3m。需要给起点和终点标高修改为 -0.3m 即可完成属性编辑。

4. 基础连系梁的属性定义

基础连系梁用"基础梁"新建，其方法与地圈梁类似。JZL-2 属性定义编辑框如图 1-33 所示。

5. 垫层的属性定义

桩承台下的垫层属于面式构件，条形基础的垫层属于线式构件，二者的属性建立方法一致。以桩承台下的垫层为例，其属性定义操作方法如图 1-34 所示。

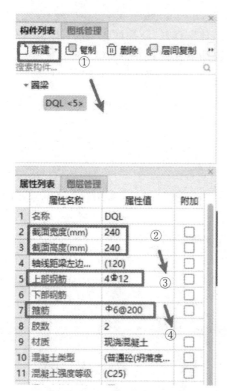

图 1-32 地圈梁属性定义操作与编辑框　　　图 1-33 基础连系梁属性定义编辑框

图 1-34 桩承台垫层属性定义

操作步骤：

① 单击左侧导航栏中"垫层(X)"页签，单击"新建"，选择"新建面式垫层"，建立"DC-1"[①]；

② 在属性列表中将厚度修改为"100"，其他属性不作修改。

3.2.2 模型创建

桩承台为点式构件，主要操作命令是点；条形基础、圈梁、基础梁为线式构件，主要操作命令是直线。但是它们均可采用智能布置、偏移等命令。

1. 桩承台模型创建

1)"点"绘制

由结施-3可知，ZCT-1均沿轴线对称布置，分布比较分散，可采用"点"绘制，如图1-35所示。

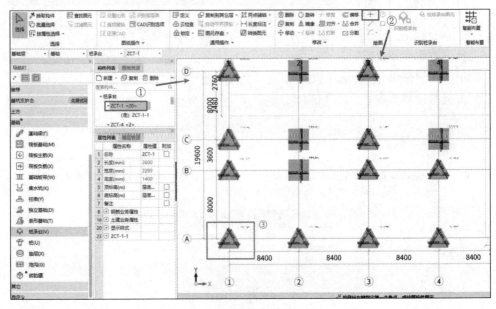

图1-35 桩承台"点"绘制

操作步骤：

① 选中左侧导航栏的"桩承台"页签，在构件列表中单击"ZCT-1"；

② 单击绘图页签中的"点"命令；

③ 将鼠标放在①轴与Ⓐ轴的交点处单击，即可完成 ZCT-1 图元的绘制。

2) 智能布置

由结施-3可知 ZCT-1 在②轴分布较集中，可以利用"智能布置"下的"轴线"命令。若绘制基础之前，基础层柱已经绘制完毕，则可利用"智能布置"下的"柱"命令。以"轴线"命令为例，其智能布置步骤如图1-36所示。

操作步骤：

① 在"构件列表"中单击"ZCT-3"；

---

① 截屏图中名称"DC-1〈36〉"后面的〈36〉是指图元数量，随着模型构件的创建，这个数字实时变化，因此教材中提到构件名称时，不注明该信息。

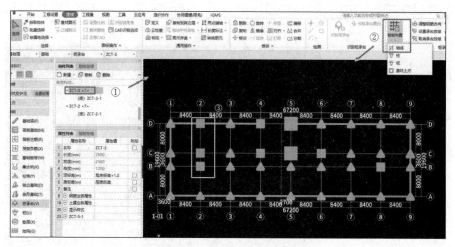

图 1-36 桩承台智能布置

② 单击智能布置下面的小倒三角形，选择"轴线"；

③ 单击下拉框选择②轴与Ⓑ轴~Ⓓ轴的区域，右键确认即可完成 ZCT-3 图元绘制。

2. 条形基础模型创建

由图纸分析可知外墙下是条形基础，Ⓓ轴上的④轴~⑤轴间的电梯井下无条形基础。如图 1-37 所示。

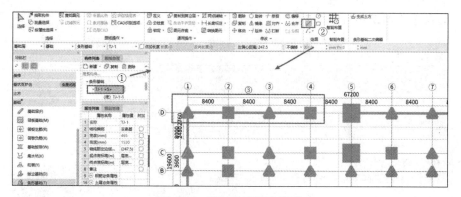

图 1-37 绘制条形基础模型

操作步骤：

① 选择"构建列表"中的 TJ-1；

② 单击"直线"命令；

③ 确定条形基础的起点与终点，即可完成条形基础的绘制，如Ⓓ轴线上①~④处条形基础，除去在Ⓓ轴上的④轴~⑤轴范围，其余外墙下均采用直线绘制的方法绘制条形基础。

3. 基础连系梁模型创建

由结施-3 可知，基础连系梁 JZL-2 不在轴线上，这时可借助添加辅助轴线或偏移的方法进行绘制，下面以偏移绘制辅助轴线的方法为例，操作方法如图 1-38。

操作步骤：

① 在"构件列表"中单击选择"JZL-2"，单击"直线"命令；

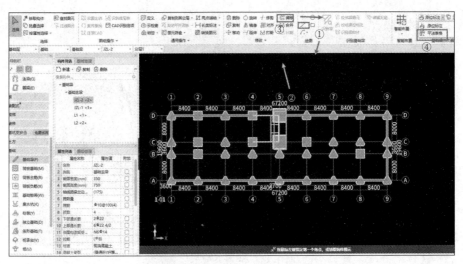

图 1-38 基础连系梁采用偏移法绘制

② 连接⑤轴上的ⓒ轴和ⓓ轴线段；

③ 由图纸可知 JZL-2 的轴线在⑤轴左侧 225mm 处，所以选中第②步中绘制的 JZL-2，选择工具栏中的"偏移"命令，在弹出框中输入"-225"，单击确认，即可完成 JZL-2 的图元绘制。

④ 单击"基础梁二次编辑"中的"平法表格"，依据图纸中的钢筋信息输入，梁的颜色由粉色变成绿色，基础梁模型建立完成。

4. 垫层模型创建

桩承台下垫层模型创建采用"智能布置"，操作方法如图 1-39 所示。

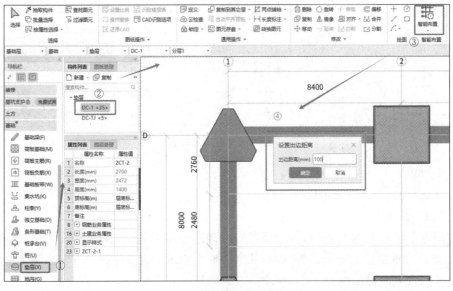

图 1-39 桩承台垫层智能布置

操作步骤：

① 单击选择"垫层（X）"构件。

② 选择新建的垫层构件"DC-1"。

③ 单击工具栏的"智能布置";选择智能布置下的"桩承台"命令;拉框选择所有桩承台,右键确认。

④ 弹出"设置出边距离"对话框,输入"100",即可完成图元 DC-1 的绘制。

条形基础下垫层是按照"智能布置"下"条基中心线"布置,绘制方法和桩承台垫层一致,不再赘述。

3.2.3 清单套用

1. 清单项目

根据《房屋建筑与装饰工程工程量计算规范》(GB 50854—2013)规定,现浇混凝土基础、垫层清单项目如表 1-5 所示。

表 1-5 现浇混凝土基础清单(编号:010501)

项目编码	项目名称	项目特征	计量单位	工程量计算规则	工作内容
010501001	垫层	1. 混凝土类别; 2. 混凝土强度等级	m²	按设计图示尺寸以体积计算。不扣除构件内钢筋、预埋铁件和伸入承台基础的桩头所占体积	1. 模板及支撑制作、安装、拆除、堆放、运输及清理模内杂物、刷隔离剂等; 2. 混凝土制作、运输、浇筑、振捣、养护
010501002	带形基础				
010501003	独立基础				
010501004	满堂基础				
010501005	桩承台基础				
010501006	设备基础	1. 混凝土类别; 2. 混凝土强度等级; 3. 灌浆材料、灌浆材料强度等级			

注:① 有肋带形基础、无肋带形基础应按 GB 50854—2013 E.1 中相关项目列项,并注明肋高。

② 箱式满堂基础中柱、梁、墙、板按 GB 50854—2013 E.2、E.3、E.4、E.5 相关项目分别编码列项;箱式满堂基础底板按 E.1 的满堂基础项目列项。

③ 框架式设备基础中柱、梁、墙、板分别按 GB 50854—2013 E.2、E.3、E.4、E.5 相关项目编码列项;基础部分按 E.1 相关项目编码列项。

④ 如为毛石混凝土基础,项目特征应描述毛石所占比例。

2. 清单套取

以 ZCT-2 为例,其清单查询与匹配操作方法如图 1-40 所示。

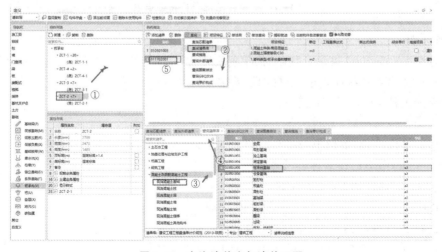

图 1-40 查询清单库与清单匹配

操作步骤：

① 双击构件列表栏下的构件"ZCT-2"，弹出构件做法界面；

② 在构件做法界面下单击"查询清单库"；

③ 单击"混凝土及钢筋混凝土工程"下的"现浇混凝土基础"，软件会显示所有现浇混凝土基础的清单；

④ 双击选择第 5 项"010501005 桩承台基础"，即可完成桩承台基础的混凝土清单匹配；

⑤ 桩承台基础模板采用同样的方法，选择"措施项目"下的"混凝土模板及支架"命令，双击选择第 1 项"011702001 基础"，即可完成桩承台基础模板清单匹配。

做法套用还可以采用"添加清单"和"匹配清单"，其中"添加清单"要求在构件做法表格手动输入图元构件的清单编码，一般要求操作者熟悉《房屋建筑与装饰工程工程量计算规范》(GB 50854—2013)的相关内容才能正确填写；"匹配清单"软件会根据构件图元自动匹配合适的清单做法。

3. 项目特征描述

以 ZCT-2 为例介绍项目特征描述操作步骤，如图 1-41 所示。

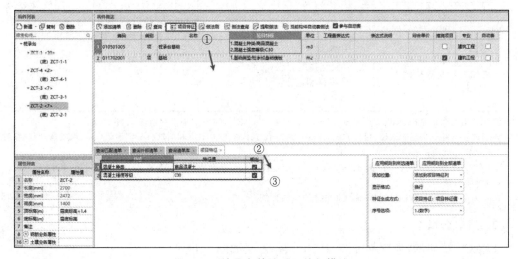

图 1-41　桩承台基础项目特征描述

操作步骤：

① 选中"010501005 桩承台基础"清单项所在行，单击"项目特征"。

② 软件弹出项目特征表格，根据图纸要求填写特征值如下。

　　混凝土种类：商品混凝土；

　　混凝土强度等级：C30。

③ 填写完成后，清单项中即可显示项目特征，如未显示，在输出列勾选即可。

在同一工程中会出现多种桩承台基础，可利用"做法刷"的功能快速描述项目特征。以 ZCT-2 为例，其"做法刷"操作方法如图 1-42 所示。

操作步骤：

① 选择 ZCT-2 的清单，表格呈现淡蓝色；

② 在构件做法界面下单击"做法刷"，弹出"做法刷"窗；

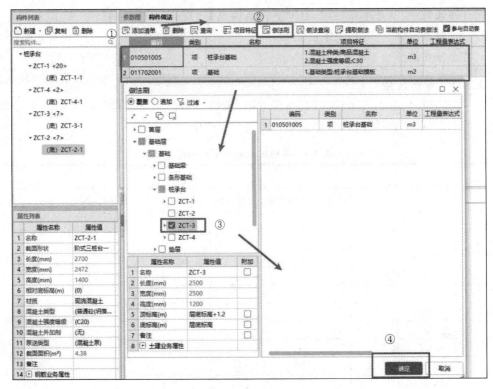

图 1-42 "做法刷"操作方法

③ 勾选 ZCT-3 前面的小方框,右侧会出现 ZCT-3 已套取的清单,若要给所有桩承台基础刷做法,则勾选桩承台基础前面的所有方框;

④ 单击"确定",即可完成其他桩承台基础清单的快速套取。

圈梁、基础梁、垫层和桩承台做法类似,操作步骤不再详细说明。圈梁套取清单 010503004、基础梁套取清单 010503001、垫层套取清单 010501001,它们的支撑模板分别套取 011702008、011702005、011702001 清单项。

当基础层的桩承台基础、条形基础、基础梁、垫层等所有构件图元 BIM 模型建立完毕,利用"工程量"下的"汇总计算"可汇总钢筋工程量和清单工程量,得到工程量清单汇总量、钢筋工程量汇总表等表格。

3.3 任务考核

3.3.1 理论考核

1. (判断)根据《房屋建筑与装饰工程工程量计算规范》(GB 50854—2013)规定,桩承台基础需要扣除桩头所占体积。(　　)

2. (判断)填充墙下的基础按照带形基础列项。(　　)

3. (判断)条形基础属于线性构件,可以用直线和智能布置命令。(　　)

4. (多选)在广联达软件中,新建桩承台的定义属性方法有(　　)。

  A. 新建桩承台   B. 新建自定义承台

  C. 新建桩承台单元   D. 新建异型桩承台单元

5. (多选)在绘制条形基础时,必须进行属性设置的内容有( )。
　　A. 材质　　　　　B. 受力筋　　　　C. 相对偏心距　　　D. 相对底标高
　　E. 分布筋

3.3.2　任务成果

1. 将基础层所有的桩承台基础、条形基础、圈梁、基础梁、垫层构件图元钢筋工程量填入表1-6中。(可从软件导出,打印后粘贴在对应表格中。)

表1-6　基础层钢筋级别直径汇总

构件类型	构件名称	钢筋质量/kg							
		Φ6	Φ8	Φ10	Φ12	Φ14	Φ18	Φ20	Φ22	Φ25
桩承台基础	ZCT-1								
	ZCT-2								
	ZCT-3								
	ZCT-4								
条形基础	TJ1								
圈梁	DQL1								
基础梁	JZL-1								
	JZL-2								
垫层	DC1								
	DC2								

2. 将基础层所有桩承台基础、条形基础、圈梁、基础梁、垫层构件土建工程量填入表1-7中。

表1-7　基础层土建工程量汇总

构件类型	构件名称	单　位	工　程　量
桩承台基础	ZCT-1		
	ZCT-2		
	ZCT-3		
	ZCT-4		
条形基础	TJ1		
圈梁	DQL1		
基础梁	JZL-1		
	JZL-2		
垫层	DC1		
	DC2		

3.4　总结拓展

本部分主要介绍了桩承台基础、条形基础、圈梁、基础梁、垫层构件的属性定义,模型创建及清单套取,操作过程中相关注意事项如下。

1. 在对基础单元的属性进行设置时,有相对底标高一栏,该含义是指单元底相对于桩承台底标高的高度。底层单元的相对底标高一般为零,上部按下部单元的高度自动取值。

2. 在绘制基础梁时除了可以用"偏移"命令,也可以利用"Shift+左键"进行偏移,向左偏移为负值,向右为正值,向上为正值,向下为负值。

基于人工智能技术的建筑工程造价

随着经济和科技的不断发展,我国在人工智能技术领域的应用越来越广泛,尤其是在建筑工程造价方面,人工智能技术起到了重要的推动作用。建筑工程造价项目资金耗费大,整个系统工程包括材料采购、建筑工作人员的职位安排和建筑工程项目的顶层设计等,需要对所有工程的物资成本进行高达数亿资金的预算。建筑工程项目主要的制约因素就是巨大的物资成本。建筑工程项目在不同的领域具有不同的特点,由于建筑工程项目的目标效益不同,所以项目造价的区别性很大。在建筑工程项目建设过程中,需要投入很多的时间成本,建筑工程造价的隐性因素就是工程项目的建设时间成本,如果建筑工程的施工周期较长,将导致建筑工程项目受动态因素的影响变大。

人工智能(AI)是基于计算机技术对人类行为进行智能化模拟,从而帮助使用者解决比较困难的问题。它能结合人类的行为及生活特点,通过计算相关问题数据以对某一项任务提出解决方法。近年来我国人工智能技术得到了较大的发展,并逐渐在建筑行业中应用,尤其是应用在工程造价管理中具有良好的成效,能够充分提高造价管理的效率。在人工智能技术的支持下,造价人员会及时发现问题,并采取有效措施进行应对,以保障建筑工程造价的准确度。人工智能技术具备一定的感知能力,它是在计算机技术基础上发展而来的,利用计算机设备对相应数据进行记录和保存,能够有效地结合计算机记忆和人类思维,对新鲜事物的接受和学习能力较强,与当前高速发展的社会需求相契合。而且在很大程度上,人工智能技术的核心部分与人类的大脑中枢神经具有类似的功能和作用,但比人类大脑更加灵活,因此在建筑工程造价中运用人工智能技术,能够提高造价管理的实效性。

利用人工智能技术可以深度采集建筑行业的相关数据,并结合知识图谱和深度学习及自动化数据增广等大数据分析技术,借助数学模型、图形表示和信息可视化、自然语言处理等对建筑工程基础数据进行有效整合,同时可以融合建筑工程标准化BIM模型,通过具有直观化特点的知识图谱来充分展示建筑工程的知识结构和紧密联系,进而提高建筑工程造价管理的科学化和智能化水平。相比传统的工程造价具有较大的优势,可以为建筑工程的造价管理、审计管理、核算管理及安全管理等提供智能服务,为工程项目各个参与方提供便利的工程造价条件,保障整个工程建设活动有序开展,防止出现造价失控、质量不佳等工程问题。

任务4 柱工程量计算

4.1 学习任务

4.1.1 任务说明

(1)完成"理实一体化实训大楼"基础层至屋面层框架柱的混凝土、模板及钢筋BIM模型建立,并依据《房屋建筑与装饰工程工程量计算规范》(GB 50854—2013)编制工程量清单。

(2)汇总计算工程量,并填写任务考核中理论考核与任务成果相关内容。

4.1.2 任务指引

1. 分析图纸

(1)建立框架柱模型时,应识读本工程各楼层框架柱的相关图纸,基础层至首层框架柱相关信息查看结施-4,第2层框架柱信息查看结施-5,第3～4层框架柱信息查看结施-6,第5～6层框架柱信息查看结施-7,第7～8层框架柱信息查看结施-8,屋面层框架柱信息查看结施-9。

(2)在结施-4～结施-9中通过截面注写的方式标注了框架柱的截面尺寸、钢筋信息,在软件中进行属性定义时必须严格按照图纸标注信息填写。以KZ4为例介绍框架柱的平法识图,如图1-43所示。

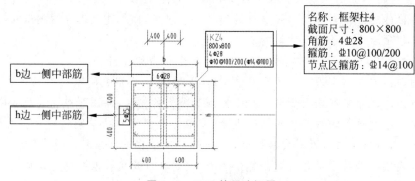

图1-43 KZ4的平法识图

(3)通过结施-4和结施-5对比可知,同一名称的框架柱钢筋信息不同,但截面尺寸、位置相同,可通过"层间复制功能"(该操作方法见4.4节总结拓展部分)完成二层框架柱的模型建立,其他楼层可采用同样的方法实现。

2. 软件基本操作

完成框架柱BIM建模与清单套用基本步骤分为新建框架柱、模型创建与清单套用三部分。

(1)新建框架柱是将框架柱的相关信息输入属性定义框,图纸中有几种框架柱就新建几种,而且编号应与图纸中编号一致;

(2)模型创建是将已完成属性定义的框架柱按照结施-4～结施-9中的相应位置进行布置,绘制框架柱图元;

(3)清单套用是根据《房屋建筑与装饰工程工程量计算规范》(GB 50854—2013)的规定,对框架柱进行混凝土清单、模板清单套取,并描述项目特征。

4.2 知识链接

4.2.1 框架柱的属性定义

由结施-4可知,基础层框架柱均为矩形,以KZ-4为例介绍矩形柱的新建及属性定义,具体操作步骤如图 1-44 所示。

操作步骤：

① 单击模块导航栏中的"柱"；

② 单击"柱(Z)"；

③ 单击"新建"；

④ 单击"新建矩形柱"，在属性编辑框中输入相应的属性值，KZ-4 的属性定义如图 1-45 所示。

三维动画
1-4-1

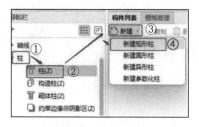

图 1-44 新建矩形柱

图 1-45 KZ-4 属性定义

4.2.2 框架柱 BIM 模型创建

柱为点式构件，可采用"点"绘制和智能布置两种方式布置。

1．"点"绘制

由结施-4 可知，KZ-1 的分布相对分散，且均居中布置，可采用"点"绘制，以 KZ-1 为例介绍框架柱的绘制，操作方法如图 1-46 所示。

操作步骤：

① 在构件列表中单击"KZ-1"；

② 单击绘图页签中的"点"命令；

③ 单击①轴与Ⓐ轴的交点处，即可完成 KZ-1 图元的绘制。

2．智能布置

智能布置是让需要绘制的构件以原有的参照进行布置。软件提供了柱构件沿轴线、桩、墙、梁等多种布置方法，但是按轴网布置柱是最常用的办法。

本工程中 KZ-6 和 KZ-8 的分布位置相对集中，且都位于轴线交点处，可以按轴网进行智能布置。以 KZ-8 为例，具体的操作方法如图 1-47 所示。

微课 1-4-2

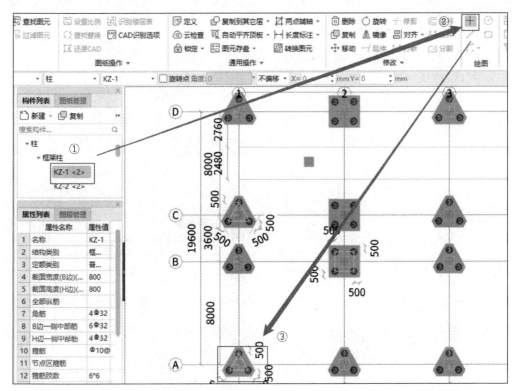

图 1-46 "点"绘制框架柱

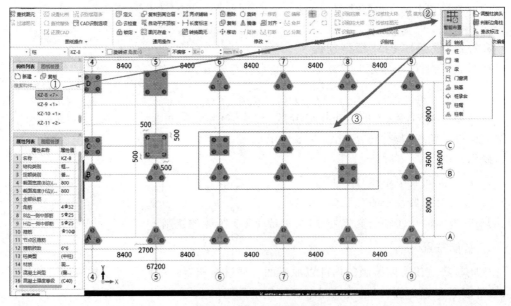

图 1-47 智能布置框架柱

操作步骤:
① 在构件列表中单击"KZ-8";
② 单击"智能布置"下面的小倒三角形(▼),选择其中的"轴线";
③ 单击下拉框选择⑥轴~⑧轴与Ⓑ轴~Ⓒ轴的区域,即可完成KZ-8的图元绘制。

4.2.3 清单套用

1. 现浇混凝土柱清单项目

根据《房屋建筑与装饰工程工程量计算规范》(GB 50854—2013)规定,现浇混凝土柱清单如表 1-8 所示。

表 1-8 现浇混凝土柱清单(编号:010502)

项目编码	项目名称	项目特征	计量单位	工程量计算规则	工作内容
010502001	矩形柱	1. 混凝土类别; 2. 混凝土强度等级	m^3	按设计图示尺寸以体积计算。不扣除构件内钢筋、预埋铁件所占体积。型钢混凝土柱扣除构件内型钢所占体积。 柱高: 1. 有梁板的柱高,应自柱基上表面(或楼板上表面)至上一层楼板上表面之间的高度计算; 2. 无梁板的柱高,应自柱基上表面(或楼板上表面)至柱帽下表面之间的高度计算; 3. 框架柱的柱高:应自柱基上表面至柱顶高度计算; 4. 构造柱按全高计算,嵌接墙体部分(马牙槎)并入柱身体积; 5. 依附柱上的牛腿和升板的柱帽,并入柱身体积计算	1. 模板及支架(撑)制作、安装、拆除、堆放、运输及清理模内杂物、刷隔离剂等; 2. 混凝土制作、运输、浇筑、振捣、养护
010502002	构造柱				
010502003	异形柱	1. 柱形状; 2. 混凝土类别; 3. 混凝土强度等级			

注:混凝土类别指清水混凝土、彩色混凝土等,如在同一地区既使用预拌(商品)混凝土,又允许现场搅拌混凝土时,也应注明。

2. 清单套取

软件提供了查询匹配清单、查询清单库以及手动输入清单编码3种方式添加清单。其中查询匹配清单是软件根据构件类型自动匹配出常用的清单项目,可以直接查询使用;如果没有自动匹配出适用的清单项目,就需要查询清单库,查询清单库在清单中可以任意查询选取;手动输入清单编码添加清单的前提是知道清单的编码,需要补充清单时一般采用手动输入清单编码。

1) 查询匹配清单
以 KZ-4 为例介绍查询匹配清单操作方法,具体的操作步骤如图 1-48 所示。
操作步骤:
① 在构件列表下双击"KZ-4";
② 单击"构件做法",进入匹配清单界面;

微课 1-4-3

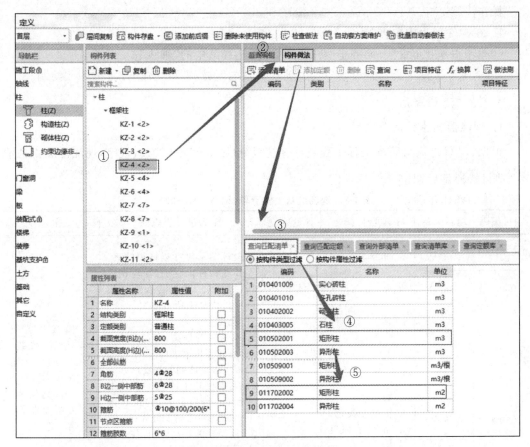

图 1-48 查询匹配清单

③ 单击"查询匹配清单",软件根据构件属性匹配相应清单;

④ KZ-4 为矩形柱,混凝土匹配列表中的第 5 项"010502001 矩形柱";

⑤ 模板匹配第 9 项"011702002 矩形柱",双击该项即可完成框架柱 KZ-4 的混凝土清单与模板清单的匹配。

2)查询清单库

以 KZ-4 为例介绍查询匹配清单操作方法,具体的操作步骤如图 1-49 所示。

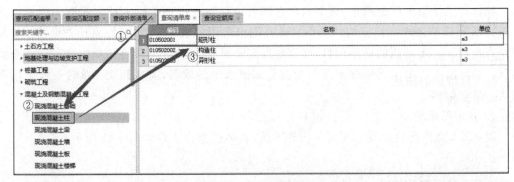

图 1-49 查询清单库

操作步骤：

① 在构件做法界面下单击"查询清单库"；

② 单击混凝土及钢筋混凝土工程章节下的"现浇混凝土柱"，软件会显示所有现浇混凝土柱的清单；

③ 双击选择第1项"010502001 矩形柱"，即可完成框架柱混凝土清单的匹配；

④ 柱模板采用同样的方法，选择措施项目下的"混凝土模板及支架"命令，双击选择"011702002 矩形柱"，即可完成柱模板清单的匹配（同图1-48"查询匹配清单步骤⑤"）。

3）项目特征描述

项目特征是后期定额组价的主要依据，在套取清单之后应完善项目特征，以 KZ-4 为例介绍具体的操作步骤，如图1-50所示。

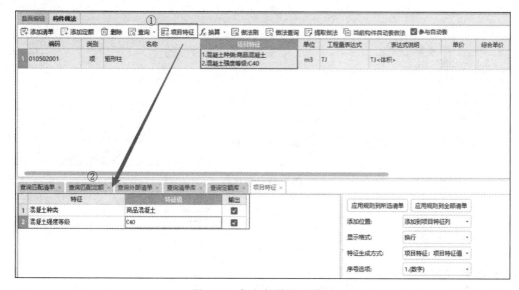

图 1-50　框架柱的项目特征

操作步骤：

① 单击添加项目特征的清单项"010502001 矩形柱"，单击"项目特征"；

② 软件中列出需要填写的构件项目特征，根据图纸要求，填写如下特征值。

混凝土种类：商品混凝土；

混凝土强度等级：C40。

填写完成后，清单项中即可显示项目特征，如未显示，在"输出"列勾选即可。

在同一工程中会出现多种同类型的构件，当工程做法相同时，可利用"做法刷"的功能快速实现项目特征的描述。以 KZ-1 为例，操作方法如图1-51所示。

操作步骤：

① 在构件做法界面下单击"做法刷"；

② 弹出"做法刷"窗；

③ 勾选"KZ-1"，右侧会出现 KZ-4 已套取的清单，若要给所有的柱都套取清单，勾选"柱"即可全选所有的柱；

④ 单击"确定"，即可完成 KZ-1 清单的快速套取。

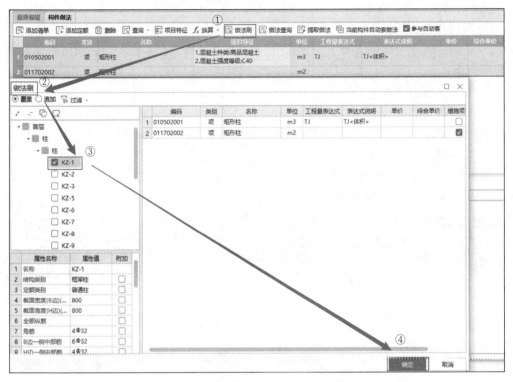

图 1-51 做法刷

4.3 任务考核

4.3.1 理论考核

1. （填空）在图 1-52 框架柱平面图中，650×600 表示_____，4Φ22 表示_____，Φ10@100/200 表示_____，5Φ22 表示_____，4Φ20 表示_____，箍筋类型是_____。

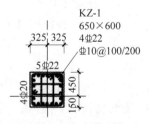

图 1-52 KZ-1 的平法识图

2. （填空）圆形柱套用的清单项目名称是_____。
3. （多选）在广联达软件中，框架柱图元的绘制方法是（　　）。
   A. "点"绘制　　　B. "直线"绘制　　　C. "矩形"绘制　　　D. 智能布置
4. （判断）操作"Shift+Z"键，可显示柱的集中标注信息。（　　）
5. （判断）英文状态下单击柱构件的首字母 Z 键，可实现柱的隐藏和显示。（　　）

4.3.2 任务成果

1. 将"理实一体化实训大楼"各层框架柱的钢筋工程量填入表1-9中。(可从软件导出,打印后粘贴在对应表格中。)

表1-9 框架柱楼层钢筋级别直径汇总

楼层	构件名称	钢筋质量/kg						
		Φ8	Φ10	Φ12	Φ14	Φ25	Φ28	Φ32
基础层	框架柱							
首层	框架柱							
第2层	框架柱							
第3~4层	框架柱							
第5~6层	框架柱							
第7~8层	框架柱							
屋面层	框架柱							

2. 将"理实一体化实训大楼"各层框架柱的土建工程量填入表1-10中。

表1-10 框架柱土建工程量汇总

构件名称	混凝土体积/m³						
	基础层	首层	第2层	第3~4层	第5~6层	第7~8层	屋面层
KZ-1							
KZ-2							
KZ-3							
KZ-4							
KZ-5							
KZ-6							
KZ-7							
KZ-8							
KZ-9							
KZ-10							
KZ-11							
KZ-12							

4.4 总结拓展

本部分主要介绍了基础层柱的属性定义、模型创建及清单套取。实际上,基础层柱绘制完毕,其他楼层柱构件(从首层到8层)的绘制方法和基础层相似,可使用"层间复制"功能。层间复制有两种方式,即"复制到其它层"和"从其它层复制",如图1-53所示。

图1-53 层间复制命令

"复制到其它层"是指将选中的图元复制到目标层,可通过选择图元来控制复制范围,从"其它层复制"是将其他楼层的构件图元复制到目标层,只能选择构件来控制范围。

1. 从其它层复制

现在把基础层的柱复制到首层,以此为例主要介绍"从其它层复制"的操作方法,具体步骤如图 1-54 所示。

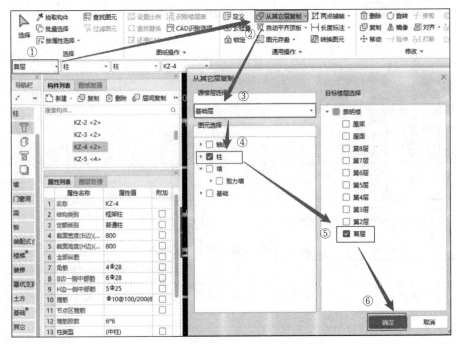

图 1-54 "从其它层复制"的操作步骤

操作步骤:

① 把楼层切换到首层;

② 在通用操作面板中选择"从其它层复制";

③ 软件会弹出从"其它层复制"窗,源楼层选择"基础层";

④ 图元选择"柱";

⑤ 目标楼层选择"首层";

⑥ 单击"确定"按钮,弹出"图元复制成功"提示框,基础层的柱成功复制到首层。

该工程基础层和首层的柱完全相同,所以从基础层复制到首层后,无须修改。

2. 复制到其它层

现在把首层的柱复制到第 2 层,介绍"复制到其它层"的操作方法,具体如图 1-55 所示。

操作步骤:

① 在首层柱的界面下,单击"复制到其它层"命令,绘图页面下方会弹出"选择复制到其它层的图元,右键确认"提示;

② 在绘图区左键拉框选择所有的柱,右键确认,软件弹出"复制到其它层"窗;

③ 在弹窗中勾选"第 2 层";

④ 单击"确定",弹出"图元复制成功"提示框,首层的柱成功复制到第 2 层。

对比结施-4 和结施-5 可知,首层和第 2 层柱的位置相同,但是存在某些柱,如 KZ-1、

项目一　建筑工程数字化计量　43

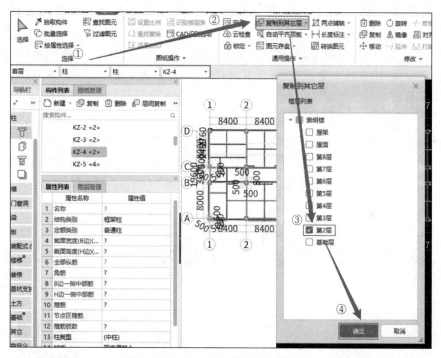

图 1-55　"复制到其它层"的操作步骤

KZ-2 等属性定义不同,需要在完成层间复制后,进行属性定义的修改。修改方法与新建柱的属性定义方法相同,在此不再赘述。

任务 5　工程量汇总计算及检查

5.1　学习任务

任务说明

(1) 完成"理实一体化实训大楼"BIM 建模后,利用 GTJ 中合法性检查和云检查功能对模型进行整体检查,检查模型绘制过程中存在的问题,对模型进行修正,并利用编辑钢筋功能处理特殊的钢筋。

(2) 修改模型错误和不合法性。

5.2　知识链接

5.2.1　模型检查

1. 合法性检查

主要检查当前工程中是否存在不合法性的构件图元,有以下作用。

(1) 若检查弹出"错误"类问题,必须修改至合法后才能执行汇总计算,否则报表的工程量有问题。

（2）若检查弹出"警告"类问题，可以根据实际情况检查调整，双击提示信息使之定位到非法构件图元，按照提示信息进行修改。换言之，"警告"类问题不修改也可以执行汇总计算，例如，提示梁未提取梁跨，若不处理会影响钢筋工程量；若提示柱上下图元不连续时，要先双击警告提示，检查标高是否有误，若有误，则修改为正确即可，若无误，可直接忽略提示，对工程量没有影响。

以 KZ-5 为例介绍如何对矩形柱进行合法性检查，具体操作步骤如图 1-56 所示。

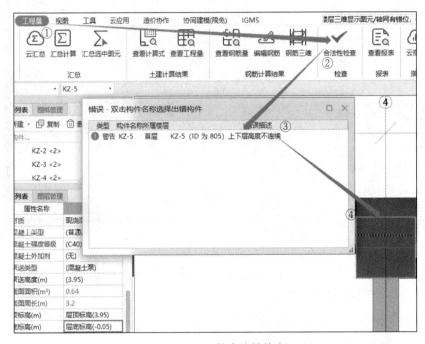

图 1-56　矩形柱合法性检查

操作步骤：

① 单击工具栏的"工程量"；

② 单击检查页签下"合法性检查"；

③ 弹出"错误-双击构件名称选择出错构件"窗，在弹窗中显示警告问题；

④ 双击警告问题，软件会自动定位到绘图界面中对应构件，根据情况决定是否进行修改。抱框柱一般不需要修改。

2．云检查

云检查是根据国家规范、行业标准、施工经验对工程项目自行检查是否出错。若云检查提示错误，应检查是否符合实际工程要求。

（1）若符合设计图纸实际要求，或云检查显示有错误但实际绘制正确，则可以忽略此错误。

（2）若不符合设计图纸实际要求，确有遗漏或错误，需双击提示，会定位到绘图界面对应构件位置，应结合实际设计图纸要求手动修改。

以 KZ-5 为例介绍矩形柱云检查，云模型检查图与检查结果操作步骤分别如图 1-57 和图 1-58 所示。

项目一　建筑工程数字化计量

图 1-57　云模型检查图

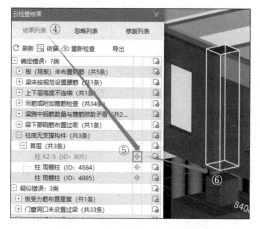

图 1-58　矩形柱云检查结果

操作步骤：

① 单击工具栏的"建模"；

② 单击通用操作"云检查"；

③ 弹出"云模型检查"窗，单击"整楼检查"，如图 1-57 所示；

④ 弹出"云检查结果"窗，如图 1-58 所示；

⑤ 单击检查问题，即"定位按钮"；

⑥ 软件自动定位到绘图界面对应构件位置，根据情况决定是否对其进行修改。若不修改，关闭"云模型检查"对话框。

5.2.2 工程量汇总计算

1. 总体工程量汇总

模型检查修改完毕,汇总计算工程量。本节以柱为例介绍总体工程量汇总,其操作步骤如图 1-59 所示。

操作步骤:
① 单击工具栏的"工程量";
② 单击汇总页签下的"汇总计算",弹出"汇总计算"窗;
③ 在"汇总计算"窗,勾选"全楼"或者勾选需要汇总的楼层;
④ 勾选需要计算的选项框,单击"确定",软件开始计算。

2. 构件工程量汇总

实操中,经常遇到仅需要计算某一种构件的工程量,这可以通过批量选择或者直接选择的方式,采用汇总页签下"汇总选中图元"或者通过右击汇总选中图元计算工程量。本次以首层 KZ-5 为例介绍批量选择及汇总选中图元计算工程量,具体的操作步骤如图 1-60 和图 1-61 所示。

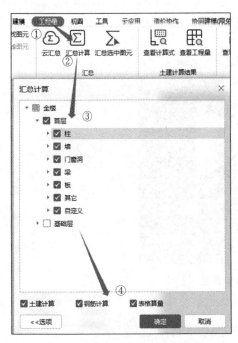

图 1-59 总体工程量汇总计算

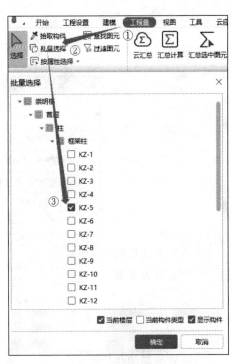

图 1-60 批量选择

操作步骤:
① 单击工具栏的"工程量",如图 1-60 所示;
② 单击页签"批量选择";
③ 弹出"批量选择"对话框,选择"KZ-5";
④ 再次单击工具栏的"工程量",如图 1-61 所示;

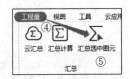

图 1-61 汇总选中图元

⑤ 单击"汇总"页签,选择"汇总选中图元"进行计算。

5.2.3 工程量查看

1. 总体工程量查看

总体工程量在工程量报表中查看,绘图输入工程量汇总表对构件进行分类汇总,总体工程量查看的操作步骤如图1-62所示。

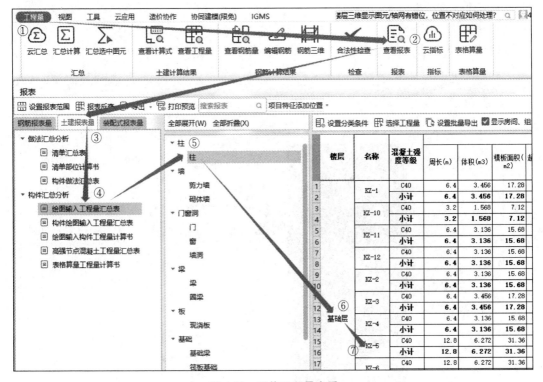

图1-62 总体工程量查看

操作步骤:
① 单击工具栏的"工程量";
② 单击报表页签下的"查看报表";
③ 弹出"报表",单击"土建报表量"
④ 单击"绘图输入工程量汇总表";
⑤ 单击导航栏"柱";
⑥ 查看不同的楼层,此处查看"基础层";
⑦ 查看KZ-5或者其他构件汇总工程量。

2. 构件工程量查看

工程量查看包括土建工程量查看和钢筋工程量查看,分别在"工程量"工具栏下"土建计算结果"和"钢筋计算结果"页签进行,土建计算结果主要包括混凝土量、模板工程量、超高模板工程量;钢筋计算结果主要包括钢筋总量和各级别钢筋工程量。工程量工具栏如图1-63所示。

图 1-63 工程量工具栏

1）土建计算结果

（1）查看计算式

以矩形柱为例介绍工程量计算式，其具体操作步骤如图 1-64 所示。

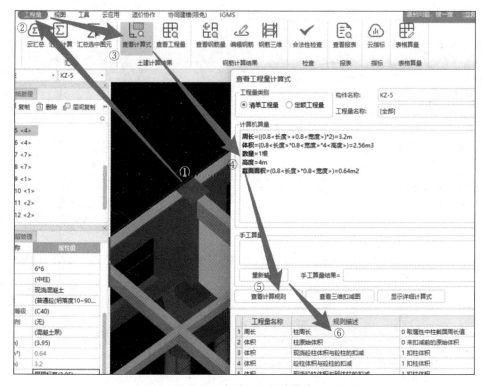

图 1-64 查看工程量计算式

操作步骤：

① 选择绘图区域的"KZ-5"；

② 单击工具栏下的"工程量"；

③ 单击"土建计算结果"页签中的"查看计算式"，弹出"查看工程量计算式"窗；

④ 在"查看工程量计算式"窗口中，在"计算机算量"下查看构件工程量及计算式；

⑤ 单击"查看计算规则"；

⑥ 弹出"查看计算规则"窗，可对公式中的数字含义一一进行查看。

（2）查看工程量

通过以上操作核实无误后，可查看工程量。查看工程量既可以查看单构件工程量，也可以查看全部构件工程量。查看构件图元工程量的操作步骤如图 1-65 所示。

	楼层	名称	混凝土强度等级	周长(m)	体积(m3)	数量(根)	高度(m)	截面面积(m2)
1		KZ-1	C40	6.4	5.12	2	8	1.28
2			**小计**	**6.4**	**5.12**	**2**	**8**	**1.28**
3		KZ-10	C40	3.2	2.56	1	4	0.64
4			**小计**	**3.2**	**2.56**	**1**	**4**	**0.64**
5		KZ-11	C40	6.4	5.12	2	8	1.28
6			**小计**	**6.4**	**5.12**	**2**	**8**	**1.28**
7		KZ-12	C40	6.4	5.12	2	8	1.28
8			**小计**	**6.4**	**5.12**	**2**	**8**	**1.28**
9		KZ-2	C40	6.4	5.12	2	8	1.28
10			**小计**	**6.4**	**5.12**	**2**	**8**	**1.28**
11		KZ-3	C40	6.4	5.12	2	8	1.28
12			**小计**	**6.4**	**5.12**	**2**	**8**	**1.28**

	构件名称	位置
1	KZ-12	<9,B>
2	KZ-12	<9,C>

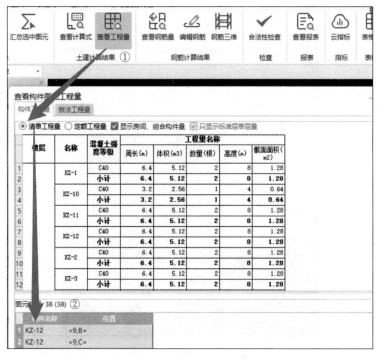

图 1-65　查看构件图元工程量

操作步骤：

① 选择"查看工程量",弹出"查看构件图元工程量"窗；

② 在"查看构件图元工程量"中可以查看各构件图元工程量,双击构件名称,软件会自动定位到绘图界面相应构件。

2）钢筋计算结果

(1) 查看钢筋量

查看钢筋工程量,既可查看单构件钢筋工程量,也可以查看全部构件钢筋工程量。查看钢筋工程量如图 1-66 所示。

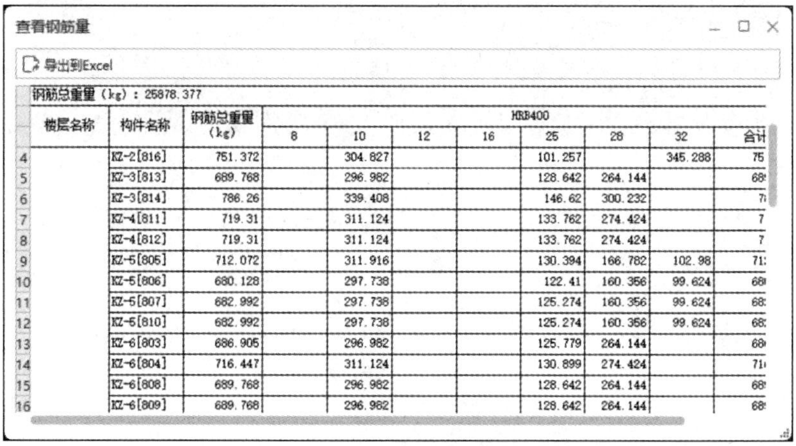

	楼层名称	构件名称	钢筋总重量(kg)	HRB400 8	10	12	16	25	28	32	合计
4		KZ-2[816]	751.372		304.827			101.257		345.288	75
5		KZ-3[813]	689.768		296.982			128.642	264.144		68
6		KZ-3[814]	786.26		339.408			146.62	300.232		7
7		KZ-4[811]	719.31		311.124			133.762	274.424		7
8		KZ-4[812]	719.31		311.124			133.762	274.424		7
9		KZ-5[805]	712.072		311.916			130.394	166.782	102.98	71
10		KZ-5[806]	680.128		297.738			122.41	160.356	99.624	68
11		KZ-5[807]	682.992		297.738			125.274	160.356	99.624	68
12		KZ-5[810]	682.992		297.738			125.274	160.356	99.624	68
13		KZ-6[803]	686.905		296.982			125.779	264.144		68
14		KZ-6[804]	716.447		311.124			130.899	274.424		71
15		KZ-6[808]	689.768		296.982			128.642	264.144		68
16		KZ-6[809]	689.768		296.982			128.642	264.144		68

图 1-66　查看钢筋工程量

3) 钢筋三维与编辑钢筋

查看钢筋三维具体的操作步骤如图 1-67、图 1-68 所示。

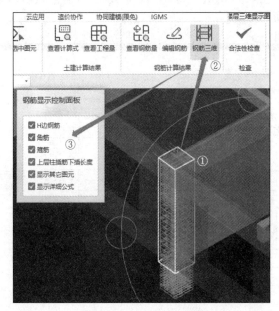

图 1-67 查看钢筋三维

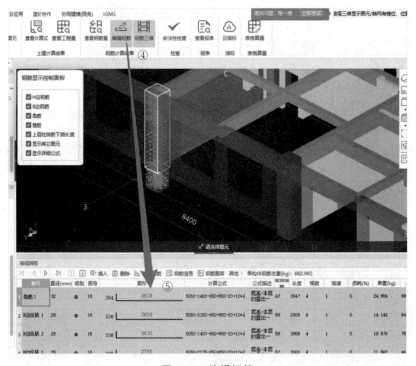

图 1-68 编辑钢筋

操作步骤：

① 选择需要查看钢筋三维的构件；

② 单击钢筋计算结果页签下的"钢筋三维";
③ 弹出"钢筋显示控制面板"窗,勾选需要显示的项,绘图区会显示钢筋三维;
④ 单击"编辑钢筋"(图1-68);
⑤ 软件弹出"编辑钢筋"窗,在弹窗中可查看钢筋的筋号、直径、计算公式等详细信息。

5.3 任务考核

任务成果

1. 将"理实一体化实训大楼"云检查问题修改登记填入表1-11中,共填写10条。

表1-11 云检查问题修改登记

序号	问题描述	问题修改描述	备注
1			
2			
3			
4			
5			
6			
7			
8			
9			
10			

2. 将"理实一体化实训大楼"工程量汇总进行指标分析,填入表1-12中。

表1-12 指标分析

	建筑面积:_____ m^2		工程量	指标分析	备注
				建筑面积/(kg/m^2)	
钢筋工程	◆	钢筋工程——主体	kg		
		独立基础	kg		
		筏板基础	kg		
		柱	kg		
		梁	kg		
		墙	kg		
		板	kg		
		楼梯	kg		
混凝土工程	◆	混凝土工程——主体	m^3	工程量	建筑面积/(m^3/m^2)	
		独立基础	m^3		
		筏板基础	m^3		
		柱	m^3		
		梁	m^3		
		墙	m^3		
		板	m^3		
		楼梯	m^3		

续表

建筑面积：＿＿＿ m²			工程量	指标分析	备注
				建筑面积/(kg/m²)	
模板工程	◆	模板工程	m²	工程量	建筑面积/m²
		独立基础	m²		
		筏板基础	m²		
		柱	m²		
		梁	m²		
		墙	m²		
		板	m²		
		楼梯	m²		

5.4 总结拓展

本部分主要介绍了模型检查、工程量汇总计算、工程量查看（绘图界面单构件和多构件查看工程量及工程量表达式）。工程量的这些操作要经常使用，对量的前提要满足三点要求：①图纸版本确定，双方图纸版本号一致；②软件版本一致；③对量的基本思路是先对总量、后对分量，先主体、后二次结构和装修，先地下、后地上，以及控大量调小量的基本原则。

学习新视界3

工程造价学科的缔造者——徐大图

徐大图先生（1947—1998年），中共天津理工学院党委常委、副书记，原天津理工学院院长，1964年考入北京大学经济系，1979年考取中国人民大学工业经济系基本建设经济专业研究生，1982年获硕士学位。1982年7月加入中国共产党。徐大图先生在学术界享有盛誉，担任诸多的社会职务和学术职务，是中国工程造价学科建设的奠基人。

徐大图先生大智若愚，像胡适先生所说：凡是成大气候的人必绝顶聪明，并且下得笨拙功夫。徐大图先生就是这种人，他为本科生、研究生、函授生、专科生上过无数次课，对教学内容已经了然于心，但还是天天备课。

1986年年初徐大图先生被原国家计划委员会委员杨思忠、谭克文电召至北京，与香港测量师学会创会会长、英国皇家测量师学会资深会员简福饴先生见面商议在中国高校中开办工料测量（QS）专业的可行性。

徐大图先生马上着手论证开办技术经济专业的可行性。当时考虑既不能直接采用QS名称，也不能采用工程概预算名称（中专开办），且工程造价这个名称尚不能被人们接受，而技术经济则早已被业内专家学者和领导认同，所以徐大图先生将专业定名为技术经济。

1987年，在国家计划委员会的支持下，天津大学决定成立技术经济与系统工程系，徐大图先生任主任。徐大图先生在系成立大会上潸然泪下，承诺把技术经济与系统工程系办成全国一流的学科。时任技术经济与系统工程系讲师，现任上海交通大学教授、博士生导师的杨忠直教授回忆：那是英雄落泪。

天道酬勤,技术经济专业很快就与建筑学专业、计算机软件专业包揽天津大学招生分数线的前三名,大家都以作为"技经人"为荣。

徐大图先生有"三板斧",第一板斧是举办全国定额站站长班,第二板斧是举办全国高校造价工程师职业资格考试师资班,第三板斧是成立天津理工学院造价工程师培训中心。

在那个年代,开拓者徐大图胼手胝足、砥砺前行,成功创建了中国工程造价学科,殊为不易。作为一名工程造价专业的学生,吃水不忘挖井人,让我们再次缅怀徐大图教授!

任务6 梁工程量计算

6.1 学习任务

6.1.1 任务说明

(1)完成"理实一体化实训大楼"首层至屋面层梁的混凝土、模板及钢筋 BIM 模型建立,并依据《房屋建筑与装饰工程工程量计算规范》(GB 50854—2013)编制工程量清单。

(2)汇总计算工程量,并填写任务考核中理论考核与任务成果相关内容。

6.1.2 任务指引

1. 分析图纸

(1)建立梁模型时,应识读本工程各楼层梁的相关图纸,首层梁相关信息查看结施-10,第2层至屋面层梁信息查看结施-11~结施-17。

(2)由结施-2可知,本工程梁的混凝土强度等级为C30。由结施-10~结施-17中梁的集中标注和原位标注可知各层梁的截面尺寸及钢筋信息,其中,集中标注表达梁的通用数值,原位标注表达梁的特殊数值;在软件中进行属性定义时必须严格按照图纸标注信息填写。以⑤轴~⑥轴和Ⓐ轴所示的KL-8为例,说明梁钢筋的平法标注,其平法识图如图1-69所示。

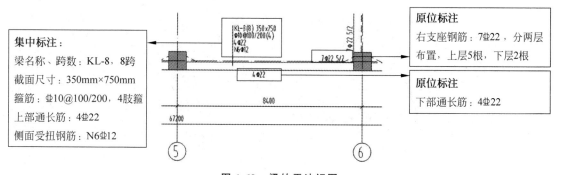

图1-69 梁的平法识图

(3)通过结施-10~结施-17对比可知,各层梁钢筋信息不同,但位置大部分相同,因此,可将首层梁绘制完毕后,再通过"层间复制"功能绘制其他层,并加以修改来完成。

2. 软件基本操作

梁 BIM 建模与清单套用基本步骤分为新建梁构件、模型创建与清单套用三部分。

（1）新建梁构件是将梁的相关信息输入属性定义框，图纸中有几种规格梁就新建几种。本工程包括框架梁、非框架梁和梯梁。

（2）模型创建是将已完成属性定义的梁按照结施-10～结施-17 中的相应位置进行布置，绘制梁图元。

（3）清单套用是根据《房屋建筑与装饰工程工程量计算规范》（GB 50854—2013）的规定，对梁进行清单套取、项目特征描述。

6.2 知识链接

6.2.1 梁的属性定义

由结施-10 可知，首层框架梁和非框架梁均为矩形梁，以 KL1 为例介绍矩形梁的新建及属性定义，其具体的操作步骤如图 1-70 所示。

操作步骤：

① 单击模块导航栏中的"梁"；

② 单击"梁(L)"；

③ 单击"新建"；

④ 单击"新建矩形梁"，在属性编辑框中输入属性值，KL1 属性定义如图 1-71 所示。

三维动画
1-6-1

图 1-70　新建矩形梁

图 1-71　框架梁属性定义

对于非框架梁，只需要把"属性列表"中的"结构类型"修改为"非框架梁"，其他属性输入方式与框架梁相同。

6.2.2 梁的 BIM 模型创建

梁的属性定义完成后,切换到绘图界面。在绘制之前,需要将梁下的支座柱或墙绘制完毕。梁在绘制时,要先绘制主梁,再绘制次梁,通常按照先下后上、先左后右的方式绘制,以保证所有的梁都得到全部绘制。

1. 直线绘制

梁为线状图元,直线型的梁一般采用直线绘制。以结施-10 首层梁中 KL1 为例介绍框架梁的绘制,其操作方法如图 1-72 所示。

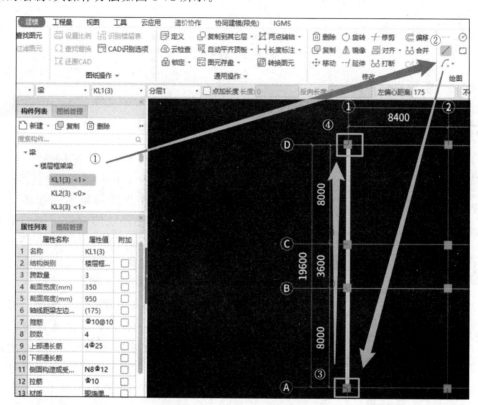

图 1-72　直线绘制框架梁

操作步骤:

① 在构件列表中选择"KL1(3)";

② 在绘图面板中选择"直线"命令;

③ 捕捉 KL1(3)的起点。因 KL1 偏轴线,需采用偏移绘制的方法,按住 Shift 键,并捕捉Ⓐ轴与①轴交点,弹出偏移对话框,输入偏移距离,单击确定,以此作为梁的起点;

④ 按住 Shift 键,捕捉Ⓓ轴与①轴交点,弹出偏移对话框,默认的偏移值即起点偏移值,单击确定,可完成 KL1(3)的绘制。

2. 对齐

绘制其他梁时,为方便捕捉,可先绘制在轴线上,后采用"对齐"命令将梁外边线与柱或墙外边线对齐,以 KL8 为例,其对齐操作方法如图 1-73 所示。

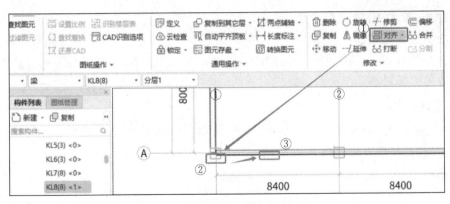

图 1-73 对齐

操作步骤：
① 单击修改面板中的"对齐"；
② 根据提示，选择柱的外边线；
③ 选择梁的外边线，即可对齐。

3. 梁的二次编辑

梁绘制完成后，只是对梁的集中标注信息进行了输入，还需要输入原位标注的信息。梁的原位标注主要输入支座钢筋、跨中筋、下部钢筋、架立筋、吊筋和变截面等信息。由于梁是以柱或墙为支座的，在提取梁跨和原位标注之前，需要绘制好所有的支座。图中梁显示为粉红色时，表示还没有进行梁跨的提取和原位标注的输入，这就无法计算梁的钢筋工程量。对于没有原位标注的梁，可以通过提取梁跨，把梁的颜色变为绿色；对于有原位标注的梁，可以通过输入原位标注来把梁的颜色变为绿色。

梁的二次编辑在输入钢筋信息时，有以下三种方式。

1）原位标注

利用原位标注进行梁二次编辑的方法如图 1-74 所示。

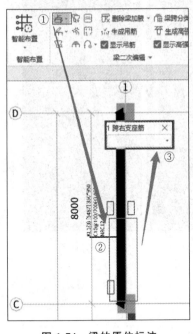

图 1-74 梁的原位标注

微课 1-6-3

操作步骤：
① 单击梁二次编辑面板中的原位标注按钮；
② 单击要输入原位标注的 KL1；
③ 对应图纸，在绘图区显示原位标注的输入框中输入梁对应的钢筋信息。

2）平法表格

利用梁的平法表格进行梁二次编辑的操作方法如图 1-75 所示。

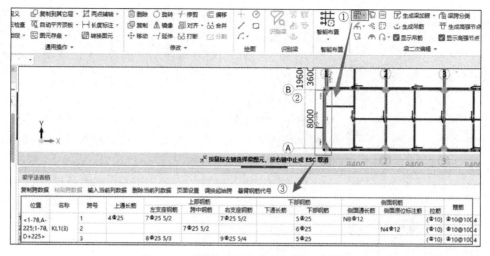

图 1-75 用梁的平法表格进行梁二次编辑

操作步骤：

① 单击梁二次编辑面板中的平法表格按钮；

② 单击要输入原位标注的 KL1；

③ 在梁平法表格中的对应位置输入截面尺寸及钢筋信息。

由结施-10 图纸可知，KL1 有水平加腋，查看结施-2，从节点图中可知梁水平加腋尺寸及配筋信息，在梁二次编辑中生成梁加腋操作方法如图 1-76 所示。

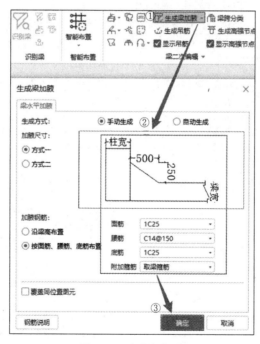

图 1-76 生成梁加腋

操作步骤：

① 单击梁二次编辑面板中的"生成梁加腋"；

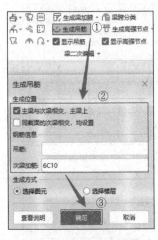

图 1-77　自动生成吊筋

② 在弹出的生成梁加腋对话框中,输入梁水平加腋尺寸及配筋信息;

③ 单击"确定",选择需要加腋的梁 KL1,单击加腋位置,右键确定。

3) 吊筋及次梁加筋

本工程在结施-2 中说明"主次梁相交处,均应在主梁内设置附加箍筋和吊筋",查节点图可知箍筋肢数及直径同梁中箍筋,查阅各图纸,均无吊筋。

次梁加筋可在新建工程时设置,也可通过梁二次编辑生成。这里介绍通过梁二次编辑自动生成吊筋,其具体操作如图 1-77 所示。

操作步骤:

① 单击梁二次编辑面板中的"生成吊筋";

② 在弹出的生成吊筋对话框中,根据图纸信息输入次梁加筋"6C10";

③ 单击"确定",选择需要附加箍筋的梁,右键确定。

6.2.3　清单套用

1. 现浇混凝土梁清单项目

根据《房屋建筑与装饰工程工程量计算规范》(GB 50854—2013)规定,现浇混凝土梁清单项目如表 1-13 所示。

表 1-13　现浇混凝土梁清单(编号:010503)

项目编码	项目名称	项目特征	计量单位	工程量计算规则	工作内容
010503001	基础梁	1. 混凝土类别; 2. 混凝土强度等级	m^3	按设计图示尺寸以体积计算。不扣除构件内钢筋、预埋铁件所占体积,伸入墙内的梁头、梁垫并入梁体积内。型钢混凝土梁扣除构件内型钢所占体积。梁长: 1. 梁与柱连接时,梁长算至柱侧面; 2. 主梁与次梁连接时,次梁长算至主梁侧面	1. 模板及支架(撑)制作、安装、拆除、堆放、运输及清理模内杂物、刷隔离剂等; 2. 混凝土制作、运输、浇筑、振捣、养护
010503002	矩形梁				
010503003	异形梁				
010503004	圈梁				
010503005	过梁				
010503006	弧形、拱形梁	1. 混凝土类别; 2. 混凝土强度等级	m^3	按设计图示尺寸以体积计算。不扣除构件内钢筋、预埋铁件所占体积,伸入墙内的梁头、梁垫并入梁体积内。梁长: 1. 梁与柱连接时,梁长算至柱侧面; 2. 主梁与次梁连接时,次梁长算至主梁侧面	1. 模板及支架(撑)制作、安装、拆除、堆放、运输及清理模内杂物、刷隔离剂等; 2. 混凝土制作、运输、浇筑、振捣、养护

2. 清单套取

1）匹配清单

以 KL1 为例介绍现浇板清单匹配操作方法,其具体的操作步骤如图 1-78 所示。

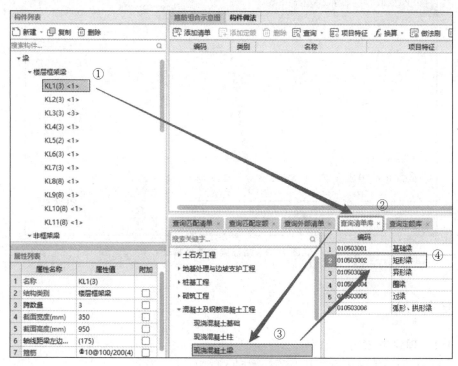

图 1-78　匹配清单操作方法

操作步骤:

① 在构件列表下双击"KL1(3)";

② 在构件做法界面下单击"查询清单库";

③ 单击"混凝土及钢筋混凝土工程"下的"现浇混凝土梁",软件会显示所有现浇混凝土梁的清单;

④ 双击选择第 2 项"010503002 矩形梁",即可完成现浇混凝土梁的清单匹配,模板的匹配采用同样的方法。

2）描述项目特征

以 KL1 为例介绍描述项目特征的操作步骤,如图 1-79 所示。

操作步骤:

① 单击添加项目特征的清单项"010503002 矩形梁",单击"项目特征";

② 软件中列出需要填写的构件项目特征,根据图纸要求填写相应的特征值如下。

混凝土种类:商品混凝土;

混凝土强度等级:C30。

其他矩形梁可通过"做法刷"的功能快速实现项目特征的描述。做法刷操作步骤与前文柱方法相同,不再赘述。

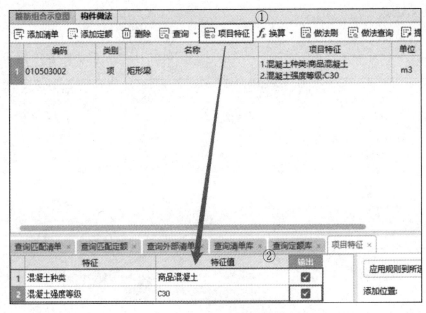

图 1-79 矩形梁的项目特征

6.3 任务考核

6.3.1 理论考核

1．(单选)同一楼面内梁顶标高不一致时,需要(　　)操作。

　　A．选择需要修改顶标高的梁并修改其属性信息顶标高

　　B．新建并重新定义梁

　　C．不影响工程量,无须进行修改

　　D．直接修改梁顶标高

2．(多选)绘制梁时,可以将梁的颜色变为绿色的方法有(　　)。

　　A．使用原位标注　　　　　　　　B．使用重提梁跨

　　C．生成梁加腋　　　　　　　　　D．生成吊筋

3．(多选)在绘制梁时,下列说法正确的是(　　)。

　　A．要先绘制主梁再绘制次梁

　　B．要先绘制砌体墙再绘制梁

　　C．要先绘制柱再绘制梁

　　D．要先绘制剪力墙再绘制梁

4．(判断)梁钢筋二次编辑包括原位标注和平法表格两种方法。　　　　　　(　　)

5．(判断)绘制梁时要先绘制好梁的支座。　　　　　　　　　　　　　　　(　　)

6．(判断)主次梁相交时,先绘制主梁,再绘制次梁。　　　　　　　　　　　(　　)

6.3.2 任务成果

1．将"理实一体化实训大楼"各层梁的钢筋工程量填入表 1-14 中。

表 1-14 楼层梁钢筋级别直径汇总

楼层	构件名称	钢筋质量/kg								
		⌀8	⌀10	⌀12	⌀14	⌀16	⌀18	⌀20	⌀22	⌀26
首层										
第2层										
第3层										
第4层										
第6层										
第6层										
第7层										
第8层										
屋面层										

2. 将"理实一体化实训大楼"各层梁的土建工程量填入表 1-15 中。

表 1-15 梁土建工程量汇总

工 程 量	楼 层							
	首层	第2层	第3层	第4层	第5层	第6层	第7层	第8层	屋面层
非框架梁工程量/m³								
框架梁工程量/m³								

6.4 总结拓展

本部分主要介绍了梁的属性定义、模型创建及清单套取。梁的模型创建以"直线"绘制为主,绘制好后进行二次编辑,梁的二次编辑包括原位标注和重提梁跨。如果本层存在同名称的梁,且原位信息标注完全一致,就可以采用"应用到同名梁"功能来快速实现梁的原位标注的输入。以首层非框架梁 L4 为例,应用到同名梁的具体操作如图 1-80 所示。

操作步骤:

① 单击梁二次编辑面板中的应用到同名梁按钮;

② 点选②轴~③轴和Ⓐ轴~Ⓑ轴间的基准梁图元 L4,右键确定。

其他楼层梁可通过从其他楼层复制构件图元和复制选定图元到其他楼层来实现,复制后还需要与图纸中实际信息核对并进行相应修改。复制选定图元到其他楼层具体操作方法以首层①轴和Ⓐ轴~Ⓓ轴间 KL1 复制到第 2 层为例介绍具体操作步骤,如图 1-81 所示。

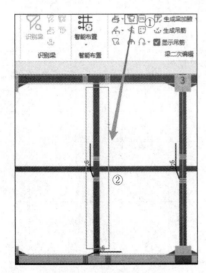
图 1-80 应用到同名梁

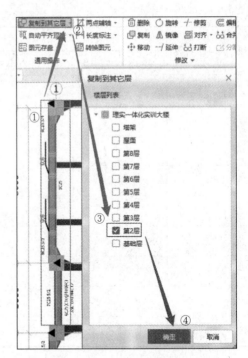
图 1-81 复制选定图元到其他楼层

操作步骤：

① 单击选中首层"KL1"；

② 选择通用操作中"复制到其它层"；

③ 在弹出的对话框中勾选第 2 层；

④ 单击"确定"，就将首层 KL1 复制到第 2 层相应位置，查看图纸并修改相应配筋信息。

学习新视界4

数字造价——科技强国的创新力量

数字造价是指利用数字化技术和计算机软件来进行建筑工程造价估算、成本控制和预算管理的方法。它通过将工程数据和价格表进行数字化处理，利用计算机程序进行自动化计算和分析，以提高造价工作的效率和准确性。它适用于各类工程建设领域，包括建筑、交通、水利、电力等多个行业。通过数字造价技术的应用，可以有效地提高工程建设项目的效率和质量，降低成本，增强企业的竞争力。

科技是国家强盛之本。数字造价技术应用是科技强国战略的重要组成部分，是推动国家经济发展的重要力量。通过学习和应用数字造价技术，我们可以不断提高自身的科技素养，为实现中华民族伟大复兴的中国梦贡献力量。现阶段我国数字造价技术主要包括建筑信息模型(BIM)技术、人工智能技术、云计算技术、虚拟现实技术等。

BIM 是一种数字化建模技术，将建筑设计、结构、设备等各个方面的信息集成在一个模型中，为数字造价提供了全面的数据支持。通过 BIM 技术，数字造价应用可以自动提取

BIM中的工程量数据，并根据预设的价格体系进行自动计算和分析，提高数字造价的准确性和效率。

人工智能技术是一门研究如何使计算机具备智能的科学与技术。它涵盖了多个子领域，包括机器学习、自然语言处理、计算机视觉、专家系统等。通过人工智能技术，数字造价应用可以实现更高级的功能，如预测材料价格趋势、优化成本分配等。例如，利用机器学习算法，数字造价应用可以分析历史数据和市场趋势，提供准确的材料价格预测，帮助项目团队制订合理的采购计划，避免材料价格波动对项目造成不利影响。

云计算(cloud computing)技术是一种基于互联网的计算方式，是将计算机资源，包括计算能力、存储空间和数据处理能力等，通过云服务提供商提供的网络进行交互和共享，实现按需获取和使用的计算资源。利用云计算技术，数字造价应用可以实现在线协作和实时数据共享。例如，项目团队可以通过云平台上的数字造价应用进行实时协作，共同编辑和更新工程量数据、成本数据等，避免信息的重复录入和传输，提高团队协作效率。此外，云计算还提供了稳定的计算和存储资源，支撑大规模数字造价模型的计算和分析。

虚拟现实(virtual reality,VR)技术是一种通过计算机技术和设备模拟虚拟环境的技术。它通过使用专门的头戴设备、手柄或其他交互设备，使用户沉浸在虚拟的三维环境中，并与虚拟环境进行交互。虚拟现实技术可将数字造价应用与虚拟建筑模型相结合，实现更直观的成本分析和预览。通过穿戴式虚拟现实设备，用户可以身临其境地浏览建筑模型，并实时查看成本信息、材料预算等。这种沉浸式的体验可以帮助项目团队更好地理解和评估项目的成本情况，做出更合理的决策。

科技进步需要更多创新型人才，数字造价技术应用需要大量的创新型人才来推动其发展。只有我们具备一定的创新精神和实践能力，才能不断拓展自己的知识领域，提高自身的综合素质，成为推动科技进步和社会发展的生力军。

任务7　板工程量计算

7.1　学习任务

7.1.1　任务说明

（1）完成"理实一体化实训大楼"基础层至屋面层板的混凝土、模板及钢筋BIM模型建立，并依据《房屋建筑与装饰工程工程量计算规范》(GB 50854—2013)编制工程量清单。

（2）汇总计算工程量，并填写任务考核中理论考核与任务成果相关内容。

7.1.2　任务指引

1. 分析图纸

（1）建立板模型时，应识读本工程中各楼层板的相关图纸，首层板相关信息查看结施-19，第2～3层板信息查看结施-20，第4～7层板信息查看结施-21，第8层板信息查看结施-22，屋面层板信息查看结施-23。

（2）由结施-2可知，本工程楼板的混凝土强度等级为C30。由结施-19～结施-23中板的集中标注和支座原位标注可知各层板的厚度、标高及钢筋信息,在软件中进行属性定义时必须严格按照图纸标注信息填写。以结施-19 中①轴～②轴和ⓒ轴～ⓓ轴间的楼板为例,楼板厚度 100mm,标高为层顶标高－0.05m,分布筋为 $\Phi 8@200$,其他钢筋信息见平法标注。板平法识图如图 1-82 所示。

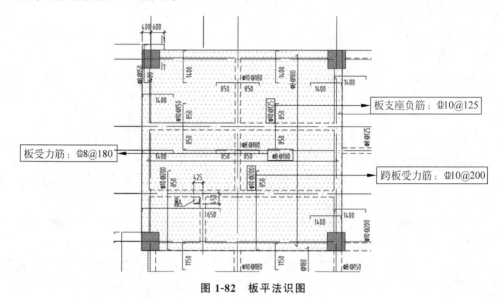

图 1-82 板平法识图

(3) 通过结施-20 和结施-21 对比可知,各层板钢筋信息不同,但板厚、位置相同,可通过"层间复制功能"(该操作方法与框架柱类似)完成第 2～7 层楼板的模型建立,其他楼层可采用同样的方法实现。

2. 软件基本操作

现浇板 BIM 建模与清单套用基本步骤分为新建现浇板、模型创建、钢筋布置与清单套用四部分。

(1) 新建现浇板是将现浇板的相关信息输入属性定义框,图纸中有几种板厚就新建几种,本工程板厚为 100mm、140mm 等;

(2) 模型创建是将已完成属性定义的现浇板按照结施-19～结施-23 中的相应位置进行布置,绘制现浇板图元;

(3) 钢筋布置是在现浇板图元完成基础上定义与绘制板受力筋、板负筋,目的是计算板钢筋工程量;

(4) 清单套用是根据《房屋建筑与装饰工程工程量计算规范》(GB 50854—2013)的规定,对现浇板进行清单套取、项目特征描述。

7.2 知识链接

7.2.1 现浇板的属性定义

由结施-19 可知,首层现浇板均为矩形,以①轴～②轴和ⓒ轴～ⓓ轴间的楼板为例介绍现浇板的新建及属性定义,具体的操作步骤如图 1-83 所示。

操作步骤：
① 单击模块导航栏中的"板"；
② 单击"现浇板(B)"；
③ 单击"新建"；
④ 单击"新建现浇板"，在属性编辑框中输入相应的属性值，如图 1-84 所示。

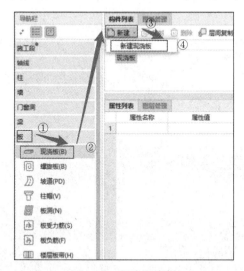

三维动画
1-7-1

图 1-83　新建现浇板　　　　　　图 1-84　现浇板属性定义

钢筋业务属性中可添加"马凳筋"信息。马凳筋用于板上下两层钢筋中间，起固定板上层钢筋的作用，其类型有几字形、T 形、三角形等，直径一般比板受力筋小一号。以几字形马凳筋为例说明计算方法，马凳筋高度＝板厚－2×保护层－上下钢筋的直径之和，上水平直段长度＝板间距＋50mm(也可以是＋80mm)，下左平直段长度＝板间距＋50mm，下右平直段长度为 100mm。马凳筋间距一般为 1000mm 左右，可视具体情况具体对待。本工程马凳筋的具体设置如图 1-85 所示。

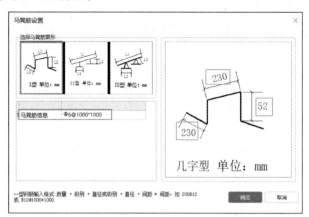

图 1-85　马凳筋设置

7.2.2　现浇板 BIM 模型创建

板定义好之后，需要绘制现浇板。在绘制之前，要将板下的支座(如梁、墙)绘制完毕。

软件提供了 4 种绘制板的方法,分别为"点"绘制、"矩形"绘制、"直线"绘制和自动生成板。下面介绍前 3 种。

1. "点"绘制

在本工程中,板下的梁都已经绘制完毕,围成了封闭区域,可以采用"点"绘制来布置图元。以结施-19 首层板中①轴~②轴和©轴~Ⓓ轴间的楼板为例介绍现浇板的绘制,其操作方法如图 1-86 所示。

微课 1-7-2

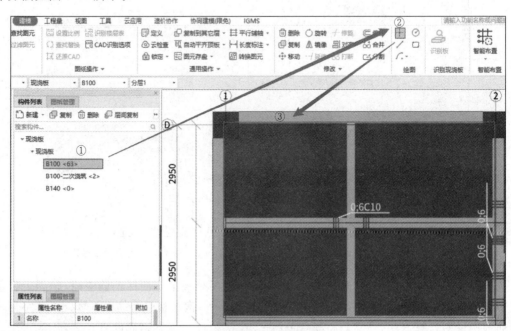

图 1-86 "点"绘制现浇板

操作步骤:

① 在构件列表中选择现浇板"B100";

② 单击绘图页签中的"点"命令;

③ 将鼠标放在①轴~②轴和©轴~Ⓓ轴间围成区域的任意位置单击,即可完成 B100 图元的绘制。

由于①轴~②轴和©轴~Ⓓ轴的楼板板顶标高比层顶标高低 0.05m,所以该楼板在绘制完成后需要修改板顶标高,其操作方法如图 1-87 所示。

操作步骤:

① 单击选中需要修改标高的楼板,构建列表中会显示该楼板的属性定义;

② 在属性列表中将"顶标高(m)"修改为"层顶标高－0.05(3.9)"。

2. "矩形"绘制

如果绘制板的区域不封闭,可以采用"矩形"或"直线"画法来绘制。以结施-19 首层板中②轴~③轴和Ⓑ轴~©轴间的楼板为例介绍矩形绘制,其操作方法如图 1-88 所示。

操作步骤:

① 在构件列表中选择现浇板"B100";

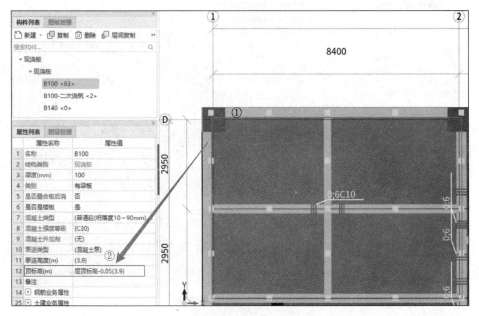

图 1-87 修改板顶标高

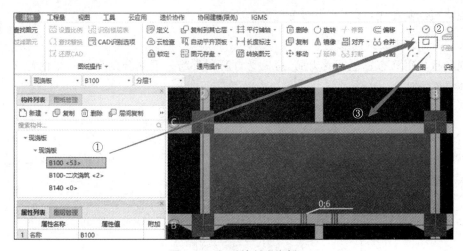

图 1-88 矩形绘制现浇板

② 单击绘图页签中的矩形命令；

③ 单击板图元对角的顶点，然后单击确定，即可完成"B100"图元的绘制。

3. "直线"绘制

以结施-19 首层板中①轴～②轴和ⓒ轴～ⓓ轴间的楼板为例介绍"直线"绘制现浇板，其操作方法如图 1-89 所示。

操作步骤：

① 在构件列表中选择现浇板"B100"；

② 单击绘图页签中的"直线"命令；

③ 依次单击①轴～②轴和ⓒ轴～ⓓ轴间的楼板边界区域的 4 个交点，围成一个封闭区

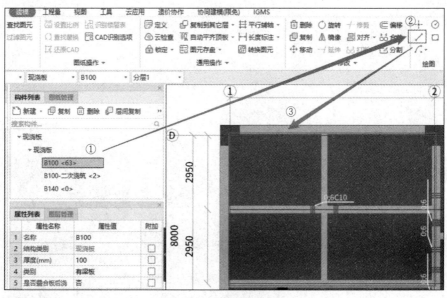

图 1-89 直线绘制现浇板

域,即可完成"B100"图元的绘制。

现浇板绘制完成后,接下来布置现浇板的钢筋。

7.2.3 现浇板钢筋布置

现浇板中钢筋布置包括受力筋、跨板受力筋和负筋。下面分别介绍其属性定义和布置的具体操作方法。

1. 现浇板受力筋的属性定义和布置

1)受力筋的属性定义

以结施-19首层现浇板①轴～②轴和ⓒ轴～ⓓ轴间的楼板为例介绍现浇板受力筋的新建及属性定义,其具体的操作步骤如图1-90所示。

微课 1-7-3

图 1-90 现浇板受力筋属性定义

操作步骤:
① 在导航栏中选择板,单击"板受力筋(S)";
② 在构件列表中单击"新建";
③ 单击"新建板受力筋";
④ 在属性编辑框中输入相应的属性值。

2) 受力筋的布置

完成受力筋的属性定义就可以绘制钢筋了。布置板的受力筋,按照布置范围,有"单板""多板"和"自定义";按照钢筋方向,有"水平""垂直""XY方向""两点""平行边"等,根据需要,可灵活选用。现浇板受力筋设置的操作步骤如图1-91所示。

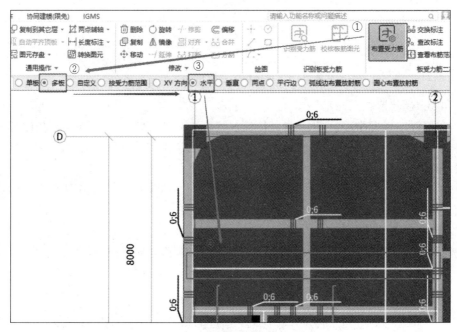

图1-91 现浇板受力筋布置

操作步骤:
① 在绘图界面单击"布置受力筋";
② 选择"多板"命令;
③ 选择"水平"命令;
④ 选择需要布置钢筋的4块板,右键确定,布置成功。

2. 现浇板跨板受力筋的属性定义和布置

(1) 跨板受力筋的属性定义

以结施-19首层现浇板①轴~②轴和ⓒ轴~ⓓ轴间的楼板为例介绍现浇板跨板受力筋的新建及属性定义,其具体的操作步骤如图1-92所示。

操作步骤:
① 在导航栏中选择板,单击"板受力筋(S)";
② 在构件列表中单击"新建";

图 1-92 现浇板跨板受力筋属性定义

③ 单击"新建跨板受力筋";

④ 在属性编辑框中输入相应的属性值。注意左右两边伸出的长度,即左标注和右标注,根据图纸中的标注进行输入。标注长度的位置可以选择支座中心线、支座内边线和支座外边线,根据图纸中标注的实际情况进行选择。此工程选择"支座中心线"。分布钢筋,根据结施-19 可知,未注明分布筋为 Φ8@180,因此输入 Φ8@180。也可以在计算设置对应项中进行输入,这样就不用针对每一个钢筋构件进行输入。

(2) 跨板受力筋的布置

完成跨板受力筋的属性定义就可以布置钢筋了,其具体的操作步骤如图 1-93 所示。

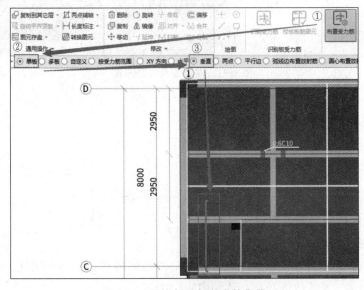

图 1-93 现浇板跨板受力筋布置

操作步骤:

① 在绘图界面单击"布置受力筋";

② 选择"单板"命令；
③ 选择"垂直"命令；
④ 选择需要布置钢筋的板，右键确定，布置成功。

3. 现浇板负筋的属性定义和布置

1) 板负筋的属性定义

以结施-19 首层板中②轴~③轴和Ⓑ轴~Ⓒ轴间的楼板为例，板负筋的新建及属性定义，如图 1-94 所示。

图 1-94 现浇板负筋属性定义

操作步骤：

① 单击"板负筋(F)"；
② 单击构件列表"新建"
③ 单击"新建板负筋"；
④ 修改属性值。

2) 板负筋的布置

软件中板负筋布置提供了按梁布置、按圈梁布置、按连梁布置、按墙布置、按板边布置和画线布置。布置方式的选择与板的支座相关，梁作为板支座时，选择按梁布置；剪力墙或者砌体墙作为板支座时，选择按墙布置；当支座上没有梁、墙或者说捕捉不到梁墙中线时，按板边布置；按以上布置方式拾取的范围都不合适时，采用画线布置。画线布置是最灵活的，任何情况都可以使用。本工程选择按梁布置，以结施-19 首层板中①轴~②轴和Ⓒ轴~Ⓓ轴间的楼板为例，现浇板负筋布置的操作方法如图 1-95 所示。

操作步骤：

① 在绘图界面单击"布置负筋"；
② 选择"按梁布置"；
③ 选择板边的梁，布置成功。

注：对于负筋伸出长度也可通过"修改左右标注"完成。在板负筋图元上单击左右标注可分别直接修改，如绘图时左右标注相反，可通过"交换左右标注"功能快速实现。

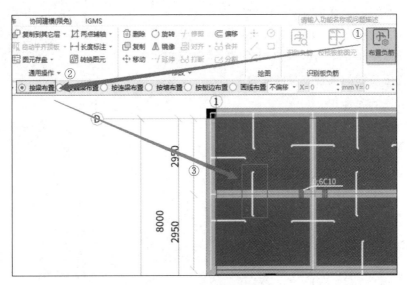

图 1-95 现浇板负筋布置

7.2.4 清单套用

1. 现浇混凝土板清单项目

根据《房屋建筑与装饰工程工程量计算规范》(GB 50854—2013)规定,现浇混凝土板清单项目如表 1-16 所示。

表 1-16 现浇混凝土板清单(编号:010505)

项目编码	项目名称	项目特征	计量单位	工程量计算规则	工作内容
010505001	有梁板			按设计图示尺寸以体积计算。不扣除单个面积≤0.3m² 的柱、垛以及孔洞所占体积;压形钢板混凝土楼板扣除构件内压形钢板所占体积;有梁板(包括主、次梁与板)按梁、板体积之和计算,无梁板按板和柱帽体积之和计算,各类板伸入墙内的板头并入板体积内,薄壳板的肋、基梁并入薄壳体积内计算	1. 模板及支架(撑)制作、安装、拆除、堆放、运输及清理模内杂物、刷隔离剂等;2. 混凝土制作、运输、浇筑、振捣、养护
010505002	无梁板				
010505003	平板	1. 混凝土种类;2. 混凝土强度等级	m³		
010505004	拱板				
010505005	薄壳板				
010505006	栏板				
010505007	天沟(檐沟)、挑檐板			按设计图示尺寸以体积计算	
010505008	雨篷、悬挑板、阳台板			按设计图示尺寸以墙外部分体积计算。包括伸出墙外的牛腿和雨篷反挑檐的体积	
010505009	其他板			按设计图示尺寸以体积计算	

注:现浇挑檐、天沟板、雨篷、阳台与板(包括屋面板、楼板)连接时,以外墙外边线为分界线;与圈梁(包括其他梁)连接时,以梁外边线为分界线。外边线以外为挑檐、天沟、雨篷或阳台。

2. 清单套取

1）匹配清单

以 B100 为例介绍现浇板清单匹配操作方法，其具体的操作步骤如图 1-96 所示。

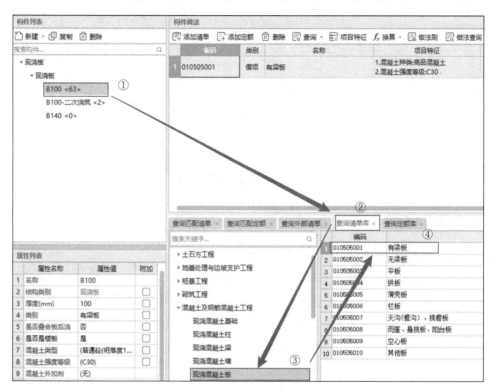

图 1-96　匹配清单

操作步骤：

① 在构件列表下双击"B100"；

② 在构件做法界面下单击"查询清单库"；

③ 单击"混凝土及钢筋混凝土工程"下的"现浇混凝土板"，软件会显示所有现浇混凝土板的清单；

④ 双击选择第 1 项"010505001 有梁板"，即可完成现浇板的混凝土清单的匹配，模板的匹配采用同样的方法。

2）描述项目特征

以 B100 为例介绍具体的操作步骤，如图 1-97 所示。

操作步骤：

① 单击添加项目特征的清单项"010505001 有梁板"，单击"项目特征"；

② 软件中列出需要填写的构件项目特征，根据图纸要求填写相应的特征值如下。

混凝土种类：商品混凝土；

混凝土强度等级：C30。

其他现浇板的清单套取可通过"做法刷"功能实现。

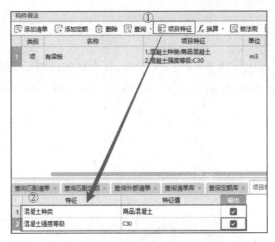

图 1-97 现浇板项目特征描述

7.3 任务考核

7.3.1 理论考核

1.（单选）板的厚度除在属性编辑器中可以设置外,还可以在(　　)中进行设置。

　　A. 工程信息　　　B. 楼层设置　　　C. 绘图输入　　　D. 外部清单

2.（单选）同一楼面内板顶标高不一致时,需要(　　)操作。

　　A. 选择需要修改顶标高的板并修改其属性信息顶标高

　　B. 新建并重新定义板

　　C. 不影响工程量,无须进行修改

　　D. 直接修改顶标高

3.（多选）现浇板建模前,需先识图,识图的目的是了解(　　)信息,以方便建模。

　　A. 板厚度　　　　　　　　　　　　B. 板标高

　　C. 板配筋信息　　　　　　　　　　D. 混凝土种类及强度等级

4.（判断）现浇板中跨板受力筋、板受力筋布置方式相同,与负筋布置方式不同。(　　)

5.（判断）布置板的受力筋,按照布置范围,有"单板""多板"和"自定义板"布置;按照钢筋方向,有"水平""垂直"和"XY 方向",以及"其他方式"布置。(　　)

6.（判断）现浇板分布筋如按板厚设置分布筋,可在软件中工程设置中的计算设置进行设置。(　　)

7.3.2 任务成果

1. 将"理实一体化实训大楼"各层板的钢筋工程量填入表 1-17 中。

表 1-17 板楼层钢筋级别直径汇总

楼层	现浇板钢筋质量/kg		
	⌀6	⌀8	⌀10
首层			
第 2 层			

续表

楼　　层	现浇板钢筋质量/kg		
	Φ6	Φ8	Φ10
第3层			
第4层			
第5层			
第6层			
第7层			
第8层			
屋面层			

2. 将"理实一体化实训大楼"各层板的土建工程量填至表1-18。

表1-18　板土建工程量汇总

构 件 名 称	混凝土体积/m³							
	首层	第2层	第3层	第4层	第5层	第6层	第7层	第8层	屋面层
B100								
B120								
B140								

7.4　总结拓展

本部分主要介绍了板的属性定义、模型创建、钢筋布置及清单套取。在实际工程中，板面会预留洞口，以结施-19 Ⓐ轴~Ⓑ轴和Ⓒ轴~Ⓓ轴间的洞 A 为例，板洞尺寸为300mm×300mm，具体规格如图1-98所示；板洞配筋信息查找结构总说明如图1-99所示；板洞图元绘制步骤如图1-100所示。

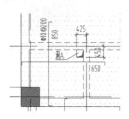

图1-98　板洞尺寸信息

操作步骤：
① 把楼层切换到"首层"；
② 选择导航栏中"板洞(N)"；
③ 在构件列表下选择"新建"，选择"BD-1"；
④ 在属性编辑框中输入相应的属性值；
⑤ 单击绘图页签中的"点"命令；
⑥ 将鼠标放在Ⓐ轴~Ⓑ轴和Ⓒ轴~Ⓓ轴间围成区域的板洞所在位置单击，即可完成板洞图元的绘制。

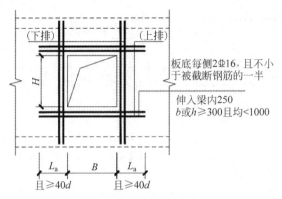

图 1-99 板洞配筋信息

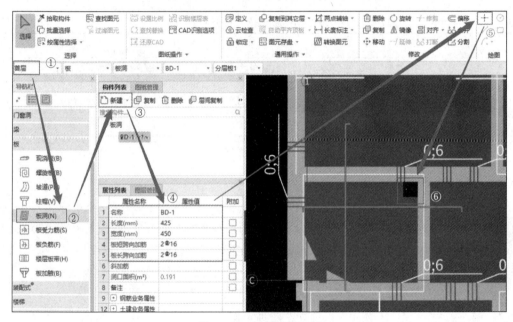

图 1-100 板洞图元绘制

大数据背景下工程造价数据库的建立

工程建设领域是中国经济发展的重要支撑,作为工程建设的组成部分,工程造价管理在中国经济改革发展中发挥了积极的作用。

面对当今大数据时代的冲击,各种纷繁复杂的建筑工程项目数据信息经过收集、整理、清洗、重组之后具备极大的利用价值,如何结合数据挖掘的方法用好这些宝贵资源,是实现工程造价行业可持续发展、实施信息化管理战略、加速造价服务行业转型的迫切需要。利用大数据技术可以实现工程造价管理的自动化和智能化,提高管理效率和精度,为企业节约成本和资源提供有力支持。利用大数据技术建立工程造价信息数据库,在项目建造的不同阶段可以应用于以下场景。

1. 前期可行性研究阶段

通过收集和分析历史工程项目的造价数据,为项目的可行性评估和预算编制提供参考依据,帮助预测潜在的成本风险,制定项目前期预算。

2. 设计阶段

通过大数据信息库中的工程项目设计参数和造价数据,进行比对和分析,帮助设计师和工程师更准确地进行设计成本估算,并优化设计方案以控制项目成本。

3. 招标阶段

利用大数据信息库中的历史招标数据,对工程项目进行成本评估和招标策略制定,帮助项目方制定合理的招标标准、评分体系和合同价款,并提高项目中标的概率。

4. 施工阶段

通过大数据信息库中的施工过程数据,对施工过程中的成本和资源进行实时监控和分析,帮助项目经理进行成本控制、资源配置和进度管理,提高工程项目的管理效率和质量。

5. 后期运维阶段

基于大数据信息库中的运行与维护成本和维修数据,为项目运营方提供参考,帮助评估设备寿命,预测维护成本,并制订合理的维护计划和预算。

通过在不同阶段利用大数据信息库进行工程造价数据分析和决策支持,可以实现项目建造过程中的成本控制、效率和风险防控能力提升,推动工程造价行业的发展和创新。

作为大数据时代的工程造价人员,学习大数据基础知识,掌握数据挖掘技术、数据获取和存储技术、数据分析技术,将所学的技术应用到实际工作中,例如,利用大数据技术对历史工程造价数据进行深度分析,利用数据挖掘技术对未来工程造价进行预测等,可以更好地应对工程造价管理的挑战,提高管理效率和精度,为企业节约成本和资源提供有力支持。

任务8 砌体墙工程量计算

8.1 学习任务

8.1.1 任务说明

(1)完成"理实一体化实训大楼"首层至第8层砌体墙的BIM模型建立,并依据《房屋建筑与装饰工程工程量计算规范》(GB 50854—2013)编制砌体墙工程量清单。

(2)汇总计算砌体墙工程量,并填写任务考核中理论考核与任务成果相关内容。

8.1.2 任务指引

1. 分析图纸

(1)建立砌体墙模型时,应识读本工程中各楼层砌体墙的相关图纸,首层至第8层砌体墙信息分别显示在建施-4~建施-11中。

(2)建施-2第(四)条规定了本工程的墙体材料,在软件中进行属性定义时必须严格按照图纸标注信息填写砌体墙的厚度、材料类型以及内外墙等信息。

2. 软件基本操作

完成砌体墙 BIM 建模与清单套用基本步骤分为属性定义、模型创建与清单套用。

（1）属性定义是将砌体墙的相关信息输入属性定义框，对于图纸中不同厚度、不同材料的墙体，要区分内外墙分别新建；

（2）模型创建是将已完成属性定义的砌体墙按照建施-4~建施-11 中的相应位置进行布置，绘制砌体墙图元；

（3）清单套用是根据《房屋建筑与装饰工程工程量计算规范》(GB 50854—2013)的规定，对砌体墙进行清单套取、项目特征描述。

8.2　知识链接

8.2.1　砌体墙的属性定义

由建施-2 第（四）条可知，本工程砌体墙所用材料为加气混凝土砌块，外墙厚 250mm，内墙厚 200mm，新建外墙的操作步骤如图 1-101，新建内墙的操作步骤如图 1-102 所示。

图 1-101　新建外墙

图 1-102　新建内墙

操作步骤：

① 单击模块导航栏中的"墙"；

② 单击"砌体墙(Q)"；

③ 单击"新建"；

④ 单击"新建外墙"或"新建内墙"，在属性编辑框中输入相应的属性值，外墙和内墙的属性定义分别如图 1-103 和图 1-104 所示。

8.2.2　砌体墙 BIM 模型创建

砌体墙为线式构件，可采用直线画法进行布置。

由建施-4 可知，本工程中砌体墙位置大致分两种情况：一种是砌体墙边线与某轴线或柱边线平齐，另一种是砌体墙中心线为轴线。下面以①轴~④轴线之间Ⓓ轴线上外墙为例介绍直线画法，其操作方法如图 1-105 所示。

图 1-103　外墙属性定义

图 1-104　内墙属性定义

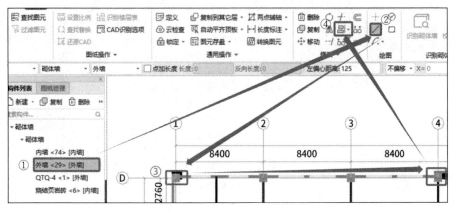
图 1-105　直线画法

操作步骤：

① 在构件列表中单击"外墙[外墙]"；

② 单击绘图页签中的"直线"；

③ 单击①轴与Ⓓ轴的交点处，然后在④轴与Ⓓ轴的交点处单击，即可完成此段外墙的绘制。

④ 由建施-4可知，此段外墙内边线与Ⓓ轴线平齐，单击"对齐"按钮，选择"对齐"，按照命令行提示，先单击目标线Ⓓ轴线，再单击图元需对齐的边线，即外墙内边线，最终完成此段外墙的绘制。

8.2.3　清单套用

1. 砌体墙清单项目

根据《房屋建筑与装饰工程工程量计算规范》(GB 50854—2013)规定，砌体墙清单项目如表 1-19 所示。

表 1-19 砌体墙清单(编号:010402)

项目编码	项目名称	项目特征	计量单位	工程量计算规则	工作内容
010402001	砌块墙	1. 砌块品种、规格、强度等级; 2. 墙体类型; 3. 砂浆强度等级	m³	按设计图示尺寸以体积计算。 扣除门窗洞口、过人洞、空圈、嵌入墙内的钢筋混凝土柱、梁、圈梁、挑梁、过梁及凹进墙内的壁龛、管槽、暖气槽、消火栓箱所占体积,不扣除梁头、板头、檩头、垫木、木楞头、沿缘木、木砖、门窗走头、砌块墙内加固钢筋、木筋、铁件、钢管及单个面积≤0.3m²的孔洞所占的体积。凸出墙面的腰线、挑檐、压顶、窗台线、虎头砖、门窗套的体积亦不增加。凸出墙面的砖垛并入墙体体积内计算。 1. 墙长度:外墙按中心线、内墙按净长计算。 2. 墙高度 (1) 外墙:斜(坡)屋面无檐口天棚者算至屋面板底;有屋架且室内外均有天棚者算至屋架下弦底另加200mm;无天棚者算至屋架下弦底另加300mm,出檐宽度超过600mm时按实砌高度计算;与钢筋混凝土楼板隔层算至板顶;平屋面算至钢筋混凝土板底。 (2) 内墙:位于屋架下弦者,算至屋架下弦底;无屋架者算至天棚底另加100mm;有钢筋混凝土楼板隔层者算至楼板顶;有框架梁时算至梁底。 (3) 女儿墙:从屋面板上表面算至女儿墙顶面(如有混凝土压顶时算至压顶下表面)。 (4) 内、外山墙:按其平均高度计算。 3. 框架间墙:不分内外墙按墙体净尺寸以体积计算。 4. 围墙:高度算至压顶上表面(如有混凝土压顶时算至压顶下表面),围墙柱并入围墙体积内	1. 砂浆制作、运输; 2. 砌砖、砌块; 3. 勾缝; 4. 材料运输

注:① 砌体内加筋,墙体拉结的制作、安装,应按附录 E 中相关项目编码列项。
② 砌块排列应上、下错缝搭砌,如果搭错缝长度满足不了规定的压搭要求,应采取压砌钢筋网片的措施,具体构造要求按设计规定。若设计无规定时,应注明由投标人根据工程实际情况自行考虑。
③ 砌体垂直灰缝宽>30mm 时,采用 C20 细石混凝土灌实。灌注的混凝土应按附录 E 相关项目编码列项。

2. 清单套取

1) 匹配清单

以外墙为例介绍查询匹配清单操作方法,其操作步骤如图 1-106 所示。

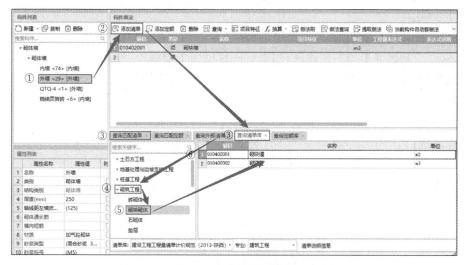

图 1-106 查询匹配清单

操作步骤：

① 在构件列表下双击需要添加清单的构件"外墙[外墙]"；

② 单击"添加清单"，如需手动输入清单编码，可在编码列输入清单项目编码"010402001"，则完成清单套取，否则进入第③步；

③ 单击"查询匹配清单"，软件根据构件属性匹配相应清单，如果有对应清单，可直接双击即可匹配，如果没有对应清单，则单击"查询清单库"；

④ 加气混凝土砌块为砌筑工程相关项目，单击"砌筑工程"；

⑤ 在砌筑工程展开子目中单击"砌块砌体"；

⑥ 双击第 1 项"010402001 砌块墙"，即可完成加气混凝土砌块清单的匹配。

2) 描述项目特征

以外墙为例介绍砌体墙项目特征的具体操作步骤，如图 1-107 所示。

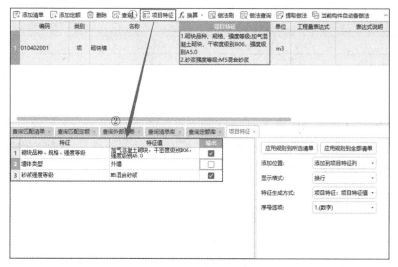

图 1-107 砌体墙项目特征

操作步骤：

① 单击添加项目特征的清单项"010402001 砌块墙"，单击"项目特征"；

② 软件中列出需要填写的构件项目特征，根据图纸要求填写相应的特征值如下。

砌块品种、规格、强度等级：加气混凝土砌块，干密度级别 B06，强度级别 A5.0；

墙体类型：外墙；

砂浆强度等级：M5 混合砂浆。

填写完成后，清单项中即可显示项目特征，如果未显示，在"输出"列勾选即可。

8.3 任务考核

8.3.1 理论考核

1. （填空）砌体墙的相关说明信息一般在_____图中说明，砌体墙的位置信息一般在_____图中，如果有砌体加筋，相关信息在_____图中。

2. （填空）砌体墙属性定义中，对工程量大小有影响的是_____。

3. （单选）在广联达软件中，砌体墙图元的绘制方法是（   ）。

　　A. "点"绘制　　　　B. "直线"绘制　　　C. "矩形"绘制　　　D. 智能布置

4. （判断）新建砌体墙，在进行属性定义时，内外墙必须按实际情况定义，否则影响墙体工程量。（　　）

5. （判断）混凝土砌块墙属于剪力墙，所以应该套用清单编码 010504 下的各清单子目。
（　　）

8.3.2 任务成果

将"理实一体化实训大楼"各层砌体墙的工程量填入表 1-20 中。

表 1-20　砌体墙工程量汇总

构件名称	砌体墙工程量/m³							
	首层	第2层	第3层	第4层	第5层	第6层	第7层	第8层
外墙								
内墙								

8.4 总结拓展

在混凝土和砌体或者砌体交接处，为了增强结构的稳定性，通常需要设砌体拉结筋。在广联达软件里面处理砌体拉结筋有两种方式，一种是砌体通长筋，另一种是砌体加筋。下面分别对这两种情况的拉结筋进行介绍。

1. 砌体通长筋

砌体通长筋是指沿砌体长度内通长布置砌体加筋，一般和横向短筋搭配布置，共同形成钢筋网片。本工程没有砌体通长筋，若有砌体通长筋，可在对应砌体墙属性列表中"砌体通长筋""横向短筋"处输入相应钢筋信息，无须在图中绘制图元。

注：（1）砌体通长筋输入有固定格式，不按照格式的话，无法输入，具体格式为"排数+

级别+直径+@+间距",排数≤50,不输入排数时,默认为1排;

(2) 横向短筋输入有固定格式,不按照格式的话,无法输入,具体格式为"级别+直径+@+间距"。

2. 砌体加筋

砌体加筋一般是在砌体墙与柱或转角处设置的砌体内的加筋,图纸中会规定每侧入墙长度,如果不规定,就按照默认长度为1m。

1) 砌体加筋的属性定义

砌体加筋属性定义操作步骤如图1-108所示。

操作步骤:

① 单击模块导航栏中的"墙";

② 单击"砌体加筋(Y)";

③ 单击"新建";

图1-108 新建砌体加筋

④ 单击"新建砌体加筋",弹出"选择参数化图形"界面,添加砌体加筋的方法如图1-109所示。

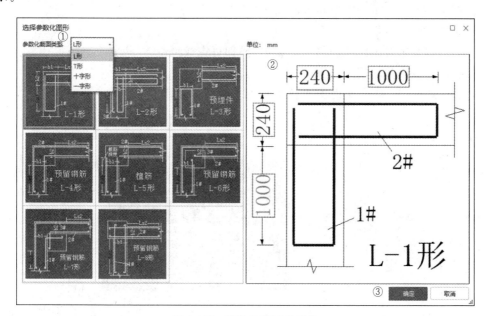

图1-109 砌体加筋属性定义

图1-109中的操作步骤:

① 在"选择参数化图形"窗口中,选择"L形";

② 按照图纸中砌体加筋信息输入相关数据;

③ 单击"确定"即完成砌体加筋的新建。

2) 砌体加筋BIM模型创建

砌体加筋为点式构件,可采用"点"绘制进行布置,其操作方法如图1-110所示。

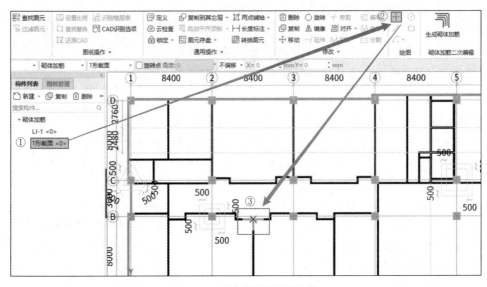

图 1-110 "点"绘制砌体加筋

操作步骤：
① 在构件列表中单击需要布置的砌体加筋"T 形截面"；
② 单击绘图页签中的"点"命令；
③ 单击需要布置砌体加筋的 T 形截面处，即可完成绘制。

3）自动生成砌体加筋

软件还提供了一种快速设置砌体加筋的方法——自动生成砌体加筋，其操作方法如图 1-111 所示。

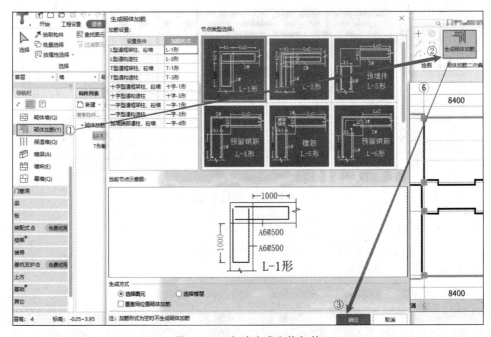

图 1-111 自动生成砌体加筋

操作步骤:
① 左侧导航栏单击"砌体加筋(Y)";
② 单击"生成砌体加筋",弹出"生成砌体加筋"对话框;
③ 对应不同的设置条件,选择相应的加筋形式,并在右侧的节点示意图中输入参数,包括尺寸和钢筋信息。勾选需要生成砌体加筋的图元、楼层,单击"确定",即可一次性在多个楼层中的相应位置处生成砌体加筋图元。

任务9　门窗、过梁、圈梁、构造柱工程量计算

9.1　学习任务

9.1.1　任务说明

(1) 完成"理实一体化实训大楼"首层到第8层、电梯机房层门窗、过梁、圈梁、构造柱的BIM模型建立,并依据《房屋建筑与装饰工程工程量计算规范》(GB 50854—2013)编制工程量清单。

(2) 汇总计算工程量,并填写任务考核中理论考核与任务成果相关内容。

9.1.2　任务指引

1. 分析图纸

(1) 建立门窗模型时,首先需要根据建施-3中的门窗表分析门窗的信息,包括门窗名称、洞口尺寸以及门窗材料类型,然后根据识读到的信息进行门窗的属性定义,最后根据建施-4~建施-12识读门窗的位置信息,进行门窗的BIM模型创建。

(2) 建立过梁、圈梁、构造柱模型时,首先需要根据结施-2中"7.5关于填充墙体中相关信息"识读过梁、圈梁、构造柱的相关信息,包括尺寸、钢筋和位置信息,然后根据识读到的相关信息进行属性定义以及BIM模型创建。

2. 软件基本操作

完成门窗、过梁、圈梁、构造柱BIM建模与清单套用,基本步骤分为新建门窗、过梁、圈梁、构造柱,模型创建与清单套用三部分。

(1) 新建门窗、过梁、圈梁、构造柱是将这些构件的相关信息输入属性定义框;

(2) 模型创建是将已完成属性定义的门窗、过梁、圈梁、构造柱按照建施-4~建施-12中的相应位置以及结构设计说明中描述的相关位置进行布置,绘制图元;

(3) 清单套用是根据《房屋建筑与装饰工程工程量计算规范》(GB 50854—2013)的规定,对门窗、过梁、圈梁、构造柱进行清单套取、项目特征描述。

9.2　知识链接

9.2.1　门窗、过梁、圈梁、构造柱的属性定义

1. 门窗的属性定义

以M1021、C2422为例来介绍门窗的新建及属性定义,其具体操作步骤分别如图1-112

和图 1-113 所示。

图 1-112　新建 M1021

图 1-113　新建 C2422

操作步骤：

① 单击模块导航栏中的"门窗洞"；

② 单击"门(M)"或"窗(C)"；

③ 单击"新建"；

④ 单击"新建矩形门"或"新建矩形窗"，在属性编辑框中输入相应的属性值，M1021 的属性定义如图 1-114，C2422 的属性定义如图 1-115 所示。

图 1-114　M1021 属性定义　　　　　图 1-115　C2422 属性定义

注：门窗的离地高度对工程量没有影响，但是当门窗顶部距离梁的高度过小时可能会对过梁、圈梁的工程量有影响，所以需要按照实际情况修改。门的离地高度一般为零，窗的离地高度一般可以从立面图上识读。

2. 过梁的属性定义

以 1000mm 宽洞口上方的过梁为例来介绍过梁的新建及属性定义，其具体操作步骤如

图 1-116 所示。

操作步骤：

① 单击模块导航栏中的"门窗洞"；

② 单击"过梁(G)"；

③ 单击"新建"；

④ 单击"新建矩形过梁"，在属性编辑框中输入相应的属性值，GL1000 的属性定义如图 1-117 所示。

二维动画
1-9-1

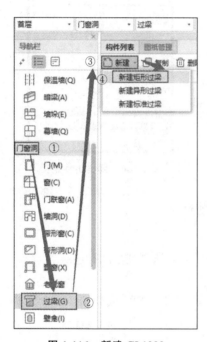

图 1-116　新建 GL1000

图 1-117　GL1000 属性定义

3. 构造柱的属性定义

由结施-2 结构设计总说明"7.5 关于填充墙体第（二）条"可知构造柱的信息，以 GZ200 为例来介绍构造柱的新建及属性定义，其具体操作步骤如图 1-118 所示。

操作步骤：

① 单击模块导航栏中的"柱"；

② 单击"构造柱(Z)"；

③ 单击"新建"；

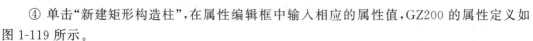

图 1-118　新建 GZ200

④ 单击"新建矩形构造柱"，在属性编辑框中输入相应的属性值，GZ200 的属性定义如图 1-119 所示。

4. 圈梁的属性定义

圈梁的新建与任务 3 中地圈梁操作方法相同，不再赘述。本工程内墙上圈梁的属性定义如图 1-120 所示。

二维动画
1-9-2

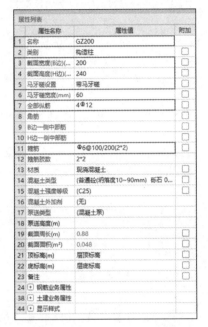

图 1-119　GZ200 属性定义

图 1-120　圈梁属性定义

9.2.2　门窗、过梁、圈梁、构造柱 BIM 模型创建

1. 门窗 BIM 模型创建

门窗为点式构件,可采用"点"绘制和"精确布置"的方法创建(布置)。

1)"点"绘制

以ⓒ轴线和⑧轴线交点左侧的 M1021 为例,"点"绘制操作步骤如图 1-121 所示。

微课 1-9-3

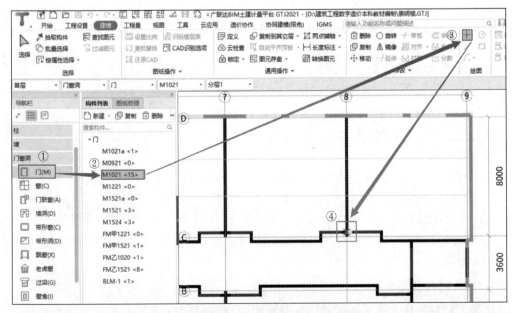

图 1-121　"点"绘制门窗

操作步骤：

① 在导航栏中单击门窗洞下的"门(M)"；

② 单击构件列表中需要布置的"M1021"；

③ 单击绘图页签中的"点"命令；

④ 将鼠标放在ⓒ轴和⑧轴交点处，采用"Shift＋左键"偏移的方式，即完成M1021的绘制。

2) 精确布置

以M1021为例，"精确布置"操作步骤如图1-122所示。

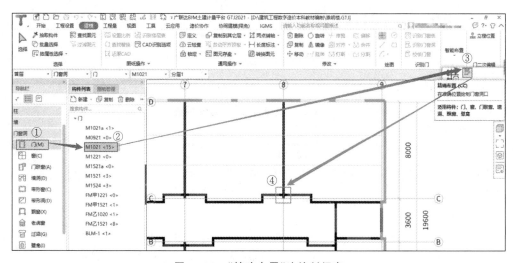

图1-122 "精确布置"法绘制门窗

操作步骤：

① 在导航栏中单击门窗洞下的"门(M)"；

② 单击构件列表中需要布置的"M1021"；

③ 单击智能布置下的"精确布置"；

④ 单击ⓒ轴和⑧轴交点来确定插入点，输入偏移值，即完成M1021的绘制。

2. 过梁的BIM模型创建

过梁为点式构件，可采用"点"绘制和智能布置的方法创建(布置)，但必须在完成门窗的绘制后方能布置过梁。"点"绘制操作方法简单，只需在属性列表中选择过梁，单击绘图区需要布置过梁的位置，即可完成。现以"智能布置"为例介绍操作方法，如图1-123所示。

操作步骤：

① 在导航栏中单击门窗洞下的"过梁(G)"；

② 单击构件列表中需要布置的"GL1000"；

③ 单击智能布置下的"门窗洞口宽度"；

④ 弹出"按门窗洞口宽度布置过梁"对话框，输入布置条件，如图1-124所示，单击"确定"，即可以一次完成洞口宽度为此范围的过梁的绘制。

微课1-9-4

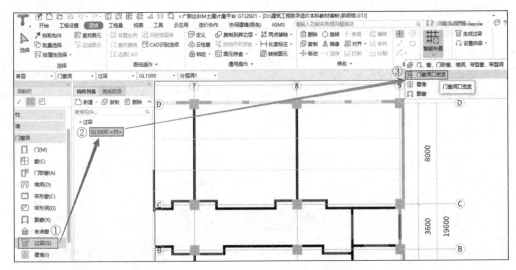

图 1-123 "智能布置"法绘制过梁

图 1-124 按门窗洞口宽度布置过梁

3. 圈梁的 BIM 模型创建

圈梁为线式构件,一般是在砌体墙绘制完成后进行布置,可采用"直线"绘制和智能布置方法创建。"直线"绘制圈梁与绘制梁、地圈梁类似,不再赘述,下面以内墙圈梁的智能布置为例,其操作方法如图 1-125 所示。

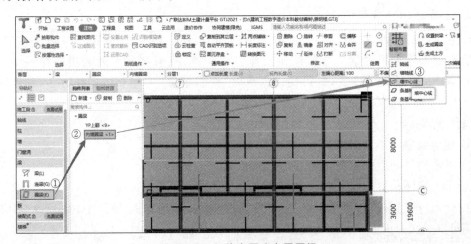

图 1-125 智能布置法布置圈梁

操作步骤:
① 在导航栏中单击梁下的"圈梁(E)";
② 单击构件列表中需要布置的"内墙圈梁";
③ 单击智能布置下的"墙中心线",选择图元或拉框选择需要布置内墙的圈梁;右键确认选择,即完成。

4. 构造柱的 BIM 模型创建

构造柱为点式构件,可采用"点"绘制和"生成构造柱"的方法创建(布置),"点"绘制构造柱与柱类似,不再赘述。下面以"生成构造柱"方法为例,其操作方法如图 1-126 所示。

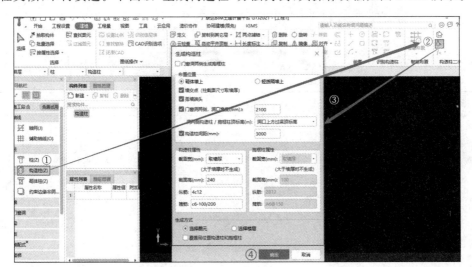

微课 1-9-5

图 1-126　生成构造柱

生成构造柱操作步骤:
① 在导航栏中单击柱下的"构造柱(Z)";
② 单击构造柱二次编辑中"生成构造柱",弹出"生成构造柱"对话框;
③ 在弹出的"生成构造柱"对话框中,按照结施-2 中 7.5 第二条的相关信息输入数据;
④ 单击"确定"按钮,点选或框选砌体墙图元,按右键确认选择,即完成构造柱的绘制。
注:采用"生成构造柱"的方法时不用提前新建构造柱,软件会自动反建构造柱。

9.2.3　清单套用

1. 塑钢门窗清单项目

根据《房屋建筑与装饰工程工程量计算规范》(GB 50854—2013)规定,塑钢门窗清单项目如表 1-21 所示。

2. 清单套取

1) 匹配清单

以 M1021 为例介绍查询匹配清单操作方法,具体的操作步骤如图 1-127 所示,其余的门、窗套取清单方法不再赘述,过梁、圈梁、构造柱在套取清单时除混凝土之外,还应考虑模板,方法与柱、梁、板类似,不再赘述。

表 1-21 塑钢门窗清单项目

项目编码	项目名称	项目特征	计量单位	工程量计算规则	工作内容
010802001	金属(塑钢)门	1. 门代号及洞口尺寸; 2. 门框或扇外围尺寸; 3. 门框、扇材质; 4. 玻璃品种、厚度	1. 樘; 2. m²	1. 以樘计量,按设计图示数量计算; 2. 以 m² 计量,按设计图示洞口尺寸以面积计算	1. 门安装; 2. 五金安装; 3. 玻璃安装
010802004	防盗门	1. 代号及洞口尺寸; 2. 框或扇外围尺寸; 3. 门框、扇材质	1. 樘; 2. m²		
010807001	金属(塑钢、断桥)窗	1. 窗代号及洞口尺寸; 2. 框、扇材质; 3. 玻璃品种、厚度	1. 樘; 2. m²	1. 以樘计量,按设计图示数量计算; 2. 以 m² 计量,按设计图示洞口尺寸以面积计算	1. 窗安装; 2. 五金、玻璃安装

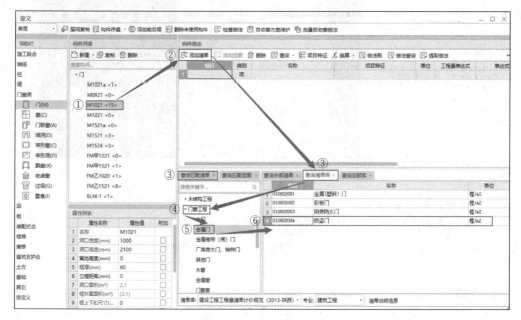

图 1-127 查询匹配清单

操作步骤:

① 在构件列表下双击需要添加清单的构件"M1021";

② 单击"添加清单",如需手动输入清单编码,可在编码列输入清单项目编码 010802004,则完成清单套取,否则进入第③步;

③ 单击"查询匹配清单",软件根据构件属性匹配相应清单,如果有对应清单,直接双击即可;如果没有对应清单,则单击"查询清单库";

④ M1021 为门窗工程相关项目,单击"门窗工程";

⑤ 在门窗工程展开子目中单击"金属门";

⑥ 双击第 4 项"010802004 防盗门",即可完成 M1021 清单的匹配。

2）描述项目特征

以 M1021 为例介绍具体的操作步骤,如图 1-128 所示。

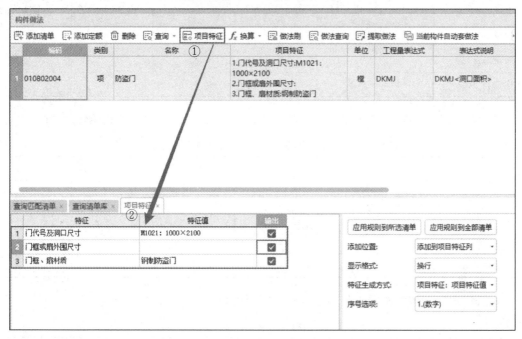

图 1-128　M1021 项目特征

操作步骤：

① 单击添加项目特征的清单项"010802004 防盗门",单击"项目特征";

② 软件中列出需要填写的构件项目特征,根据图纸要求填写相应的特征值如下。

门代号及洞口尺寸：M1021：1000×2100；

门框、扇材质：钢制防盗门。

9.3　任务考核

9.3.1　理论考核

1. （填空）门窗表一般在图纸_____中说明,门窗的位置信息一般在_____图中,如果要识读门窗的离地高度,应该在_____图中查找信息。

2. （填空）过梁、圈梁、构造柱信息一般在_____图中。

3. （单选）构造柱一般是在(　　)。

　　A．砌体墙　　　　B．剪力墙　　　　C．玻璃幕墙　　　　D．虚墙

4. （判断）门窗的清单工程量可以按数量,也可以按面积计算。　　　　(　　)

5. （判断）当某一洞口上方的过梁与圈梁位置重合时,过梁可以兼作圈梁。　　(　　)

9.3.2　任务成果

1. 将"理实一体化实训大楼"各层过梁、圈梁、构造柱的钢筋工程量填入表 1-22 中。

表 1-22 过梁、圈梁、构造柱楼层钢筋汇总

钢筋质量	楼层					
	首层	第2层	第3～4层	第5～6层	第7～8层	屋面层
过梁/kg						
圈梁/kg						
构造柱/kg						

2. 将"理实一体化实训大楼"各层过梁、圈梁、构造柱的混凝土工程量填入表 1-23 中。

表 1-23 过梁、圈梁、构造柱混凝土工程量汇总

混凝土体积	楼层					
	首层	第2层	第3～4层	第5～6层	第7～8层	屋面层
过梁/m³						
圈梁/m³						
构造柱/m³						

3. 将"理实一体化实训大楼"各层门窗的工程量填入表 1-24 中。

表 1-24 门窗工程量汇总

构件名称	门窗工程量/(m²/樘)							
	首层	第2层	第3层	第4层	第5层	第6层	第7层	第8层

9.4 总结拓展

本部分主要介绍了首层门窗、过梁、圈梁、构造柱的属性定义、模型创建及清单套取。门窗、过梁、圈梁、构造柱均可以按照常规构件进行属性定义和模型创建,其中过梁、圈梁和构造柱除常规方法外,还可以采用自动生成的方式创建。其他各层的门窗、过梁、圈梁、构造柱可以采用"层间复制"功能将首层复制到各层,然后再根据各层实际情况进行修改即可;若各层之间区别太大,修改起来较烦琐,也可以直接绘制。

本工程南立面有玻璃幕墙,由建施-3 门窗表可知幕墙尺寸以及材质信息。软件中幕墙属性定义在导航栏"墙"下的"幕墙"中,幕墙属性定义、绘制与套用清单操作方法与墙相同,不再详述。幕墙工程清单如表 1-25 所示,本工程幕墙套用清单项"011209002 全玻幕墙"。

表 1-25　幕墙工程（编码：011209）

项目编码	项目名称	项目特征	计量单位	工程量计算规则	工作内容
011209001	带骨架幕墙	1. 骨架材料种类、规格、中距； 2. 面层材料品种、规格、颜色； 3. 面层固定方式； 4. 隔离带、框边封闭材料品种、规格； 5. 嵌缝、塞口材料种类	m³	按设计图示框外围尺寸以面积计算。与幕墙同种材质的窗所占面积不扣除	1. 骨架制作、运输、安装； 2. 面层安装； 3. 隔离带、框边封闭； 4. 嵌缝、塞口； 5. 清洗
011209002	全玻（无框玻璃）幕墙	1. 玻璃品种、规格、颜色； 2. 黏结塞口材料种类； 3. 固定方式		按设计图示尺寸以面积计算。带肋全玻幕墙按展开面积计算	1. 幕墙安装； 2. 嵌缝、塞口； 3. 清洗

学习新视界6

合作＋方法＝共赢

随着社会的快速发展，团队合作精神对于一个组织或部门来说尤为重要。"人心齐，泰山移"，如果一个领导者可以把集体成员各方面的特质凝聚在一起，使得团队成员之间可以融洽的相处与沟通，激发团队成员的积极性和创意，那么这个团队在做事时就会有事半功倍的效果。

相传有一位智者，无论人们遇到什么问题，他都能给出解决的方法。某地方闹饥荒，有两个人同时找到智者，希望他能给出解决饥荒的方法。智者给了一桶鱼、一根渔竿供他们选择，两人经过各自慎重考虑，一人选择渔竿，另一人选择鱼，然后分道扬镳。选择鱼的人就地生火，很快就把一桶鱼吃的连汤都不剩，最后没有食物来源的他被饿死了。选择渔竿的人得到渔竿之后忍饥挨饿，马不停蹄地向海边出发，经过长途跋涉之后，终于远远地看到海平面，然而由于一路没有食物补给，他耗尽最后一丝力气也没有到达海边，饿死在距离大海几百米的地方。后来，又有两个人也同时找到智者，提出相同的要求，智者同样给了一桶鱼、一根渔竿，然而这两个人经过思考之后，选择结伴而行。两人极度自律，一天分食一条鱼，然后努力向大海边行进，终于在鱼吃完之前他们到达了海边，然后用得到的渔竿钓鱼，开始了捕鱼为生的日子，他们就这样度过了这次饥荒。

一根筷子可以轻易地被折断，但是如果弯折的方向或选择的位置不对，也是无法折断的。十双筷子牢牢抱成团，无论选择什么样的弯折方向或位置，想要折断也是不容易的。面对同样的资源，选择不同的方法得到的结果是不同的。在面对挑战和困难时，不光要有合适的方法，还要有积极进取的团队，才能达到共赢的目的。

任务 10　土方工程量计算

10.1　学习任务

10.1.1　任务说明

（1）根据"理实一体化实训大楼"图纸及施工方案，在软件中完成土方工程的属性定义、BIM模型创建，并依据《房屋建筑与装饰工程工程量计算规范》（GB 50854—2013）套用清单。

（2）汇总计算挖土方、回填土及运土工程量，并填写任务考核中理论考核与任务成果内容。

10.1.2　任务指引

1. 分析图纸

（1）建立土方开挖、回填土 BIM 模型时，应识读相关图纸，主要包括建筑设计说明（建施-2）、结构设计总说明（结施-2）和桩及桩承台布置图（结施-3）。

（2）由设计说明可知，在基础垫层底设计标高以上 300mm 的土层应由人工清除至设计标高，如果基础垫层底持力层被扰动，应挖除扰动部分，用 2∶8 灰土加厚进行回填处理，压实系数≥0.107。基础施工完毕，基坑及场地应回填至设计标高，回填采用素土分层压实，每层厚度≤300mm，压实系数≥0.105。

2. 确定施工方案

（1）本工程基础为柱下桩基础和墙下条形基础，土壤类别为二类土，施工时采用大开挖土方。依据《陕西省建筑、装饰工程消耗量定额》（2004）可知，混凝土基础支模，每边自基础边缘各增加工作面 300mm。根据挖土深度需要放坡，放坡系数 0.33。

（2）本工程室外地坪标高－0.75m，采用挖掘机挖土配自卸汽车运土，开挖至垫层底。机械开挖土方中预留回填需要土方按运距 1km 考虑，剩余土方外运运距按 5km 考虑，结算时按实际调整。

（3）由桩及桩承台布置图（结施-3）可知，最深处基底标高为－3.30m，垫层厚 100mm，因此－0.75～－3.40m 为基础回填，－0.75～±0.00m 为房心回填；土方回填均为素土回填，采用机械铺填、机械碾压的方式。

3. 软件基本操作

土方开挖、回填土 BIM 建模与清单套用基本步骤分为新建构件、模型创建与清单套用三部分。

（1）新建构件是将土方开挖、回填土的相关信息输入属性定义框；

（2）模型创建是将已完成属性定义的土方开挖、回填土按照相应规则，绘制出相应图元；

（3）清单套用是根据《房屋建筑与装饰工程工程量计算规范》（GB 50854—2013）的规定，对土方开挖、回填土进行清单套取。

10.2 知识链接

10.2.1 属性定义

1. 土方开挖属性定义

本工程采用大开挖土方,其新建及属性定义的操作步骤如图 1-129 所示。

操作步骤:

① 在模块导航栏中单击"土方";

② 单击"大开挖土方(W)";

③ 在构件列表中单击"新建";

④ 单击"新建大开挖土方",在属性编辑框中输入相应的属性信息,如图 1-130 所示。

注:将楼层切换到"基础层"。

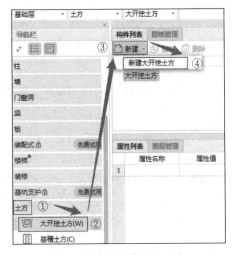
图 1-129 新建大开挖土方

图 1-130 大开挖土方属性定义

2. 回填土属性定义

回填土分为基础回填和房心回填。基础回填可利用大开挖土方构件图元,先匹配清单项目,后汇总计算工程量。因此,基础回填不再进行属性定义,在此只进行"房心回填"属性定义。

由装修表可知,本工程各房间楼地面做法分别采用陕 09J01 图集地 28(厚度 241～245mm)、地 210(厚度 150～152mm)及地 5(厚度 270mm),因此房心回填厚度各不相同。以卫生间房心回填为例,介绍其属性定义,具体操作步骤如图 1-131 所示。

操作步骤:

① 在模块导航栏中单击"土方";

② 单击"房心回填";

③ 在构件列表中单击"新建";

④ 单击"新建房心回填",在属性列表中输入属性信息,如图 1-132 所示。

注:卫生间防滑地砖地面(有防水层)厚度取 150mm。依据建筑设计说明(建施-2)第五条室内防水工程可知,卫生间等有防水要求房间室内楼面、地面低于相邻楼面、地面 15mm,地面下做 300mm 厚 3:7 灰土垫层。因此,卫生间房心回填厚度=(750-150-15-300)mm=285mm。

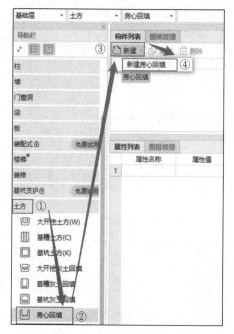

图 1-131 新建房心回填

图 1-132 房心回填属性定义

10.2.2 BIM 模型创建

1. 土方开挖 BIM 模型创建

由施工方案确定本工程大开挖范围为：①轴线向左 1600mm、Ⓓ轴线向上 1600mm、⑩轴线向右 1600mm、Ⓐ轴线向下 1100mm 所围成的矩形。大开挖范围与轴线不重合，在软件中需要先绘制大开挖图元再偏移进行布置。

1) 土方开挖图元绘制

软件中土方开挖绘制提供了"矩形"绘制、"直线"绘制和智能布置等方式。本工程以矩形为例，具体操作步骤如图 1-133 所示。

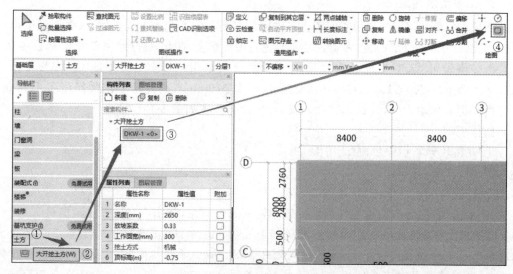

图 1-133 矩形绘制大开挖土方

操作步骤：

① 在模块导航栏中单击"土方"；

② 单击"大开挖土方(W)"；

③ 单击"DKW-1"构件；

④ 选择绘图页签中"矩形"命令，单击大开挖土方的顶点（①轴与①轴的交点），再单击对角点（Ⓐ轴与⑩轴的交点）即可布置。

2）大开挖土方偏移

软件中为面状构件提供了"整体偏移"和"多边偏移"两种偏移方式，各边偏移数值相同时采用整体偏移，各边偏移数值不同时采用多边偏移。本工程各边偏移距离各不相同，采用"多边偏移"，其具体操作步骤如图1-134所示。

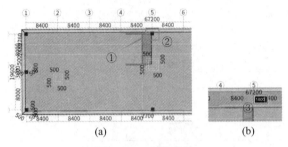

图1-134　多边偏移

操作步骤：

① 选择绘图区布置的大开挖土方图元，右键确认；

② 选择需要偏移的边，以①轴为例，单击①轴线任意位置；

③ 移动鼠标至①轴线上方，输入偏移距离1600mm，如图1-134(b)所示；

④ 其他三边采用同样的方法偏移，偏移完成后，如图1-135所示。

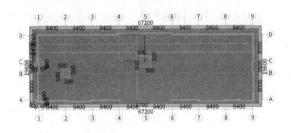

图1-135　大开挖土方

2. 回填土BIM模型创建

基础回填可利用大开挖土方构件图元，所以，基础回填不用创建BIM模型，在此只进行房心回填的BIM模型创建。以卫生间房心回填为例，"矩形"绘制房心回填的具体操作步骤如图1-136所示。

操作步骤：

① 在模块导航栏中单击"土方"，打开下拉菜单；

② 选择"房心回填"；

③ 在构件列表中选择"FXHT-卫生间"；

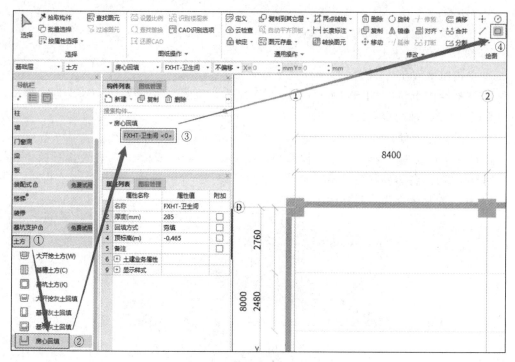

图 1-136 矩形绘制房心回填

④ 选择"矩形"命令,单击外墙的交点,再单击对角顶点,则卫生间"房心回填"布置完成。

10.2.3 清单套用

1. 土方开挖的清单套用

1) 土方开挖清单项目

根据《房屋建筑与装饰工程工程量计算规范》(GB 50854—2013)规定,土方工程部分清单项目如表 1-26 所示。

表 1-26 土方工程(编号:010101)

项目编码	项目名称	项目特征	计量单位	工程量计算规则	工作内容
010101002	挖一般土方			按设计图示尺寸以体积计算	1. 排地表水; 2. 土方开挖; 3. 围护(挡土板)支撑; 4. 基底钎探; 5. 运输
010101003	挖沟槽土方	1. 土壤类别; 2. 挖土深度	m^3	1. 房屋建筑按设计图示尺寸以基础垫层底面面积乘以挖土深度计算; 2. 构筑物按最大水平投影面积乘以挖土深度(原地面平均标高至坑底高度)以体积计算	
010101004	挖基坑土方				

2) 清单套取

(1) 查询匹配清单

土方开挖查询匹配清单的具体操作步骤如图 1-137 所示。

操作步骤:

① 在构件列表下双击"DKW-1";

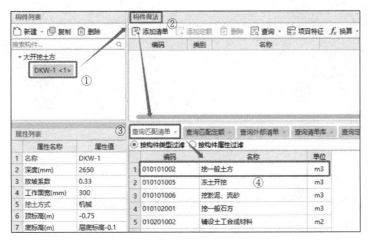

图 1-137 挖一般土方匹配清单

② 单击"构件做法",进入匹配清单界面;

③ 单击"查询匹配清单",软件根据构件属性匹配相应清单;

④ "大开挖土方"清单项应匹配列表中的第 1 项"010101002 挖一般土方",双击该项即可完成大开挖土方清单项的匹配。

(2) 项目特征

以"挖一般土方"为例,项目特征描述的具体操作步骤如图 1-138 所示。

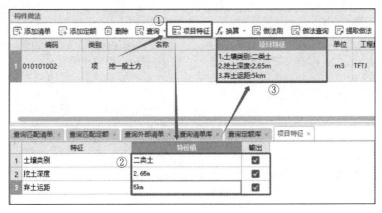

图 1-138 项目特征描述

操作步骤:

① 单击添加项目特征的清单项"010101002 挖一般土方",单击"项目特征"。

② 软件中列出需要填写的构件项目特征,根据图纸要求填写相应的特征值如下。

土壤类别:二类土;

挖土深度:2.65m;

弃土运距:5km。

③ 填写完成后,清单项中即可显示项目特征,如果未显示,在"输出"列勾选即可。

注:工作面和放坡增加的工程量并入土方清单工程量时,应在项目特征中添加一行说明此内容,其具体的操作步骤如图 1-139 所示。

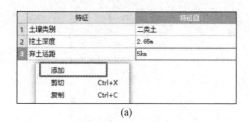

(a)　　　　　　　　　　　　　　　　　(b)

图 1-139　增加项目特征描述

操作步骤：

① 在任意位置右击，在弹出的对话框中单击"添加"，如图1-139（a）所示；

② 在新增的这一行中填写特征值，如图1-139（b）所示。

2. 回填土的清单套用

1）回填土清单项目

根据《房屋建筑与装饰工程工程量计算规范》（GB 50854—2013）规定，回填土清单项目如表1-27所示。

表1-27　回填土清单（编号：010103）

项目编码	项目名称	项目特征	计量单位	工程量计算规则	工作内容
010103001	回填方	1. 密实度要求； 2. 填方材料品种； 3. 填方粒径要求； 4. 填方来源、运距	m³	按设计图示尺寸以体积计算。 1. 场地回填：回填面积乘平均回填厚度； 2. 室内回填：主墙间面积乘回填厚度，不扣除间隔墙； 3. 基础回填：挖方体积减去自然地坪以下埋设的基础体积（包括基础垫层及其他构筑物）	1. 运输； 2. 回填； 3. 压实

2）清单套取

（1）基础回填清单套取

基础回填清单套取在大开挖土方构件上，利用"查询清单库"完成，具体操作步骤如图1-140所示。

操作步骤：

① 在构件列表下双击"DKW-1"；

② 单击"构件做法"，进入匹配清单界面；

③ 单击"查询清单库"；

④ 单击"土石方工程"，软件会显示所有土石方工程的清单项；

⑤ 双击选择列表中的第12项"010103001 回填方"，即可完成基础回填清单项的匹配。

注：套取清单项后，若无工程量表达式，一定要手动输入，否则会影响工程量的计算。在此，基础回填的工程量表达式应为"STHTTJ"（素土回填体积），请手动选择。

项目特征的描述方法与土方开挖相同，基础回填项目特征的描述结果如图1-141所示。

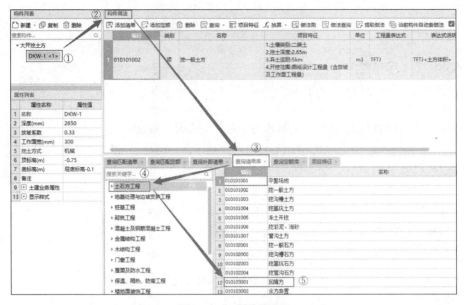

图 1-140 查询清单库

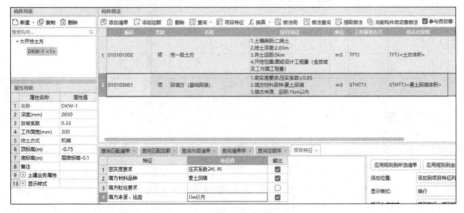

图 1-141 基础回填项目特征

(2)房心回填清单套取

房心回填清单也采用"回填方",其清单套取及项目特征描述方法与基础回填相同,不再赘述。本工程房心回填清单套取如图 1-142 所示。

图 1-142 房心回填清单套取

10.3 任务考核

10.3.1 理论考核

1. (单选)陕西省现行消耗量定额规定,挖土方放坡起点为( )。
   A. 1.2m　　　　　B. 1.5m　　　　　C. 1.8m　　　　　D. 2m
2. (单选)陕西省现行消耗量定额规定,挖土方放坡系数为( )。
   A. 0.3　　　　　B. 0.35　　　　　C. 0.33　　　　　D. 0.36
3. (判断)基础回填就是房心回填。　　　　　　　　　　　　　　　　　( )
4. (判断)房心回填的厚度等于室内外高差。　　　　　　　　　　　　 ( )
5. (判断)GTJ软件中可采用反建构件法自动生成土方。　　　　　　 ( )
6. (判断)GTJ软件中可采用"点"绘制的方法布置房心回填。　　　　 ( )

10.3.2 任务成果

将"理实一体化实训大楼"土方开挖、回填土的工程量填入表1-28中。

表1-28　土方开挖、回填土工程量汇总

构件名称	土方体积/m³
大开挖土方	
基础回填	
房心回填	

10.4 总结拓展

本部分主要介绍了土方开挖、回填土的属性定义,模型创建及清单套取。土方的定义和绘制可采用自动生成功能实现,也可手动绘制。

根据住房城乡建设部《建设工程工程量清单计价规范》(GB 50500—2013)、《房屋建筑与装饰工程工程量计算规范》(GB 50854—2013)、《房屋建筑与装饰工程消耗量定额》(TY 01-31—2015)中挖沟槽、基坑、挖一般土方子目,对因工作面和放坡增加的工程量是否并入土方清单工程量,应按照各省建设主管部门的相关规定实施,如工作面和放坡增加的工程量并入土方清单工程量中,应在项目特征中注明,办理工程结算时,按经发包人认可的施工组织设计规定计算结算工程量。

对于政府投资项目,一般情况下工程结算价不能高于合同价的10%。因此,编制工程量清单时,土方工程施工方案应尽量接近工程实际,建议清单工程量尽量包含工作面、放坡等工程量,以减少工程变更费用。

学习新视界7

悉尼歌剧院造价超支引发的思考

"为学须先立志。志既立,则学问可次第着力。立志不定,终不济事"。要成为服务国家战略和地方经济发展及行业企业需求的有用人才,必须树立正确的世界观、人生观、价值观,把实现个人价值同党和国家前途命运紧紧联系在一起。作为一名工程人，我们肩负着伟大使命，涉及国家及人民的财产安全，责任重大，所以一定要秉承大国工匠精神。

众所周知，悉尼歌剧院是世界公认的20世纪最美的建筑物之一，但是，它的诞生却是一波三折，充满坎坷，差点沦为世界上最大的"烂尾工程"。

悉尼歌剧院于1959年3月开始建造，当时，设计尚未完成，预计落成和对外开放时间是1963年。由于这个双曲壳体设计是海选出来的竞赛方案，所以它过多注重外形而忽略了对细节和功能的考虑，使工程一开始实施就陷入一系列的技术难题之中，不得不一次次停工来解决这些难题。更大的困扰是建设资金不断突破计划，当建设费用不断增加时，悉尼市民开始怀疑这座艺术宫殿是否能够最终完工。由于设计的不确定性，建设经费一次次突破计划，只能等待州政府审批追加经费，工程工期也因此一再拖延，悉尼歌剧院成了令新南威尔士州政府骑虎难下的"胡子工程"。

直到1973年10月，经过近15年，悉尼歌剧院终于在几度搁浅后竣工。歌剧院落成和对外开放的时间比预计整整晚了10年，竣工时工程总造价1亿多澳元，是设计预估费用的14倍多。

认真思考这个案例就会发现，当工程建设既要保质保量，又要节约成本，如何准确地计算工程造价费用就变得至关重要。在每一个阶段都要严格遵守规范要求，严格按照设计标准，切不可天马行空、脱离实际。

模块二　教学楼工程其余构件工程量计算

知识目标：

(1) 了解建筑面积、平整场地、楼梯、台阶、雨篷、散水坡道及装饰装修的工程量计算规则。

(2) 理解建筑工程图纸、楼梯、台阶、雨篷、散水坡道及装饰装修等相关图纸的识读方法。

(3) 熟悉楼梯、台阶、雨篷、散水坡道及装饰装修等构件的清单和定额计算规则。

(4) 掌握建筑面积、平整场地、楼梯、台阶、雨篷、散水坡道及装饰装修在 GTJ 算量软件中新建、BIM 模型创建以及清单套用的操作方法。

能力目标：

(1) 能够正确识读建筑工程、楼梯、台阶、雨篷、散水坡道及装饰装修等相关图纸，获取相关信息。

(2) 能够使用 GTJ 算量软件正确定义建筑面积、平整场地、参数化楼梯、台阶、雨篷、散水坡道及装饰装修的属性，并绘制图元。

(3) 能够正确套取清单项目，汇总计算构件工程量。

素质目标：

(1) 培养学生严谨、细致的工作作风。

(2) 培养学生一步一个脚印，台阶式向前、稳步前进的精神。

(3) 培养学生耐心、高效、持之以恒的工作态度。

(4) 具备独立完成楼梯、台阶、雨篷等构件 BIM 模型创建的职业素质。

(5) 培养学生严谨认真、精细计算的职业素养。

(6) 培养学生刻苦钻研、爱岗敬业、尽职尽责、不断提升自我的职业精神。

任务 11　建筑面积、平整场地工程量计算

11.1　学习任务

11.1.1　任务说明

(1) 完成"理实一体化实训大楼"建筑面积、平整场地的 BIM 模型建立，并依据《房屋建

筑与装饰工程工程量计算规范》(GB 50854—2013)编制工程量清单。

(2)汇总计算工程量,并填写任务考核中理论考核与任务成果相关内容。

11.1.2 任务指引

1. 分析图纸

(1)建立建筑面积、平整场地 BIM 模型时,应识读相关图纸,主要包括建筑设计说明(建施-2)、一层平面图(建施-4)、二层平面图(建施-5)以及立面图(建施-15~建施-17)等。

(2)由图纸可知,本工程首层除墙体围成的主要构件外,还有台阶、散水、坡道、雨篷等构件。

2. 软件基本操作

建筑面积、平整场地 BIM 建模与清单套用基本步骤分为新建构件、模型创建与清单套用三部分。

(1)新建构件是将建筑面积、平整场地的相关信息输入属性定义框;

(2)模型创建是将已完成属性定义的建筑面积、平整场地按照相应规则,绘制出相应图元;

(3)清单套用是根据《房屋建筑与装饰工程工程量计算规范》(GB 50854—2013)的规定,对平整场地进行清单套取。

11.2 知识链接

11.2.1 属性定义

1. 建筑面积的属性定义

结合工程图纸可知,本工程首层除墙体围成的主要构件外,还有台阶、散水、坡道、雨篷等构件。

注:依据建筑面积计算规则,台阶、散水、坡道、钢结构玻璃雨篷均不计算建筑面积;无柱雨篷设计出挑宽度≥2.10m 时计算 1/2 面积。

由于本工程 YP1、YP2 的宽度均小于 2.10m,因此,混凝土雨篷也不计算建筑面积。则首层建筑面积仅为楼层建筑面积,其新建与属性定义的具体操作步骤分别如图 1-143 和图 1-144 所示。

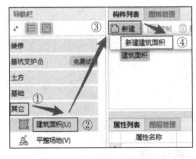

图 1-143 新建建筑面积

图 1-144 建筑面积的属性定义

操作步骤：

① 在模块导航栏中单击"其它"；

② 单击"建筑面积(U)"；

③ 在构件列表中单击"新建"；

④ 单击"新建建筑面积"，在属性编辑框中输入相应的属性信息，如图 1-144 所示。

注：计算建筑面积时注意切换楼层，如要计算首层建筑面积，就将楼层切换到"首层"。

2. 平整场地的属性定义

平整场地新建及属性定义的具体操作步骤分别如图 1-145 和图 1-146 所示。

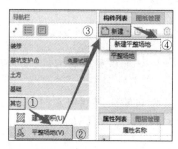

图 1-145　新建平整场地

图 1-146　平整场地的属性定义

操作步骤：

① 在模块导航栏中单击"其它"；

② 单击"平整场地(V)"；

③ 在构件列表中单击"新建"；

④ 单击"新建平整场地"，在属性列表中输入平整场地的属性信息，如图 1-146 所示。

11.2.2　BIM 模型创建

1. 建筑面积 BIM 模型创建

建筑面积 BIM 模型创建的具体操作方法如图 1-147 所示。

微课 1-11-1

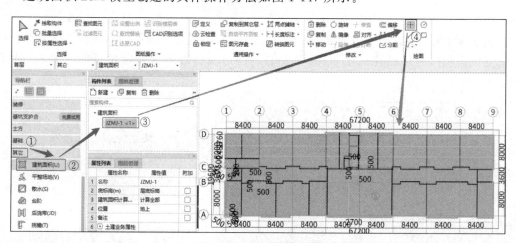

图 1-147　建筑面积的创建

操作步骤：
① 在模块导航栏中单击"其它"；
② 单击"建筑面积(U)"；
③ 在构件列表中选择新建的建筑面积构件"JZMJ-1"；
④ 在绘图面板中单击"点"命令；
⑤ 单击墙体区域内任意一点，右击结束，建筑面积创建完成。

2. 平整场地 BIM 模型创建

本工程土方采用机械挖土，因此不必计算"平整场地"的费用。可借用"平整场地"构件计算"钻探及回填孔"定额工程量。因此，在创建平整场地 BIM 模型时，应按照"钻探及回填孔"定额工程量计算规则来创建。钻探及回填孔的定额工程量按建筑物外墙外边线每边各增加 3m，以平方米为单位计算面积。

创建平整场地模型需采用"点"绘制和"偏移"绘制相结合的方法。

1) "点"绘制

"点"绘制平整场地的具体操作方法如图 1-148 所示。

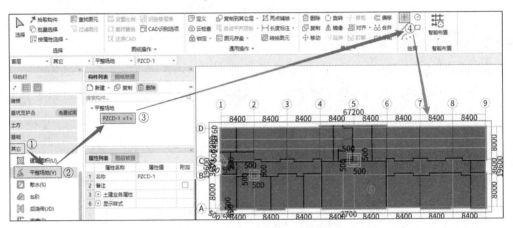

图 1-148 "点"绘制平整场地

操作步骤：
① 在模块导航栏中单击"其它"；
② 单击"平整场地(V)"；
③ 在构件列表中选择新建的平整场地构件"PZCD-1"；
④ 在绘图面板中单击"点"命令；
⑤ 单击墙体区域内任意一点，右击结束，平整场地创建完成。

2) "偏移"绘制

"偏移"绘制平整场地的具体操作方法如图 1-149 所示。

操作步骤：
① 在修改面板中选择"偏移"命令；
② 单击绘制好的平整场地图元，右击结束；
③ 通过移动鼠标进行图元的放大与缩小，在弹出的输入框中输入偏移距离"3000"；右

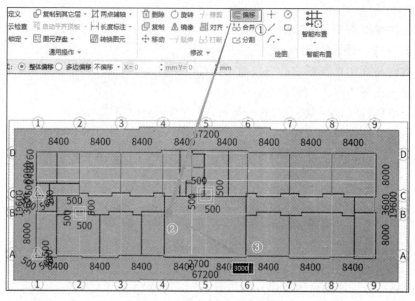

图 1-149 "偏移"绘制平整场地

键确定,平整场地 BIM 模型创建完成。

11.2.3 清单套用

建筑面积无须套用清单,其工程量可作为措施项目清单计价中里脚手架定额子目工程量。因此,在这里只对平整场地进行清单套用。

1. 平整场地清单项目

根据《房屋建筑与装饰工程工程量计算规范》(GB 50854—2013)规定,平整场地清单项目如表 1-29 所示。

表 1-29 平整场地清单(编号:010101)

项目编码	项目名称	项目特征	计量单位	工程量计算规则	工作内容
010101001	平整场地	1. 土壤类别; 2. 弃土运距; 3. 取土运距	m²	按设计图示尺寸以建筑物首层建筑面积计算	1. 土方挖填; 2. 场地找平; 3. 运输

2. 平整场地清单套取

平整场地查询匹配清单的具体操作步骤如图 1-150 所示。

操作步骤:

① 单击"构件做法",进入匹配清单、定额界面;

② 单击"查询匹配清单",软件根据构件属性匹配相应清单;

③ 选择第 1 项"010101001 平整场地",双击该项,即可完成匹配。

由于套用"平整场地"清单项是为了计算"钻探及回填孔"定额工程量,因此该项不用描述项目特征。

图 1-150 匹配平整场地清单项

11.3 任务考核

11.3.1 理论考核

(1)（单选）平整场地的清单工程量应按（　　）计算。
　　A. $S_底$　　　　　　　　　　　　B. $S_净$
　　C. $S_底+2L_外+16$　　　　　　　D. $S_净+2L_外+16$

(2)（单选）平整场地的定额工程量应按（　　）计算。
　　A. $S_底$　　　　　　　　　　　　B. $S_净$
　　C. $S_底+2L_外+16$　　　　　　　D. $S_净+2L_外+16$

(3)（判断）建筑面积就是建筑物首层的面积。（　　）

(4)（判断）台阶、散水、坡道应计入建筑面积。（　　）

(5)（判断）雨篷不计入建筑面积。（　　）

(6)（判断）平整场地应在导航栏"其它"中进行新建。（　　）

11.3.2 任务成果

将"理实一体化实训大楼"建筑面积、平整场地的构件工程量填入表 1-30 中。

表 1-30　建筑面积、平整场地构件工程量汇总

构件名称	构件工程量/m²
建筑面积	
平整场地（钻探及回填孔）	

11.4 总结拓展

本部分主要介绍了建筑面积、平整场地的属性定义，以及模型创建及清单套取。为了便于核对工程量及工程造价，有些工程造价人员将钻探及回填孔分部分项工程单独列清单项，因陕西省现行计价规则无此清单，故一般使用"平整场地"清单编码列项，工程量按照"钻探及回填孔"定额计算规则计算。

钻探及回填孔定额工程量，先钻探、后开挖时按定额规定计算钻探面积，先大开挖、后钻探时按实际开挖面积计算。

三维动画
1-12-1

任务 12 楼梯工程量计算

12.1 学习任务

12.1.1 任务说明

（1）完成"理实一体化实训大楼"各层的楼梯模型建立，并依据《房屋建筑与装饰工程工程量计算规范》（GB 50854—2013）编制工程量清单。

（2）汇总计算工程量，并填写任务考核中理论考核与任务成果相关内容。

12.1.2 任务指引

1. 分析图纸

（1）建立楼梯模型时，应分析建施、结施中楼梯的相关图纸。在本工程中，通过查看建施-18～建施-19、结施-24～结施-25 以及各层平面图获取楼梯信息。

（2）在结施-24～结施-25 中标注了 1 号楼梯、2 号楼梯和 3 号楼梯各部位的详图信息，在软件中进行属性定义时，必须严格按照图纸标注信息填写。

2. 软件基本操作

楼梯可以按照水平投影面积布置，也可进行参数化楼梯绘制。为了便于计算楼梯底面抹灰及踢脚墙面的装饰装修工程量，本工程采用参数化楼梯绘制，表格算量法作为拓展部分内容介绍。完成楼梯建模与清单套用基本步骤分为新建参数化楼梯、清单套用与模型创建三部分。

（1）新建参数化楼梯是将楼梯的相关信息输入属性定义框中，图纸中有几个楼梯就新建几个，注意同一楼梯的梯段信息；

（2）清单套用是根据《房屋建筑与装饰工程工程量计算规范》（GB 50854—2013）的规定，对楼梯及其装修工程进行清单套取和项目特征描述；

（3）模型创建是将已完成属性定义的楼梯按照平面图中的相应位置进行布置，绘制楼梯图元。

12.2 知识链接

12.2.1 楼梯的属性定义

由结施-24 可知，本工程楼梯为直行双跑楼梯，以 1 号楼梯为例介绍楼梯的新建及属性定义，其具体操作步骤如图 1-151 所示。

操作步骤：

① 单击模块导航栏中的"楼梯（R）"；

② 单击"新建"；

③ 选择"新建参数化楼梯"，操作方法如图 1-152 所示。

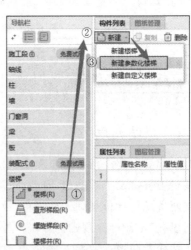

图 1-151 楼梯新建与属性定义

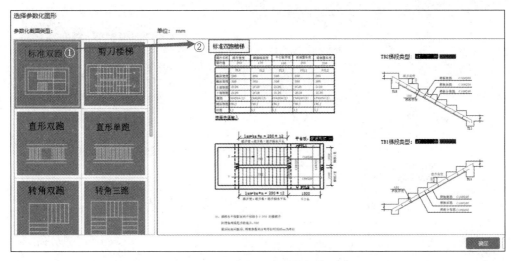

图 1-152 参数化楼梯信息输入

图 1-152 中的操作步骤：

① 在"选择参数化图形"对话框中选择"标准双跑"；

② 按照结施-24 中的数据更改右侧绿色字体，编辑参数后，单击"确定"按钮。

12.2.2 清单套用

1. 现浇混凝土楼梯清单项目

根据《房屋建筑与装饰工程工程量计算规范》(GB 50854—2013)规定，现浇混凝土楼梯清单项目如表 1-31 所示。

表 1-31 现浇混凝土楼梯清单（编号：010506）

项目编码	项目名称	项目特征	计量单位	工程量计算规则	工作内容
010506001	直形楼梯	1. 混凝土类别； 2. 混凝土强度等级	1. m^2 2. m^3	1. 以 m^2 计量，按设计图示尺寸以水平投影面积计算。不扣除宽度 ≤ 500mm 的楼梯井，伸入墙内部分不计算。 2. 以 m^3 计量，按设计图示尺寸以体积计算	1. 模板及支架（撑）制作、安装、拆除、堆放、运输及清理模内杂物、刷隔离剂等； 2. 混凝土制作、运输、浇筑、振捣、养护
010506002	弧形楼梯				

注：整体楼梯（包括直形楼梯、弧形楼梯）水平投影面积包括休息平台、平台梁、斜梁和楼梯的连接梁。当整体楼梯与现浇楼板无梯梁连接时，以楼梯的最后一个踏步边缘加 300mm 为界。

2. 清单套取

本工程中，对于无法匹配清单的项需要通过查询清单库的方式进行套取。凡涉及楼梯的装修部分，在此统一用套取清单做法计算工程量。

1）查询匹配清单

以 1 号楼梯为例介绍查询匹配清单操作方法，具体的操作步骤如图 1-153 所示。

操作步骤：

① 在构件列表下双击"LT-1"；

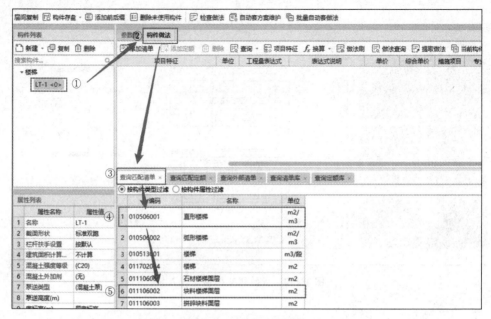

图 1-153 查询匹配清单

② 单击"构件做法",进入匹配清单界面;

③ 单击"查询匹配清单",软件根据构件属性匹配相应清单;

④ LT-1 为直行楼梯,选择匹配列表中的第 1 项"010506001 直行楼梯";

⑤ 采用防滑地砖楼梯面,选择第 6 项"011106002 块料楼梯面层"。

2)查询清单库

以 1 号楼梯为例,楼梯踢脚线以及楼梯板底涂料等需要根据图纸要求通过查询清单库中相应工程进行清单匹配。具体操作如图 1-154 所示。

图 1-154 查询清单库

操作步骤:

① 单击工具栏中的"查询清单库";

② 单击选择"楼地面装饰工程";

③ 单击"踢脚线";

④ 双击选择"011105003 块料踢脚线",即可完成匹配。

栏杆、楼梯板底及侧面抹灰操作相似,此处不再赘述。

3) 描述项目特征

项目特征是后期定额组价的主要依据，套取清单后要完善项目特征。以 1 号楼梯为例，其中装修部分的项目特征描述详见设计说明中的装修表以及相应图集，可直接单击蓝色的项目特征对话框，单击其右侧的三个点进行项目特征编写。如图 1-155 所示。

	编码	类别	名称	项目特征	单位	工程量表达式	表达式说明	单价
1	010506001	项	直形楼梯	1.混凝土强度等级：C30 2.混凝土种料要求：商砼	m²	TYMJ	TYMJ<水平投影面积>	
2	011106002	项	块料楼梯面层	1.铺6~10厚地砖楼面，干水泥擦缝 2.5厚1:2.5水泥砂浆粘结层（内掺建筑胶） 3.20厚1:3干硬性水泥砂浆结合层（内掺建筑胶） 4.水泥浆一道（内掺建筑胶） 5.现浇钢筋混凝土楼板或预制楼板现浇叠合层，随打随抹光	m²	TYMJ	TYMJ<水平投影面积>	
3	011105003	项	块料踢脚线	1.6~10厚铺地砖踢脚，稀水泥浆（或彩色水泥浆）擦缝 2.6厚1:2水泥砂浆（内掺建筑胶）粘结层 3.6厚1:1:6水泥石灰膏砂浆打底扫毛 4.加气混凝土剧（抹）界面剂一道（墙面先用水浸湿），厚度：18~22	m	TJXMMJ	TJXMMJ<踢脚线面积（斜）>	
4	011503001	项	金属扶手、栏杆、栏板	1.位置：楼梯间 2.栏杆：不锈钢管栏杆 3.扶手材料种类、规格、品牌颜色：不锈钢管d50圆管 4.高度：900mm	m	LGCD	LGCD<栏杆扶手长度>	
5	011301001	项	楼梯板底抹灰	1.喷水性耐碱洗涂料 2.3厚1:2.5水泥砂浆找平 3.5厚1:3水泥砂浆打底扫毛刮出凹槽 4.素水泥浆一道甩毛（内掺建筑胶）	m²	TYMJ	TYMJ<水平投影面积>	
6	011108004	项	水泥砂浆零星项目	1.工程部位：楼梯一侧抹灰 2.找平厚度、砂浆配合比：水泥砂浆	m²	TDCMMJ	TDCMMJ<楼梯侧面面积>	

图 1-155　项目特征描述

12.2.3　楼梯 BIM 模型创建

楼梯可以采用"点"绘制，绘制时需要注意楼梯的具体位置，可通过"Shift＋左键"以及其他快捷命令方式将楼梯绘制于正确位置。绘制的楼梯图元如图 1-156 所示。

12.3　任务考核

12.3.1　理论考核

（1）（填空）在图 1-157 梯梁的详图中，截面宽度为_____，截面高度为_____，上部钢筋为_____，下部钢筋为_____，箍筋为_____，侧面钢筋为_____，拉筋为_____。

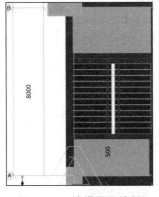

图 1-156　楼梯图元绘制

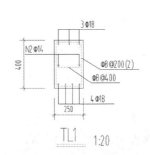

图 1-157　梯梁 1 的详图

(2)（填空）3号楼梯梯井宽度为_____。

(3)（填空）1号楼梯梯板厚度为_____。

(4)（多选）在广联达软件中,楼梯图元的绘制方法是(　　)。

　　A."点"绘制

　　B."直线"绘制

　　C."矩形"绘制

　　D.智能布置

(5)（判断）2号楼梯首层选择梯段类型为AT型非贯通筋。（　　）

(6)（判断）下跑梯段信息可一键复制上跑梯段。（　　）

12.3.2 任务成果

将"理实一体化实训大楼"各层楼梯的清单工程量填入表1-32中。

表1-32 楼梯土建工程量汇总

构件名称	混凝土体积/m³					
	首层	第2层	第3~4层	第5~6层	第7~8层	屋面层
1号楼梯						
2号楼梯						
3号楼梯						

12.4 总结拓展

通过参数化楼梯模型建立,能够正确地计算出楼梯的土建以及装修工程量,对于楼梯的钢筋工程量,则需要采用表格输入法进行计算。以首层1号楼梯为例,参考结施-24以及建施-18,读取有关梯段的信息,如梯板厚度、梯板各钢筋的信息。具体表格输入法的操作步骤如图1-158所示。

图1-158 表格输入

操作步骤：

① 切换到"工程量"选项卡,单击表格算量;

② 在表格算量界面中单击"构件",添加构件AT1,根据图纸的相关信息,输入AT1的属性信息,如图1-159所示;

③ 新建构件后,单击"参数输入",在弹出的图集列表中选择相应的楼梯类型,以最常见的A-E楼梯为例,如图1-160所示;

项目一　建筑工程数字化计量

图 1-159　添加构件及其信息

图 1-160　选择楼梯类型

④ 在楼梯的参数图中,以首层 1 号楼梯为例,参考建施-4 和结施-18,按照图纸标注信息输入各个部位的钢筋信息,如图 1-161 所示;

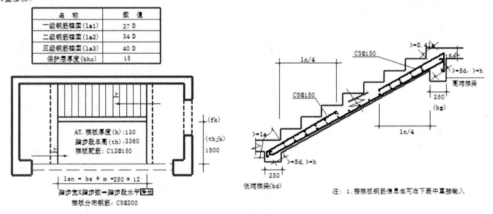

图 1-161　钢筋信息输入

⑤ 输入完毕,单击"计算保存",即可完成 1 号楼梯钢筋工程量的计算。

工程造价学科的领军人

2017 年新年伊始,万象更新。尹贻林在他的微信《贻林微观察》中写道:"今年是我任院长届满之年,正好 17 年。这 17 年都是围绕学科建设开展工作,最欣慰的是两个标志性成果:第一是把'管科'的博士授权拿到了;第二是把工程造价专业带起来列入教育部基本专业目录。下一步双一流建设我赶不上了,一是年龄到了,二是水平还差太远。真想向天再借二十年,把这两个学科带到一流的边缘。而今只能一如既往拼基金,工作到除夕,初二启程继续学术之旅。"作为一名教授,一边讲课,一边主持天津理工大学管理学院院长工作,忙碌是他的生活常态。尹贻林三十余年如一日，以"筚路蓝缕，以启山林"的奋斗精神、"殚精竭虑，胼手胝足"的敬业精神、"诲人不倦，言传身教"的育人精神实现了使天津理工大学成为世界工程造价研究中心、教育中心、资料中心的夙愿，促进了中国工程造价学科和行业的发展，树立了中国应用型本科院校开设工程造价专业的标杆。

尹贻林自1982年在教育系统工作以来，始终献身教育一线。2000年，担任天津理工大学管理学院院长时，面对管理学院科研能力薄弱、教师总体水平偏低、硬件设施落后等一系列难题，他在第一次召开全院大会时宣布"我十年内一定把管理学院带到天津市排名前三的位置！"从此，他取消自己所有的假期，甚至每年春节期间也从未停止过工作。为了提高管理学院的教学水平，他找每一个没有博士学位的教学教师谈话，在他的鼓励引导下，所有的青年教师都考取了博士研究生。针对教师学术能力差的问题，尹贻林远赴香港邀请专家学者来管理学院讲研究方法，每月都会邀请天津大学、南开大学的知名教授来管理学院作报告。在他的不懈努力下，如今仅工程造价系就获得国家自然科学基金项目7项，这在"985"和"211"院校也是少见的。尹贻林从1987年起追随我国工程造价学科创始人之一的徐大图教授，致力于我国工程造价学科的创建工作。1997年，他带队成立了建设部首批认定的全国注册造价工程师执业资格考试师资培训单位和学员考前培训单位——天津理工大学造价工程师培训中心（TCCCE）。近20年来，共培训近6万名工程造价专业人员，推动我国工程造价事业走向规范化、精准化、国际化，以培训反哺科研，为管理学院的学科建设奠定坚实基础。自《建设工程工程量清单计价规范》（GB 50500—2008）、《建设工程施工合同（示范文本）》（GF-2013-0201）等颁布以来，尹贻林带领天津理工大学造价工程师培训中心教师先后赴北京、西安、广州、长沙等20座城市参加近百场培训，为我国工程造价工作者提供理论支持，为我国工程造价领域明确发展方向。他首创工程价款管理课程，实现了工程监理与工程造价管理的无缝融合，极大地促进了我国工程造价咨询行业的规范化和精准化。他开办了经教育部批准的"工程造价"全日制普通高校本科专业，圆了几代工程造价专业前辈的梦想，实现了工程造价行业近百万从业人员的追求目标；尤其对中国工程造价事业最大的贡献是几乎囊括了教育部在本科教学领域设立的全部奖项。尹贻林不仅凭着一个"关键词"（工程造价）获得如此之多的荣誉，而且在学术方面也屡建奇功：连获3项国家自然科学基金项目、2项国家软科学计划项目，获得天津市优秀社科成果一等奖1项、三等奖2项，享受国务院政府特殊津贴。他是天津大学和天津理工大学双料博士生导师。

经过这些年的努力，他带出了一支能打硬仗的工程造价学科师资队伍；天津理工大学工程造价系获得国家自然科学基金和国家社科基金项目20余项。作为国内仅有的最大、齐全而又有发展后劲的工程造价教学与研究队伍，为今后我国工程造价学科攀登高峰打下良好的人力资源基础。

任务13　台阶、雨篷工程量计算

13.1　学习任务

13.1.1　任务说明

（1）完成"理实一体化实训大楼"首层台阶、雨篷的模型建立及土建工程量计算，并按照

《房屋建筑与装饰工程工程量计算规范》(GB 50854—2013)套用相应清单。

(2) 整理并回答相关问题,完成实训任务考核。

13.1.2 任务指引

1. 分析图纸

1) 台阶

(1) 根据图纸建施-4,以④～⑥轴的台阶为例,可以得到台阶的基本信息,本层台阶的截面尺寸如下:台阶的踏步宽度为300mm,踏步个数为5,顶标高为−0.015m。

(2) 根据图纸建施-2,设计说明第十一项室外工程中11.1条,室外台阶做法见陕09J01《建筑用料及做法》室外-3 台3(地砖面层)。

(3) 查阅图集陕09J01室外-3 台3,查到地砖面层台阶的具体做法:10mm厚铺地砖面层,1∶1水泥细砂浆勾缝;撒素水泥面(洒适量清水);20mm厚1∶3干硬性水泥砂浆黏结层;素水泥浆一道(内掺建筑胶);60mm厚C15混凝土(厚度不包括踏步三角部分),台阶面外坡1%;300mm厚3∶7灰土垫层分两层夯实;素土夯实。

2) 雨篷

(1) 分析图纸建施-5,雨篷共有4处,其中南侧为钢结构玻璃雨篷,尺寸为16 000mm×3300mm,需进行二次设计。它属于成品雨篷。另外北侧和东、西侧各有一处雨篷。

(2) 分析图纸结施-19可知,北侧雨篷为YP2,东、西侧均为YP1。其中,北侧雨篷YP2尺寸为4500mm×1200mm,西侧雨篷YP1尺寸为4400mm×1200mm,东侧雨篷尺寸为2700mm×1200mm。

2. 软件基本操作

台阶与雨篷的BIM建模及清单套用基本步骤分为新建台阶、雨篷,清单套用与模型创建三部分。

(1) 新建台阶、雨篷是将台阶和雨篷的相关信息输入属性定义框,这些信息包括名称、厚度、混凝土类型和强度等级;

(2) 清单套用是根据《房屋建筑与装饰工程工程量计算规范》(GB 50854—2013)的规定,对台阶和雨篷进行清单套取;

(3) 模型创建是将已完成属性定义的台阶和雨篷按照图纸的相应位置进行布置。

13.2 知识链接

13.2.1 台阶

1. 台阶的属性定义

新建台阶的操作步骤如图1-162所示。

操作步骤:

① 单击模块导航栏中的"其它";

② 单击选择"台阶";

③ 单击"新建",即可新建"TAIJ-1",完成属性定义,如图1-163所示。

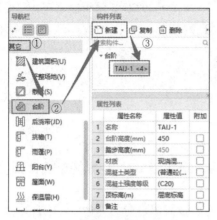

图 1-162　新建台阶

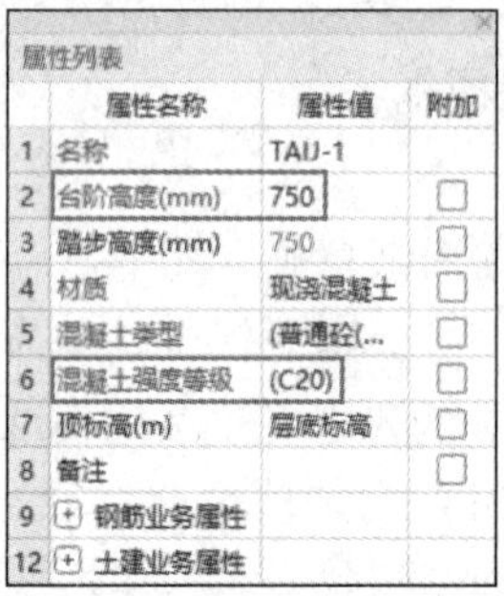

图 1-163　属性定义

2. 台阶的清单套用

台阶的属性定义完成后，可进行清单做法的套用，台阶的清单应包括混凝土、模板和面层装饰三项，套取方法与前面构件相同，可采用“查询匹配清单”或“查询清单库”的方法，此处不再赘述，套取完成后如图 1-164 所示。

添加清单　添加定额　删除　查询　项目特征　换算　做法刷　做法查询　提取做法　当前构件自动套做法

	编码	类别	名称	项目特征	单位	工程量表达式	表达式说明
1	010507004001	项	台阶	1.踏步高、宽:高150，宽300 2.混凝土种类:商品混凝土 3.混凝土强度等级:C15	m2	TJ	TJ<体积>
2	011702027001	项	台阶	1.台阶踏步宽:300	m2	MJ	MJ<台阶整体水平投影面积>
3	011107002001	项	块料台阶面	1.粘结材料种类:20厚1：3干硬性水泥砂浆粘结层 2.面层材料品种、规格、颜色:10厚铺地砖面层 3.勾缝材料种类:1：1水泥细砂浆勾缝	m2	MJ	MJ<台阶整体水平投影面积>

图 1-164　台阶的清单套用

3. 台阶的模型创建

台阶定义完成后，切换到建模界面。台阶属于面式构件，可采用“直线”绘制、三点画弧，也可以采用“点”绘制，本工程中的台阶是矩形台阶，采用“直线”绘制法。

本工程中，台阶的边线均不在轴线上，因此要准确创建台阶模型，需要添加辅助轴线或者采用偏移的方法。这两种方法此前均已介绍，此处不再赘述。

1）创建模型

添加辅助轴线后，即可采用“直线”或“矩形”等方式绘制台阶，绘制完成后如图 1-165 所示。

2）设置踏步边

微课 1-13-1

台阶绘制完成后，需要设置踏步边，具体操作方法如图 1-166 所示。

操作步骤：

① 在绘图界面选择“设置踏步边”；

② 弹出“设置踏步边”对话框，在对话框中输入踏步个数“5”和踏步宽度“300”，单击确定，即可完成台阶踏步的绘制。台阶 BIM 模型如图 1-167 所示。

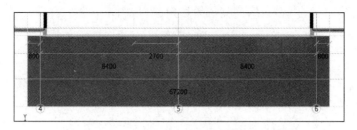

图 1-165　绘制台阶

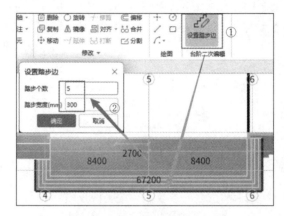

图 1-166　设置踏步边

图 1-167　台阶 BIM 模型

4. 汇总工程量

汇总计算台阶工程量,查看工程量。

13.2.2　雨篷

1. 雨篷的属性定义

"理实一体化实训大楼"南侧钢结构玻璃雨篷为成品雨篷,应用"其它"→"雨篷"构件绘制,也可以灵活采用"自定义面"的方式计算雨篷工程量。对于其他 3 个钢筋混凝土雨篷,可采用"其它"→"挑檐"或"栏板"进行图元绘制和钢筋编辑。下面以南侧成品雨篷为例介绍雨篷的定义与绘制,具体操作方法如图 1-168 和图 1-169 所示。

操作步骤:

① 单击模块导航栏中的"其它";

② 单击"雨篷(P)";

③ 单击"新建",新建"YP-1",并完成属性定义,如图1-169所示。

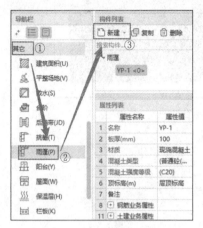

图1-168　新建雨篷　　　　　　　　　　图1-169　属性定义

2. 雨篷的清单套用

(1) 根据《房屋建筑与装饰工程工程量计算规范》(GB 50854—2013)规定,雨篷清单项目如表1-33所示。

表1-33　雨篷清单(编号:011506)

项目编码	项目名称	项目特征	计量单位	工程量计算规则	工作内容
011506003	玻璃雨篷	1. 玻璃雨篷固定方式; 2. 龙骨材料种类、规格、中距; 3. 玻璃材料品种、规格、品牌; 4. 嵌缝材料种类; 5. 防护材料种类	m²	按设计图示尺寸以水平投影面积计算	1. 龙骨基层安装; 2. 面层安装; 3. 刷防护材料、油漆

(2) 完成属性定义后,通过查询清单库的方式添加清单。雨篷的清单项目可匹配列表中适应的项,查询清单如图1-170所示。

图1-170　查询清单

(3)双击"玻璃雨篷"项,即可完成匹配。匹配完成后,在"项目特征"页签中描述雨篷的固定方式,龙骨材料种类、规格,玻璃材料品种、规格等内容,项目特征描述如图1-171所示。

图1-171 项目特征描述

3. 雨篷的图元绘制

根据图纸尺寸做好辅助轴线,或者用"Shift+左键"的方法绘制雨篷,可选择"直线"命令或者"矩形"进行绘制,创建完成的模型如图1-172所示。

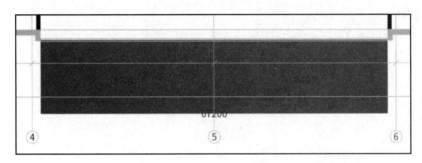

图1-172 雨篷BIM模型

4. 汇总工程量

汇总计算雨篷工程量,查看工程量。

13.3 任务考核

1. 理论考核

(1)台阶的清单工程量如何计算?
(2)建筑物中,台阶的作用是什么?
(3)BIM建模中,台阶的绘制方法有哪些?
(4)雨篷的清单工程量如何计算?
(5)BIM建模中,雨篷的绘制方法有哪些?

2. 任务成果

将"理实一体化实训大楼"首层台阶和雨篷的工程量填入表1-34中。

表 1-34 台阶、雨篷工程量清单

序号	项目编码	项目名称	项目特征	单位	工 程 量

13.4 总结拓展

本节主要介绍了台阶和雨篷的工程量计算。通过属性定义、清单套用和模型创建三步完成。"理实一体化实训大楼"其他 3 个钢筋混凝土雨篷,需要对钢筋进行编辑,可以根据图纸结施-19 中的雨篷尺寸和钢筋信息,采用"挑檐""栏板"或者"板"+"圈梁"组合的方式进行新建和绘制。

下面以西侧雨篷 YP1 为例,YP1 雨篷尺寸及钢筋信息如图 1-173 所示。

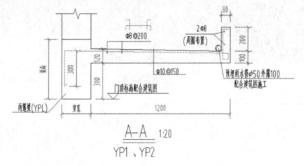

图 1-173 雨篷尺寸及钢筋信息

1. 分析图纸

分析结施-19 中雨篷 YP1 尺寸为 4400mm×1200mm,平板厚 100mm,立板为 80mm×200mm;可以采用"板"+"圈梁"的组合方式去进行新建和绘制。

2. 属性定义

此处雨篷采用组合构件,因此需要在平板和圈梁中分别定义,其具体操作方法分别如图 1-174 和图 1-175 所示。

3. 模型创建

属性定义完成后,采用绘制板和绘制圈梁的方法在图纸对应位置创建雨篷模型。创建完成的模型如图 1-176 所示。

4. 编辑钢筋

雨篷中弯折的钢筋可以在"圈梁"中编辑,具体操作方法如图 1-177 和图 1-178 所示。

图 1-174 新建雨篷平板

图 1-175 新建雨篷圈梁(上翻立板)

图 1-176 雨篷 BIM 模型

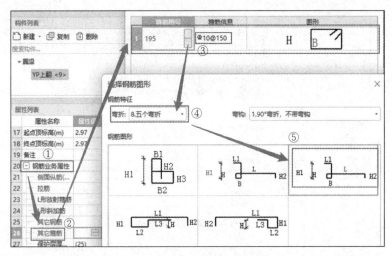

图 1-177 编辑钢筋

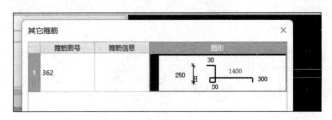

图 1-178 修改钢筋长度

操作步骤：

① 单击圈梁属性列表中的"钢筋业务属性"；

② 单击"其它属性"；

③ 单击 3 个小点，弹出"选择钢筋图形"对话框；

④ 在弹出的对话框中，根据钢筋特征，选择钢筋类型，例如选择"8.五个弯折"；

⑤ 在下方对应图形中修改钢筋长度值，单击确定，即可完成设置。

5. 汇总工程量

汇总计算雨篷工程量，查看工程量。雨篷的形式不一样，采用建模方式和计算方法也不一样，可根据实际情况，选择适合的方法。

BIM 技术与人工智能

随着科学技术的发展，建筑信息模型（BIM）和人工智能（AI）的融合已成为建筑设计和施工的新趋势，BIM 是一种数字化的三维几何建筑整体模型和管理工具，可以在整个项目全生命周期内提供准确、协调和可视化的信息。而 AI 则可以通过学习和自适应来提高决策的准确性和效率。

以深圳市龙岗区坂田法庭项目为例，该项目采用广联达数维设计平台进行建筑设计和管理。在项目过程中，人工智能和 BIM 技术被广泛应用于以下 4 个方面。

1. 三维建模与可视化

通过使用人工智能算法自动创建三维模型,如一键生成楼板、墙体构件、智能布置机电设备等,大大提高了建模效率。此外,人工智能还可以自动优化模型细节,自动进行专业间的模型扣减。

2. 碰撞检测与冲突解决

在BIM模型中,可能存在多个专业之间的冲突问题。人工智能可以自动识别这些冲突并提供解决方案,帮助设计师快速地解决问题,减少错误和避免重复工作。

3. 施工图生成与优化

利用人工智能技术和BIM模型自动生成施工图,如批量标注、一键生成门窗大样、自动配筋等。

4. 质量控制与审查

通过使用计算机视觉技术和自然语言处理技术,人工智能自动检测BIM模型中的缺陷和错误,自动优化模型细节,自动进行专业间的模型扣减。此外,人工智能还可以辅助设计师进行审图工作,提高审图效率和准确性。

在坂田法庭项目中,采用人工智能与BIM技术的完美结合,取得了显著的效果。首先,项目的设计周期得到明显缩短,为业主节省了宝贵的时间和成本;其次,由于人工智能技术的运用,项目质量得到有效保证,降低了后期维护和改造的风险;最后,通过对项目数据的分析和挖掘,为未来类似项目的规划和管理提供有益的经验和借鉴。

任务14 散水、坡道工程量计算

14.1 学习任务

14.1.1 任务说明

(1)完成"理实一体化实训大楼"首层散水、坡道的模型建立及土建工程量计算,并按照《房屋建筑与装饰工程工程量计算规范》(GB 50854—2013)套用相应清单。

(2)整理回答相关问题,完成实训任务考核。

14.1.2 任务分析

1. 分析图纸

1)散水

(1)根据图纸建施-2,第十一项室外工程11.2条,沿建筑物四周做散水,1500mm宽,坡度5%,做法见陕09J01室外-8 散水3,其中150mm厚3∶7灰土垫层超出散水和建筑物外墙基础底外缘500mm。散水每间隔10m设一伸缩缝,并错开雨落管,缝内用密封膏填实。

(2)查阅陕09J01《建筑用料及做法》室外-8 散水3,名称为混凝土散水。具体做法:60mm厚C15混凝土面层撒1∶1水泥砂子压光;150mm厚3∶7灰土垫层,宽出面层300mm;素土夯实向外坡4%。

2)坡道

(1)根据图纸建施-4可知,坡道在Ⓐ轴对应的②~④轴,坡度1/12,如图1-179所示。

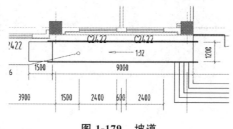

图 1-179 坡道

(2)查阅国标图集 03J926《建筑无障碍设计》22 页坡面类型与做法 2,名称为"防滑地砖面层"。具体做法:铺防滑地砖面层,干水泥擦缝;撒素水泥面;30mm 厚 1:3 干硬性水泥砂浆找平层;素水泥浆结合层一道;100mm 厚 C15 混凝土;150mm 厚 3:7 灰土;素土夯实。

2. 软件基本操作

散水与坡道的 BIM 建模及清单套用基本步骤分为新建散水、坡道,套用清单与模型创建三部分。

(1)新建散水、坡道是将散水和坡道的名称、厚度等相关信息输入属性定义框;

(2)套用清单是根据《房屋建筑与装饰工程工程量计算规范》(GB 50854—2013)的规定,对散水和坡道进行清单套取、项目特征描述;

(3)模型创建将已完成属性定义的散水和坡道按照建筑物四周的相应位置进行布置,生成散水、坡道图元。

14.2 知识链接

14.2.1 散水

1. 散水的属性定义

新建散水及属性定义操作方法分别如图 1-180 和图 1-181 所示。

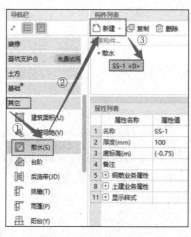

图 1-180 新建散水

图 1-181 属性定义

操作步骤:
① 单击模块导航栏中的"其它",选择"散水(S)";
② 单击"散水(S)";
③ 选择"新建";
④ 属性定义,如图 1-181 所示。

2. 散水的清单套用

(1) 根据《房屋建筑与装饰工程工程量计算规范》(GB 50854—2013)规定,散水清单项目如表 1-35 所示。

表 1-35　散水、坡道清单计算规则(编号:010507)

项目编码	项目名称	项目特征	计量单位	工程量计算规则	工作内容
010507001	散水、坡道	1. 垫层材料种类、厚度; 2. 面层厚度; 3. 混凝土类别; 4. 混凝土强度等级; 5. 变形缝填塞材料种类	m²	以 m² 计量,按设计图示尺寸以面积计算; 不扣除单个≤0.3m² 的孔洞所占面积	1. 地基夯实; 2. 铺设垫层; 3. 模板及支撑制作、安装、拆除、堆放、运输及清理模内杂物、刷隔离剂等; 4. 混凝土制作、运输、浇筑、振捣、养护; 5. 变形缝填塞

(2) 完成属性定义后,通过查询清单库的方式添加清单项,并完善项目特征,如图 1-182 所示。

图 1-182　添加散水清单项

3. 散水的图元绘制

散水属于面式构件,可以采用"直线"绘制,也可以采用"矩形"绘制,其绘制的原理和平板相同。由于散水是沿着外墙四周布置,所以采用智能布置更快捷。

单击工具栏右上角的"智能布置"下右侧的小倒三角(▼),选择"外墙外边线";框选所有外墙,右击确定;在弹出的设置散水宽度的框中,输入 1500,如图 1-183(a)所示,单击"确定"即可完成散水的布置,如图 1-183(b)所示。

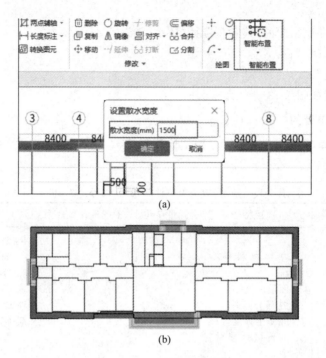

图 1-183 散水的智能布置

4. 汇总工程量

汇总计算散水工程量,查看工程量。

14.2.2 坡道

1. 坡道的属性定义

新建坡道及属性定义方法如图 1-184 所示。

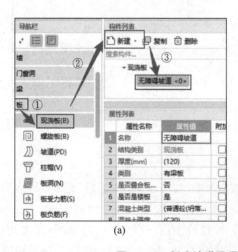

图 1-184 新建坡道及属性定义

操作步骤：

① 单击模块导航栏中的"板"，选择"现浇板(B)"；

② 单击"现浇板(B)"；

③ 选择新建"现浇板"，将名称改为"无障碍坡道"，即可完成坡道的属性定义，如图1-184所示。

2. 坡道的清单套用

完成属性定义后，通过查询清单库的方式添加清单项，并完善项目特征，如图1-185所示。

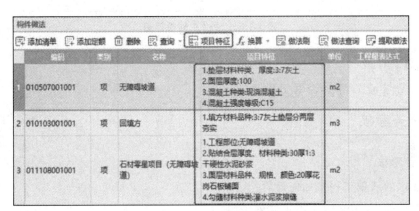

微课 1-14-1

图 1-185　添加坡道清单项

3. 坡道的图元绘制

1) 创建坡道模型

坡道定义完毕，切换到"建模"界面。参照前面介绍设置辅助轴线方法添加辅助轴线，选择"绘图"中"矩形"绘制方法进行坡道的绘制，创建模型如图1-186所示。

2) 设置坡道的坡度

在绘图区域选中需要设置坡度的坡道，在现浇板二次编辑命令中，选择"坡度变斜"或者"抬起点变斜"的方法。这里主要介绍"抬起点变斜"的方法，单击选择工具栏右上角"现浇板二次编辑"命令中"抬起点变斜"命令，选择图元中斜板的基准边与抬起点；在弹出的对话框中输入抬起点顶标高与抬起高度，如图1-187所示，单击"确定"，即可完成坡道坡度的设置，其效果图如图1-188所示。

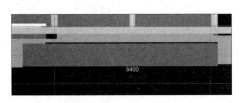

图 1-186　创建模型

图 1-187　修改抬起点标高与抬起高度

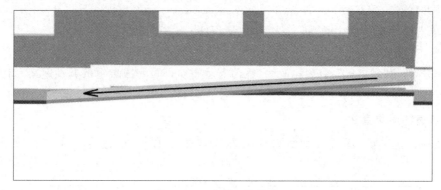

图 1-188　坡道三维效果图

4. 汇总工程量

汇总计算坡道工程量,查看工程量。

14.3　任务考核

1. 理论考核

(1) 散水的清单工程量如何计算?

(2) 建筑物中,散水的作用是什么?

(3) BIM 建模中,散水的绘制方法有哪些?

(4) 坡道的清单工程量如何计算?

(5) BIM 建模中,坡道的绘制方法有哪些?

2. 任务成果

将"理实一体化实训大楼"首层散水和坡道的清单工程量填入表 1-36 中。

表 1-36　首层散水、坡道工程量清单

序号	项目编码	项目名称	项目特征	计量单位	工程量

14.4　总结拓展

本节主要介绍了散水和坡道的工程量计算。通过属性定义、清单套用和图元绘制三步操作完成,学生可尝试采用不同方法进行绘制。

BIM 技术与装配式建筑的结合

随着人们对绿色建筑的期望和要求不断提高,BIM 技术与装配式建筑的有机融合刻不容缓。在设计阶段,BIM 技术的应用不仅在前期对建筑环境、建设能源消耗量进行合理优化,还可以在建筑的施工阶段,实现装配式施工,促进建筑业进一步发展。BIM 技术在建筑工程的整个过程中发挥着重要作用,有利于将绿色建造的环保理念和装配式建筑标准化、产业化相融合,使后期运营平稳运行,为建造的全过程提供有效合理的保障。

1. 提高建造效率,降低损耗

装配式建筑是一种高效、可持续发展的建筑物。由于使用了附加材料,常规施工方法可能会产生浪费,而运用 BIM 技术,将构配件的施工流程进行模拟,根据每个流程大致消耗的能源,自动生成最优的流程线。同时,构件工厂控制生产加工环境和大批量集中生产单一统一构件,可提高能源效率,体现绿色生态发展。

2. 形成数字构件库,降低财政支出

由于现阶段装配式构件尚未完全标准化,其产品尺寸、质量、功能等多方面不契合,导致大量时间、成本的浪费。而数字构件库可以输入各大制造厂家所生产制造的不同构件的尺寸、功能等数据,实现装配式建筑所有产业链的 BIM 应用和数据共享,真正实现项目、工厂之间的相互协作生产。实现标准化、模块化建设的目标,利用批量生产统一构件创造预算点和价格点的降低,使得企业可以从原材料供应商手中获取相应折扣,从而降低整个建筑项目的总成本。

3. 提高整体水平,保证工程质量

装配式建造工程将大量现场加工工程转移至工厂,由工厂加工制造各个构件,再用可靠的附加连接方法现场搭建装配,以提高整体水平,保证工程质量。这种标准化结构的设计能将各个构件非常便捷灵活地安装、拆卸和重新组装,极大地减少了对原材料的要求与数量,同时,大大缩短了整个施工工期,减少了施工阶段的能源消耗。

4. 统一标准,提高质量

装配式结构是在受控的生产条件中完成的,并按照相关规定的质量要求与标准,结构的所有子组件都按照统一的标准建造生产,因此可以改善结构工艺和提高整体质量效率。

5. 缩短施工时间

装配式建筑与传统现场施工方式相比更为便捷,因为它将传统建造过程中的大量需要现场浇筑加工制作的作业放到了工厂统一进行加工制作,再以可靠的连接方式方法在工厂组装装配完成。这种大批量制作单一构件既能在一定程度上降低成本,又可以大大缩减施工用时。构件越标准统一,生产效率越高,施工时间也就越短。

任务 15　装饰装修工程量计算

15.1　学习任务

15.1.1　任务说明

(1) 完成"理实一体化实训大楼"基础层至屋面层室内装修、室外装修的 BIM 模型建立,并依据《房屋建筑与装饰工程工程量计算规范》(GB 50854—2013)编制工程量清单。

(2) 汇总计算工程量,并填写任务考核中理论考核与任务成果相关内容。

15.1.2 任务指引

1. 分析图纸

（1）识读室内装修，分析建施-3 的装修表，有 5 种装修类型的房间，每种房间有相应楼地面、踢脚、墙面、顶棚的装修做法，如表 1-37 所示。

表 1-37 室内装修

房间名称	楼地面	踢脚	墙面	顶棚
门厅、理实一体化教室、教师休息室、走廊、值班室、前室	防滑地砖楼地面：室内-15，地 28；室内-37，楼 39	地砖踢脚：室内-53，踢 20，$H=120mm$	白色乳胶漆墙面：室内-74，内 12；涂-9，内涂 2	装饰石膏板吊顶：棚-23，棚 74；门厅吊顶高 6.7m；走廊吊顶高 2.7m；其余吊顶高 3.0m
楼梯间	防滑地砖楼地面：室内-15，地 28；室内-37，楼 39	地砖踢脚：室内-53，踢 20，$H=120mm$	白色乳胶漆墙面：室内-74，内 12；涂-9，内涂 2	白色乳胶漆顶棚：棚-6，棚 12；涂-9，内涂 2
卫生间	防滑地砖楼地面（有防水层）：室内-16，地 29；室内-37，楼 41		内墙面砖墙面：室内-112，内 110，高出吊顶底 200mm	铝合金条板吊顶：棚-16，棚 34，吊顶高 3.0m
配电室、工具间、电井、电梯机房	水泥砂浆楼地面：室内-8，地 5；室内-28，楼 3	水泥砂浆踢脚：室内-50，踢 4，$H=120mm$	白色内墙涂料墙面：室内-71，内 3	白色内墙涂料顶棚：棚-6，棚 12；涂-9，内涂 1
水箱间	水泥砂浆楼地面（有防水层）：室内-28，楼 5	水泥砂浆踢脚：室内-50，踢 4，$H=120mm$	白色内墙涂料墙面：室内-71，内 3	白色内墙涂料顶棚：棚-6，棚 12；涂-9，内涂 1

注：① 装修表做法选自陕 09J01。
② 表中数字含义说明：例如棚-6 代表图集页码，棚 12 代表该页中棚的具体做法序号。

根据装修表，查找陕 09J01 图集相应页码的做法编号，整理楼地面、踢脚、墙面、顶棚的工程做法，便于进行属性定义。整理时应列出楼层、房间名称、编号、用料及做法，整理完成的室内装修工程做法如表 1-38 所示。

表 1-38 室内装修工程做法

项目	名称（编号）	用料与做法	适用房间
楼地面	防滑地砖楼地面（地 28）	1. 铺 6～10mm 厚地砖面，干水泥擦缝； 2. 5mm 厚 1:2.5 水泥砂浆黏结层（内掺建筑胶）； 3. 20mm 厚 1:3 干硬性水泥砂浆结合层（内掺建筑胶）； 4. 水泥浆一道（内掺建筑胶）； 5. 60mm 厚，C15 混凝土垫层； 6. 150mm 厚，3:7 灰土； 7. 素土夯实	首层的门厅、理实一体化教室、教师休息室、走廊、值班室、前室、楼梯间
楼地面	防滑地砖楼地面（楼 39）	1. 铺 6～10mm 厚地砖面，干水泥擦缝； 2. 5mm 厚 1:2.5 水泥砂浆黏结层（内掺建筑胶）； 3. 20mm 厚 1:3 干硬性水泥砂浆结合层（内掺建筑胶）； 4. 水泥浆一道（内掺建筑胶）； 5. 现浇钢筋混凝土楼板或预制楼板现浇叠合层，随打随抹光	第 2～8 层的门厅、理实一体化教室、教师休息室、走廊、值班室、前室、楼梯间

续表

项目	名称(编号)	用料与做法	适用房间
楼地面	有防水层防滑地砖楼地面(地29)	1. 铺8～10mm厚地砖地面,干水泥擦缝; 2. 撒素水泥面(洒适量清水); 3. 30mm厚1:3干硬性水泥砂浆结合层(内掺建筑胶); 4. 1.5mm厚高分子涂膜防水层,四周翻起150mm高; 5. 1:3水泥砂浆找坡层,最薄处20mm厚,坡向地漏,一次抹平; 6. 60mm厚C15混凝土; 7. 素土夯实	首层卫生间
	有防水层防滑地砖楼地面(楼41)	1. 铺8～10mm厚地砖楼面,干水泥擦缝; 2. 撒素水泥面(洒适量清水); 3. 30mm厚1:3干硬性水泥砂浆结合层(内掺建筑胶); 4. 1.5mm厚合成高分子涂膜防水层,四周翻起150mm高; 5. 1:3水泥砂浆找坡层,最薄处20mm厚,坡向地漏,一次抹平; 6. 现浇钢筋混凝土楼板或预制楼板现浇叠合层	第2～8层卫生间
	水泥砂浆楼地面(地5)	1. 20mm厚1:2水泥砂浆,压实抹光; 2. 水泥浆一道(内掺建筑胶); 3. 100mm厚C15混凝土垫层; 4. 150mm厚3:7灰土; 5. 素土夯实	首层的配电室、工具间、电井、电梯机房
	水泥砂浆楼地面(楼3)	1. 20mm厚1:2.5水泥砂浆,压实抹光; 2. 水泥浆一道(内掺建筑胶); 3. 现浇钢筋混凝土楼板或预制楼板现浇叠合层,随打随抹光	第2～8层的配电室、工具间、电井、电梯机房
	有防水层水泥砂浆楼地面(楼5)	1. 20mm厚1:2水泥砂浆,压实抹光; 2. 水泥浆一道(内掺建筑胶); 3. 35mm厚C20细石混凝土随打随抹平; 4. 1.5mm厚合成高分子涂膜防水层,四周卷起150mm高; 5. 1:3水泥砂浆找坡层,最薄处20mm厚,坡向地漏,一次抹平; 6. 钢筋混凝土楼板	水箱间
踢脚	地砖踢脚(踢20)H=120mm	1. 6～10mm厚铺地砖踢脚,稀水泥浆(或彩色水泥浆)擦缝; 2. 6mm厚1:2水泥砂浆(内掺建筑胶)黏结层; 3. 6mm厚1:1:6水泥石灰膏砂浆打底扫毛; 4. 加气混凝土刷(抹)界面剂一道(墙面先用水浸湿)	门厅、理实一体化教室、教师休息室、走廊、值班室、前室、楼梯间
	水泥砂浆踢脚(踢4)H=120mm	1. 5mm厚1:2.5水泥砂浆罩面压实赶光; 2. 5mm厚1:0.5:2.5水泥石灰膏砂浆抹子抹平; 3. 8mm厚1:1:6水泥石灰膏砂浆打底扫毛或划出纹道; 4. 加气混凝土刷(抹)界面剂一道甩毛(墙面先用水润湿)	配电室、工具间、电井、电梯机房、水箱间

续表

项目	名称(编号)	用料与做法	适用房间
墙面	白色乳胶漆墙面(内12;内涂2)	内12： A 饰面： 1. 涂料； 2. 2mm 厚粉刷石膏(石膏与水的质量比为1∶0.42)罩面压光。 B 基层： 1. 10mm 厚粉刷石膏(石膏、砂与水的质量比为1∶2.5∶0.64)打底抹平； 2. 墙面先用水润湿,除去浮灰杂物； 3. 墙面用素水泥浆一道甩毛(内掺建筑胶)； 4. 刷面层粉刷石膏一道,墙面先浇水或刷界面剂。 内涂2： 1. 涂饰第3遍、第4遍面层涂料(中档3遍,高档4遍)； 2. 涂饰第2遍面层涂料； 3. 复补腻子,磨平(中档、高档做法)； 4. 涂饰面层涂料； 5. 涂封底涂料； 6. 满刮腻子,磨平(满刮第2遍腻子,磨平中档做法)； 7. 局部腻子,磨平； 8. 清理基层	门厅、理实一体化教室、教师休息室、走廊、值班室、前室、楼梯间
	内墙面砖墙面(内110)	A 饰面： 1. 白水泥擦缝(或1∶1 彩色水泥细砂浆勾缝)； 2. 5mm 厚釉面砖(粘贴前先将锦砖浸水2h 以上)； 3. 5mm 厚1∶2 建筑胶水泥砂浆(或专用胶)粘贴层； 4. 素水泥浆一道(用专用胶粘贴时无此道工序)。 B 基层： 1. 6mm 厚1∶0.5∶2.5 水泥石灰膏砂浆压实抹平(用专用胶粘贴时要求平整)； 2. 8mm 厚1∶1∶6 水泥石灰膏砂浆打底扫毛或划出纹道； 3. 3mm 厚外加剂专用砂浆抹基面刮糙或界面剂一道甩毛(抹前先将墙体用水润湿)； 4. 聚合物水泥砂浆修补墙面	卫生间
	白色内墙涂料墙面(内3)	A 饰面： 涂料。 B 基层： 1. 5mm 厚1∶2.5 水泥砂浆抹面,压实赶光； 2. 5mm 厚1∶0.5∶2.5 水泥石灰膏砂浆,木抹子抹平； 3. 8mm 厚1∶1∶6 水泥砂浆打底扫光； 4. 刷(抹)界面剂一道(先用水润湿墙面)	配电室、工具间、电井、电梯机房、水箱间

续表

项目	名称（编号）	用料与做法	适 用 房 间
天棚	白色乳胶漆顶棚（棚12；内涂2）	棚12： 1. 喷（刷、辊）面浆饰面； 2. 3mm厚1：2.5水泥砂浆找平； 3. 5mm厚1：3水泥砂浆打底扫毛或划出纹道； 4. 素水泥浆一道甩毛（内掺建筑胶） 内涂2： 1. 涂饰第3遍、第4遍面层涂料（中档3遍，高档4遍）； 2. 涂饰第2遍面层涂料； 3. 复补腻子，磨平（中档、高档做法）； 4. 涂饰面层涂料； 5. 涂封底涂料； 6. 满刮腻子，磨平（满刮第2遍腻子，磨平中档做法）； 7. 局部腻子，磨平； 8. 清理基层	楼梯间
	白色内墙涂料顶棚（棚12；内涂1）	棚12： 1. 喷（刷、辊）面浆饰面； 2. 3mm厚1：2.5水泥砂浆找平； 3. 5mm厚1：3水泥砂浆打底扫毛或划出纹道； 4. 素水泥浆一道甩毛（内掺建筑胶） 内涂1： 1. 涂饰第2遍面层涂料； 2. 涂饰面层涂料； 3. 涂饰底涂料； 4. 局部腻子，磨平； 5. 清理基层	配电室、工具间、电井、电梯机房、水箱间
吊顶	装饰石膏板吊顶（棚74）	1. 饰面（由设计人定）； 2. 满刮2mm厚面层耐水腻子找平，面板接缝处贴嵌缝带，刮腻子抹平； 3. 满刷防潮涂料2道，横纵向各刷1道（仅普通石膏板有此道工序）； 4. 板材用自攻螺栓与龙骨固定，中距≤200mm，螺钉距板边长边≥10mm，短边≥15mm； 5. C型轻钢覆面横撑龙骨CB50×20（或CB60×27），间距1200mm，用挂插件与次龙骨联结； 6. C型轻钢覆面次龙骨CB50×20（或CB60×27）用吸顶吊件联结，间距≤800mm，次龙骨与次龙骨间距400mm； 7. 龙骨吸顶吊件中距横向400mm，纵向≤800mm，用膨胀螺栓与钢筋混凝土板固定（预制混凝土板，板缝内预埋吊环）	门厅 6.7m 走廊 2.7m 理实一体化教室、教师休息室、值班室、前室 3.0m
	铝合金条板吊顶（棚34）	1. 0.5~0.8mm厚铝条板； 2. U型轻钢龙骨LB50×26 中距≤1200mm，用特制吊件L350-IP吊挂； 3. φ8钢筋吊杆，中距1200mm双向	卫生间

（2）识读室外装修，包括外墙面装饰和保温层两部分。

外墙面：在建施-2第九部分9.1条中写明"本建筑物外装修为仿瓷砖外墙涂料，颜色索引见立面图，做法见陕09J01页外-5 外14、页外-8 外涂3"，可知外墙面为仿瓷砖涂料墙面，具体做法如表 1-39 所示,再结合建施-15～建施-17,可知有浅灰色仿瓷砖外墙涂料及棕红色仿瓷砖外墙涂料两种颜色。

保温层:在建施-2 节能设计专篇中外墙采用 250mm 厚蒸压加气混凝土砌块＋30mm 厚挤塑聚苯板,可知外墙保温层材料为挤塑聚苯板,厚度为 30mm。

表 1-39 室外装修做法

编号/名称	用料与做法
外 14 外墙涂料墙面 (外保温系统抗裂层完成面)	1. 外墙涂料; 2. 外保温系统抗裂层完成面
外涂 3; 合成树脂乳液,真石涂料 A 丙烯酸真石涂料 B 硅丙真石涂料	1. 罩面涂料一遍; 2. 涂饰第 2 遍面层涂料(透明); 3. 涂饰面层涂料(透明); 4. 喷主层涂料; 5. 辊、刷或喷底层涂料; 6. 填补缝隙、局部腻子; 7. 清理基层
保温	30mm 厚挤塑聚苯板

2. 软件基本操作步骤

装饰装修 BIM 建模与清单套用基本步骤分为装修构件的属性定义、模型创建与清单套用三部分。

(1) 装修构件的属性定义是将楼地面、墙柱面、踢脚等装修构件的相关信息输入属性定义框,图纸中有几种工程做法就新建几种;

(2) 模型创建是将已完成属性定义的装修构件按照装修表布置到各个房间,绘制图元;

(3) 清单套用是根据《房屋建筑与装饰工程工程量计算规范》(GB 50854—2013)的规定,对装修构件进行清单套取、项目特征描述。

15.2 知识链接

15.2.1 装修构件的属性定义

1. 楼地面的属性定义

由表 1-38 室内装修工程做法可知,"理实一体化实训大楼"的楼地面共有 7 种,以防滑地砖楼地面(地 28)为例介绍楼地面的新建及属性定义,具体的操作方法如图 1-189 所示。

操作步骤:

① 单击模块导航栏中的"装修";

② 单击"楼地面(V)";

③ 单击"新建";

④ 单击"新建楼地面",在属性编辑框中输入相应的属性值,防滑地砖楼地面(地 28)的属性定义如图 1-190 所示,块料厚度不影响楼地面工程量,故无须修改,如有房间需要计算防水工程量,应在"是否计算防水…"中选择"是"。

项目一　建筑工程数字化计量

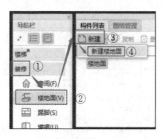

图 1-189　新建楼地面

图 1-190　防滑地砖楼地面(地 28)属性定义

2. 踢脚的属性定义

由表 1-38 可知,本工程有两种踢脚做法,分别为地砖踢脚和水泥砂浆踢脚,高度均为 120mm,以地砖踢脚为例介绍踢脚的新建及属性定义,其具体的操作方法分别如图 1-191 和图 1-192 所示。

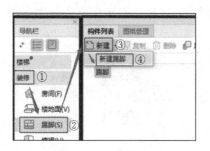

图 1-191　新建踢脚

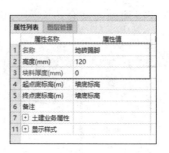

图 1-192　地砖踢脚属性定义

二维动画
1-15-2

操作步骤:

① 单击模块导航栏中的"装修";

② 单击"踢脚(S)";

③ 单击"新建";

④ 单击"新建踢脚",在属性编辑框中输入相应的属性值,地砖踢脚的属性定义如图 1-192 所示,块料厚度不影响工程量计算,故无须修改。

3. 内墙面的属性定义

由表 1-38 可知,本工程有 3 种内墙面做法,分别为白色乳胶漆墙面、内墙面砖墙面和白色内墙涂料墙面。以内墙面砖墙面为例介绍内墙面的新建及属性定义,其具体的操作方法分别如图 1-193 和图 1-194 所示。

操作步骤:

① 单击模块导航栏中的"装修";

② 单击"墙面(W)";

③ 单击"新建";

④ 单击"新建内墙面",在属性编辑框中输入相应的属性值,内墙面砖墙面的属性定义如图 1-194 所示,块料厚度不影响工程量计算,故无须修改,在建施-3 装修表中,内墙面砖墙面高出吊顶底 200mm,其对应铝合金条板吊顶高度为 3.0m,故内墙面砖墙面的顶标高应修

改为"墙底标高+3.2"。

二维动画
1-15-3

微课 1-15-4

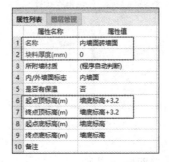

图 1-193 新建内墙面　　　　图 1-194 内墙面砖墙面属性定义

4. 天棚的属性定义

由表 1-38 可知,本工程有两种天棚做法,分别为白色乳胶漆顶棚和白色内墙涂料顶棚。以白色乳胶漆顶棚为例介绍天棚的新建及属性定义,其具体的操作方法分别如图 1-195 和图 1-196 所示。

微课 1-15-5

图 1-195 新建天棚　　　　图 1-196 白色乳胶漆顶棚属性定义

操作步骤:

① 单击模块导航栏中的"装修";

② 单击"天棚(P)";

③ 单击"新建";

④ 单击"新建天棚",在属性编辑框中输入相应的属性值,白色乳胶漆顶棚的属性定义如图 1-196 所示。

5. 吊顶的属性定义

由表 1-38 可知,本工程有两种吊顶做法,分别为装饰石膏板吊顶和铝合金条板吊顶。以铝合金条板吊顶为例介绍吊顶的新建及属性定义,其具体的操作方法分别如图 1-197 和图 1-198 所示。

操作步骤:

① 单击模块导航栏中的"装修";

② 单击"吊顶(K)";

③ 单击"新建";

④ 单击"新建吊顶",在属性编辑框中输入相应的属性值,铝合金条板吊顶的属性定义如图 1-198 所示,离地高度按装修表要求设置。

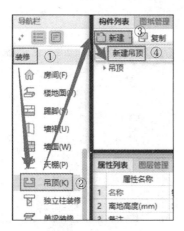

图 1-197 新建吊顶

图 1-198 铝合金条板吊顶属性定义

二维动画 1-15-6

6. 外墙面的属性定义

本工程外墙装饰为浅灰色仿瓷砖涂料外墙及棕红色仿瓷砖涂料外墙。以浅灰色仿瓷砖涂料外墙为例介绍外墙面的新建及属性定义,其具体的操作步骤分别如图 1-199 和图 1-200 所示。

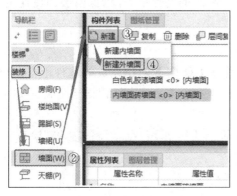

图 1-199 新建外墙面

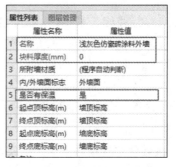

图 1-200 浅灰色仿瓷砖涂料外墙属性定义

微课 1-15-7

操作步骤:
① 单击模块导航栏中的"装修";
② 单击"墙面(W)";
③ 单击"新建";
④ 单击"新建外墙面",在属性编辑框中输入相应的属性值,浅灰色仿瓷砖涂料外墙的属性定义如图 1-200 所示,如设计要求有保温层,应在"是否有保温"中选择"是"。

7. 保温层的属性定义

本工程节能设计专篇中外墙设保温层,材料为挤塑聚苯板,厚度为 30mm,外墙保温层的新建及属性定义具体的操作方法分别如图 1-201 和图 1-202 所示。

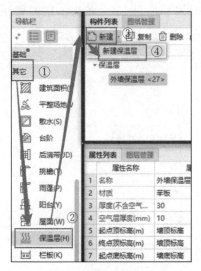
图 1-201 新建保温层

图 1-202 外墙保温层属性定义

操作步骤：

① 单击模块导航栏中的"其它"；

② 单击"保温层(H)"；

③ 单击"新建"；

④ 单击"新建保温层"，在属性编辑框中输入相应的属性值，外墙保温层的属性定义如图 1-204 所示。

15.2.2 装修工程 BIM 模型创建

室内装修工程模型创建有两种方法，一种是在主体模型创建完成的基础上，按照楼地面、内墙面、天棚、外装修的顺序分别创建，另一种是在主体及二次结构均已完成建模的基础上，以房间创建室内装修。

室外装修工程模型包括外墙面和保温层两部分，均可采用"点"绘制、"直线"绘制或智能布置创建。

1. 按装修构件创建室内装修工程模型

以值班室为例，分别创建楼地面、踢脚、内墙面、吊顶的装修构件。

1) 楼地面装修构件创建

楼地面绘制可采用"点"绘制、"直线"绘制、"矩形"绘制，也可采用智能布置，具体可根据房间形状选择绘制方法，其中"点"绘制楼地面的操作方法如图 1-203 所示。

操作步骤：

① 在构件列表中单击"防滑地砖楼地面(地 28)"；

② 单击绘图页签中的"点"命令；

③ 单击值班室内的任一点，即可完成值班室中防滑地砖楼地面(地 28)图元的绘制。

2) 踢脚装修构件创建

踢脚绘制可采用"点"绘制或"直线"绘制。当墙面完整，无任何凸出墙面的柱子，且与其他房间墙面不连接时，可采用"点"绘制，其操作方法如图 1-204(a)所示；当该面墙与柱子相

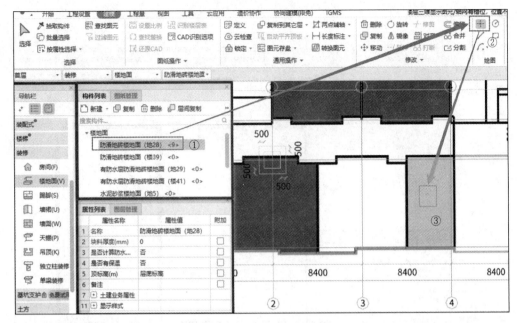

图 1-203 "点"绘制楼地面

连或跨房间时,应采用"直线"绘制更加灵活,其操作方法如图 1-204(b)所示。

(1)"点"绘制操作步骤

① 在构件列表中单击"地砖踢脚";

② 单击绘图页签中的"点"命令;

③ 单击值班室左侧墙面内边线上的任一点,即可完成该墙面地砖踢脚图元的绘制。

(2)"直线"绘制操作步骤

① 在构件列表中单击"地砖踢脚";

② 单击绘图页签中的"直线"命令;

③ 单击值班室下侧墙面内边线与柱子的交点;

④ 单击左侧墙与下侧墙的交点,即依次用单击踢脚布置范围的起始点,即可完成值班室中地砖踢脚图元的绘制。

3) 内墙面装修构件创建

内墙面绘制可采用"点"绘制或"直线"绘制,值班室内墙面为白色乳胶漆墙面,绘制方法同踢脚线,此处不再赘述。

4) 吊顶装修构件创建

吊顶绘制可采用"点"绘制、"直线"绘制、"三点弧"绘制、"圆"绘制或"矩形"绘制,与楼地面绘制方法相同。值班室吊顶为3m高的装饰石膏板吊顶,此处介绍"矩形"绘制方法,操作方法如图 1-205 所示。

操作步骤:

① 在构件列表中单击"装饰石膏板吊顶";

② 单击绘图页签中的"矩形"命令;

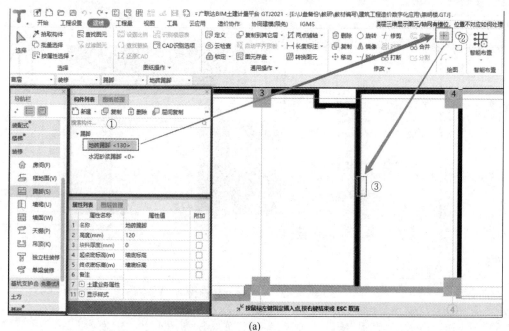

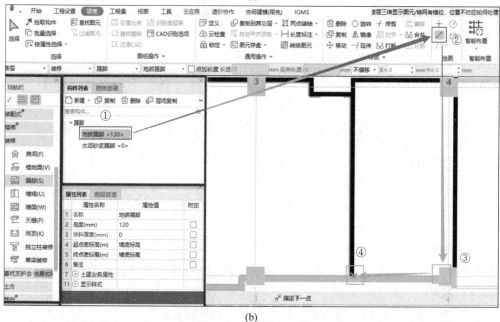

图 1-204　踢脚装修构件创建
(a)"点"绘制踢脚；(b)"直线"绘制踢脚

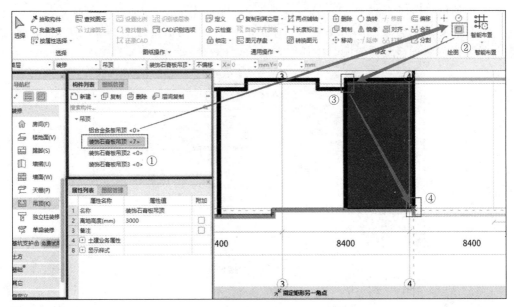

图 1-205　吊顶装修构件创建

③ 单击值班室左上角的墙面内边线交点；

④ 单击右下角的墙面内边线交点，即可完成吊顶图元的绘制。

天棚的绘制与吊顶绘制相同，此处不再赘述。

2. 按房间创建室内装修工程模型

1）房间的属性定义

下面以首层理实一体化教室为例介绍房间属性定义的方法，如图 1-206 所示。

操作步骤：

① 单击模块导航栏中的"装修"；

② 单击"房间(F)"；

③ 单击"新建"；

④ 单击"新建房间"，在属性编辑框中输入房间的名称，理实一体化教室的属性定义如图 1-207 所示。

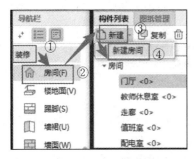

图 1-206　新建房间

图 1-207　理实一体化教室属性定义

2) 添加依附构件

通过"添加依附构件",依次建立房间中的装修构件,包括楼地面、踢脚、墙裙、墙面、天棚、吊顶等。以添加楼地面说明具体操作方法,如图1-208所示。

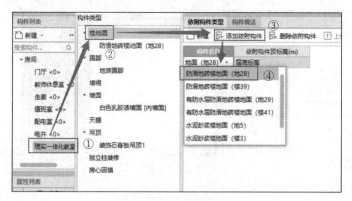

图1-208 添加楼地面

操作步骤:
① 双击房间名称"理实一体化教室"打开定义界面;
② 单击"楼地面";
③ 单击"添加依附构件";
④ 单击构件名称下的小倒三角形(▼),根据首层理实一体化教室的楼地面做法,选择"防滑地砖楼地面(地28)"。

踢脚、内墙面等其他类型的构件添加方法相同,完成构件添加的理实一体化教室装修结构表如图1-209所示。

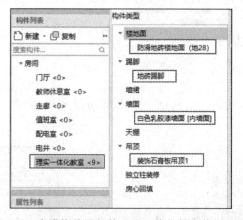

图1-209 完成构件添加的理实一体化教室装修结构表

3) 房间的绘制

根据各层平面图中的房间布局,可依次采用"点"绘制的方式绘制房间。此处展示首层的房间绘制,在建施-4中理实一体化教室共有9个,其平面布局如图1-210。

根据平面布局在GTJ2021软件中选择已定义的房间,根据施工图中的房间位置进行绘制,操作方法如图1-211所示。

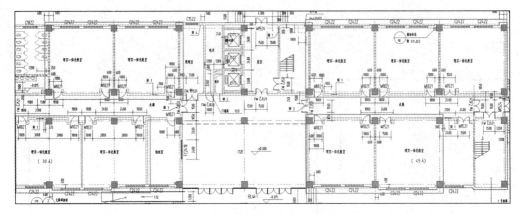

图 1-210　首层的理实一体化教室平面布局

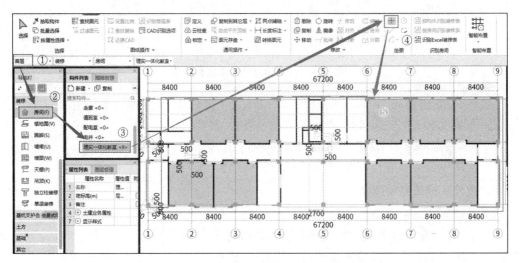

图 1-211　首层的理实一体化教室平面布局操作

操作步骤：

① 单击"首层"；

② 单击装修下的"房间（F）"；

③ 单击"理实一体化教室"；

④ 单击绘图页签中的"点"命令；

⑤ 依次单击 9 个理实一体化教室中任意一点，即可完成房间的绘制。

对于未封闭的房间（如首层的楼梯间、门厅），可利用"虚墙"进行封闭，对"虚墙"不必套取清单和定额，其绘制方法同一般的墙，可分别通过单击"直线""三点弧""圆""矩形"等按钮绘制。以门厅的虚墙绘制为例，具体操作方法如图 1-212 所示。

操作步骤：

① 单击"墙"；

② 单击"砌体墙（Q）"；

③ 单击"新建"；

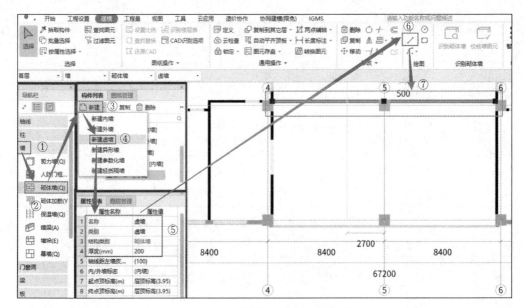

图 1-212　虚墙的新建、定义及绘制

④ 单击"新建虚墙";

⑤ 在属性列表中输入名称"虚墙",修改厚度为"200";

⑥ 单击绘图页签中的"直线"命令;

⑦ 依次单击虚墙的起止点,即可完成虚墙的绘制。

3. 室外装修工程模型创建

1)外墙面装饰的绘制

根据立面图中外墙面的布置范围和所用装饰做法,可采用"点"绘制或"直线"绘制方式绘制外墙面装饰,若所有外墙立面采用一种做法,也可采用智能布置中的"外墙外边线"一键布置外墙装饰。

以首层Ⓐ~Ⓓ轴立面的外墙面装饰为例,在建施-17 中理实一体化教室Ⓐ~Ⓓ轴立面图有两种外墙面做法,Ⓑ轴、Ⓒ轴中间的凹进部分为棕红色仿瓷砖涂料外墙,其余为浅灰色仿瓷砖涂料外墙,适合采用"点"绘制的方法,均可完成操作三维视角或二维视角的绘制。为便于观察,此处介绍三维视角的绘制过程,如图 1-213 和图 1-214 所示。

(1)棕红色仿瓷砖涂料外墙绘制

棕红色仿瓷砖涂料外墙的绘制方法如图 1-213 所示。

操作步骤:

① 在构件列表中单击"棕红色仿瓷砖涂料外墙[外墙面]";

② 单击绘图页签中的"点"命令;

③ 将鼠标放在Ⓑ~Ⓒ轴线间外墙表面左下角上一点,直至选中该部分外墙,单击即可完成棕红色仿瓷砖涂料外墙图元的绘制。

(2)浅灰色仿瓷砖涂料外墙绘制

操作步骤:

① 在构件列表中单击"浅灰色仿瓷砖涂料外墙[外墙面]";

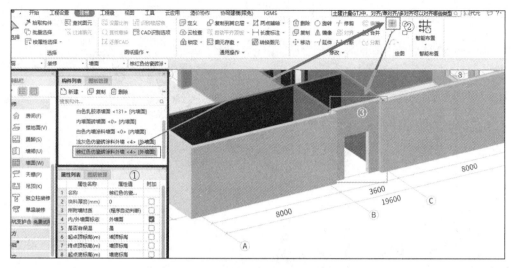

图 1-213　绘制棕红色仿瓷砖涂料外墙

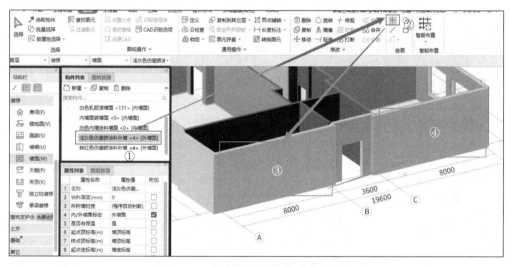

图 1-214　绘制浅灰色仿瓷砖涂料外墙

② 单击绘图页签中的"点"命令；

③ 将鼠标放在Ⓐ～Ⓑ轴线间外墙表面上一点，直至选中该部分外墙单击，即可完成第一部分浅灰色仿瓷砖涂料外墙图元的绘制；

④ 将鼠标放在Ⓒ～Ⓓ轴线间外墙表面上一点，直至选中该部分外墙单击，即可完成第二部分浅灰色仿瓷砖涂料外墙图元的绘制。

2）外墙保温层的绘制

外墙保温层的绘制方法与外墙面装饰的绘制方法相同，可采用"点"绘制或"直线"绘制，由于外墙保温层一般设置于所有外墙的表面，做法相同，故采用"智能布置"的绘制方式更加便捷，如图 1-215 所示。

操作步骤：

① 单击导航栏中的"其它"；

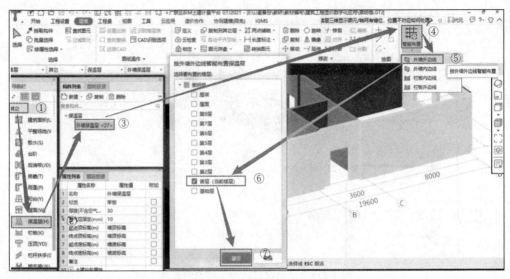

图 1-215 外墙保温层的绘制

② 单击"保温层(H)";

③ 在构件列表中单击"外墙保温层";

④ 单击绘图页签中的"智能布置";

⑤ 在下拉框中单击"外墙外边线";

⑥ 弹出楼层选择界面,勾选"首层(当前楼层)";

⑦ 单击"确定",即可完成首层外墙保温层图元的绘制。绘制完成后,首层所有外墙的外表面均能看到紫粉色的保温层。

15.2.3 清单套用

1. 装饰装修清单

根据《房屋建筑与装饰工程工程量计算规范》(GB 50854—2013)规定,装饰装修清单项目如表 1-40 所示。

表 1-40 装饰装修清单

项目编码	项目名称	项目特征	计量单位	工程量计算规则	工作内容
011101001	水泥砂浆楼地面	1. 垫层材料种类、厚度; 2. 找平层厚度、砂浆配合比; 3. 素水泥浆遍数; 4. 面层厚度、砂浆配合比; 5. 面层做法要求	m²	按设计图示尺寸以面积计算。扣除凸出地面构筑物、设备基础、室内管道、地沟等所占面积,不扣除间壁墙及≤0.3m² 柱、垛、附墙烟囱及孔洞所占面积。门洞、空圈、暖气包槽、壁龛的开口部分不增加面积	1. 基层清理; 2. 垫层铺设; 3. 抹找平层; 4. 抹面层; 5. 材料运输

续表

项目编码	项目名称	项目特征	计量单位	工程量计算规则	工作内容
011102003	块料楼地面	1. 垫层材料种类、厚度； 2. 找平层厚度、砂浆配合比； 3. 结合层厚度、砂浆配合比； 4. 面层材料品种、规格、颜色； 5. 嵌缝材料种类； 6. 防护层材料种类； 8. 酸洗、打蜡要求	m^2	按设计,图示尺寸以面积计算。门洞、空圈、暖气包槽、壁龛的开口部分并入相应的工程量内	1. 基层清理、抹找平层； 2. 面层铺设、磨边； 3. 嵌缝； 4. 刷防护材料； 5. 酸洗、打蜡； 6. 材料运输
011105001	水泥砂浆踢脚线	1. 踢脚线高度； 2. 底层厚度、砂浆配合比； 3. 面层厚度、砂浆配合比	1. m^2 2. m	1. 按设计,图示长度乘高度以面积计算； 2. 按延长米计算	1. 基层清理； 2. 底层和面层抹灰； 3. 材料运输
011105003	块料踢脚线	1. 踢脚线高度； 2. 粘贴层厚度、材料种类； 3. 面层材料品种、规格、颜色； 4. 防护材料种类			1. 基层清理； 2. 底层抹灰； 3. 面层铺贴、磨边； 4. 擦缝； 5. 磨光、酸洗、打蜡； 6. 刷防护材料； 7. 材料运输
011201001	墙面一般抹灰	1. 墙体类型； 2. 底层厚度、砂浆配合比； 3. 面层厚度、砂浆配合比； 4. 装饰面材料种类； 5. 分格缝宽度、材料种类	m^2	按设计,图示尺寸以面积计算。扣除墙裙、门窗洞口及单个>0.3m²的孔洞面积,不扣除踢脚线、挂镜线和墙与构件交接处的面积,门窗洞口和孔洞的侧壁及顶面不增加面积。附墙柱、梁、垛、烟囱侧壁并入相应的墙面面积内	1. 基层清理； 2. 砂浆制作、运输； 3. 底层抹灰； 4. 抹面层； 5. 抹装饰面； 6. 勾分格缝
011204003	块料墙面	1. 墙体类型； 2. 安装方式； 3. 面层材料品种、规格、颜色； 4. 缝宽、嵌缝材料种类； 5. 防护材料种类； 6. 磨光、酸洗、打蜡要求		按镶贴表面积计算	1. 基层清理； 2. 砂浆制作、运输； 3. 粘结层铺贴； 4. 面层安装； 5. 嵌缝； 6. 刷防护材料； 7. 磨光、酸洗、打蜡

续表

项目编码	项目名称	项目特征	计量单位	工程量计算规则	工作内容
011301001	天棚抹灰	1. 基层类型； 2. 抹灰厚度、材料种类； 3. 砂浆配合比	m²	按设计，图示尺寸以水平投影面积计算。不扣除间壁墙、垛、柱、附墙烟囱、检查口和管道所占的面积，带梁天棚、梁两侧抹灰面积并入天棚面积内，板式楼梯底面抹灰按斜面积计算，锯齿形楼梯底板抹灰按展开面积计算	1. 基层清理； 2. 底层抹灰； 3. 抹面层
011302001	吊顶天棚	1. 吊顶形式、吊杆规格、高度； 2. 龙骨材料种类、规格、中距； 3. 基层材料种类、规格； 4. 面层材料品种、规格； 5. 压条材料种类、规格； 6. 嵌缝材料种类； 7. 防护材料种类		按设计，图示尺寸以水平投影面积计算。天棚面中的灯槽及跌级、锯齿形、吊挂式、藻井式天棚面积不展开计算。不扣除间壁墙、检查口、附墙烟囱、柱垛和管道所占面积，扣除单个>0.3m²的孔洞、独立柱及与天棚相连的窗帘盒所占的面积	1. 基层清理、吊杆安装； 2. 龙骨安装； 3. 基层板铺贴； 4. 面层铺贴； 5. 嵌缝； 6. 刷防护材料
011406001	抹灰面油漆	1. 基层类型； 2. 腻子种类； 3. 刮腻子遍数； 4. 防护材料种类； 5. 油漆品种、刷漆遍数		按设计，图示尺寸以面积计算	1. 基层清理； 2. 刮腻子； 3. 刷防护材料、油漆
011407001	墙面喷刷涂料	1. 基层类型； 2. 喷刷涂料部位； 3. 腻子种类； 4. 刮腻子要求； 5. 涂料品种、喷刷遍数		按设计，图示尺寸以面积计算	1. 基层清理； 2. 刮腻子； 3. 刷、喷涂料
011407002	天棚喷刷涂料				

2. 清单套用

软件提供了"查询匹配清单"和"查询清单库"两种方式添加清单，其中查询匹配清单是软件根据构件类型自动匹配出常用的清单项目，可以直接查询使用；若匹配清单中无需要的清单，可利用查询清单库在清单中任意查询选取。

1) 楼地面的清单套用

以有防水层防滑地砖楼地面(地29)为例介绍楼地面的清单套用。根据设计要求，需套取"块料楼地面"和"楼地面涂膜防水"两项清单，可同时使用"查询匹配清单"和"查询清单库"两种方式。

(1) 块料楼地面清单套用

块料楼地面清单套用的方法如图1-216所示。

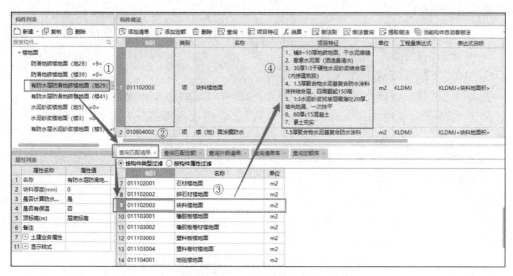

图 1-216 查询匹配清单"块料楼地面"

操作步骤：

① 在构件列表下双击"有防水层防滑地砖楼地面（地 29）"，进入匹配清单界面；

② 单击"查询匹配清单"，软件根据构件属性匹配相应清单；

③ 有防水层防滑地砖楼地面（地 29）为块料楼地面，双击匹配列表中的第 9 项"011102003 块料楼地面"；

④ 在项目特征列，根据该楼地面的做法要求填写特征值，可从整理的装修做法表中复制该构件的做法，再进行局部修改，完成后的清单如图 1-216 所示。

（2）楼地面涂膜防水清单套用

楼地面涂膜防水清单套用的方法如图 1-217 所示。

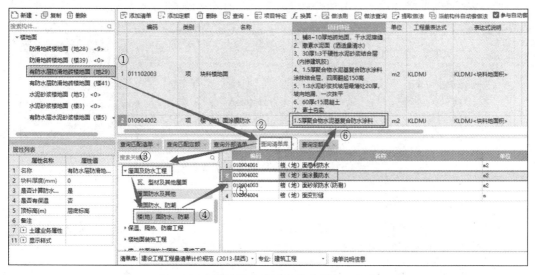

图 1-217 楼地面涂膜防水的清单套用方法

操作步骤：

① 在构件列表下双击"有防水层防滑地砖楼地面（地 29）"，进入匹配清单界面；

② 单击"查询清单库"；

③ 单击"屋面及防水工程"；

④ 单击"楼（地）面防水、防潮"，软件会显示所有楼地面防水防潮的清单；

⑤ 双击选择第 2 项"010904002　楼（地）面涂膜防水"，即可完成楼地面防水层清单的匹配；

⑥ 在项目特征列，根据该楼地面的防水层做法要求填写特征值，完成后的清单如图 1-217 所示。

2）踢脚的清单套用

踢脚的清单套用操作步骤与楼地面清单套用的操作步骤相同。以地砖踢脚为例，完成后的清单套用如图 1-218 所示。

图 1-218　地砖踢脚的清单套用

3）墙面的清单套用

内、外墙面的清单套用操作步骤与楼地面清单套用的操作步骤相同，以白色内墙涂料墙面为例，完成后的清单如图 1-219 所示。

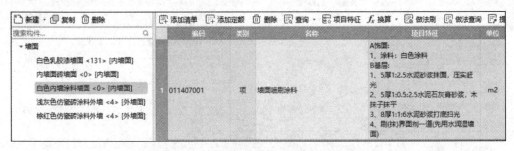

图 1-219　白色内墙涂料墙面的清单套用

4）天棚的清单套用

天棚的清单套用操作步骤与楼地面清单套用的操作步骤相同，以白色乳胶漆顶棚为例，完成后的清单套用如图 1-220 所示。

5）吊顶的清单套用

吊顶的清单套用操作步骤与楼地面清单套用的操作步骤相同，以铝合金条板吊顶为例，完成后的清单套用如图 1-221 所示。

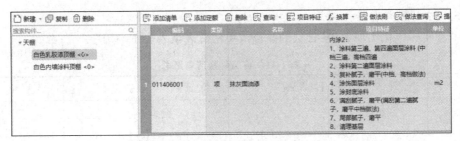

图 1-220　白色乳胶漆顶棚的清单套用

图 1-221　铝合金条板吊顶的清单套用

6）外墙保温层的清单套用

外墙保温层的清单套用操作步骤与楼地面清单套用的操作步骤相同，完成后的清单套用如图 1-222 所示。

图 1-222　外墙保温层的清单套用

15.3　任务考核

15.3.1　理论考核

（1）（填空）本工程的装饰装修构件包括_____

_____。

（2）（填空）乳胶漆墙面套用的清单项目名称是_____。

（3）（填空）本工程楼地面采用的防水做法是_____。

（4）（多选）在广联达软件中，踢脚图元的绘制方法是（　　）。

　　A."点"绘制　　　　　　　　　　B."直线"绘制

　　C."矩形"绘制　　　　　　　　　D."三点弧"绘制

（5）（判断）一个装修构件只能套用一个清单项目。（　　）

（6）（判断）虚墙的绘制影响内墙面和楼面的工程量计算结果。（　　）

15.3.2 任务成果

将"理实一体化实训大楼"首层的装修清单汇总表填入表1-41中。

表1-41 首层装修清单汇总

序号	编码	项目名称	项目特征	单位	工程量

15.4 总结拓展

本部分主要介绍了首层装修的属性定义、模型创建及清单套取。实际上,首层装修绘制完成后,其他楼层装修(第2~8层)的绘制方法和首层相似,可使用"层间复制"功能操作。

数字化技术助力圆明园风采重现

圆明园修复工程在诸多困难之下,通过数字化技术,修复工程科研团队最终成功地让圆明园的风采展现在世人眼前,展示了我国科学发展观指引下实现的科技成果,传扬勇于探索和创新的精神,培养学生爱国主义情怀以及树立民族自信意识和创新意识。

郭黛姮,清华大学建筑系教授,师从梁思成。从2009年开始,她带领80多位研究人员开始了圆明园的数字修复工程,借助数字技术,重新"恢复"圆明园的原貌。

2009年,由清华城市规划设计研究院牵头,郭黛姮工作室与数字城市研究所合作,致力于实现数字化虚拟复原,通过三维仿真模型,真实地展现圆明园的景观,并且把建筑细节也表现出来。他们深入挖掘史料,采用文化人类学的方法,对圆明园中的场所空间进行分析,还运用比较的方法,将圆明园放入中国古代建筑与园林史的大背景中来审视。

在深入研究的基础上,他们结合1933年、1965年、2002年地形图,查找了圆明园山形、水系在全园的变化状况;利用圆明园的样式房遗图、当时的书画作品、圆明园的文献档案,对园中每栋建筑的造型特点、景区空间构成进行分析；发掘出一些特殊造型建筑的结构特点和山石、花木的配置手段。这些研究深化了对清代皇家园林造园艺术的认识，类型之丰富前所未有，规格之高超乎想象。

2010年，在文献依据、图纸依据、考古依据的三重支持下，郭黛姮工作室完成了第一期项目，构建了正大光明、九州清晏、方壶胜境、同乐园、含经堂等22个景区和55个时空单元的全景复原三维模型库，其中还首次复原了不同时期的建筑，圆明园四十景之一的上下天光建筑群。300年的演变清晰地被呈现出来，1万余件历史档案，4000幅复原设计图纸，2000座数字建筑模型，6段历史分期中的120组时空单元，终于让圆明园这座"万园之园"跨越了300多年的时光，再次展现在世人面前。

郭黛姮认为，历史信息中有很多东西不是今天的人能够做出来的，因为当时的材料、工具，今天的人可能并不认识、更不会使用。再加上古代建筑和山水的空间搭配很巧妙，现代人再去复建一些园林时，也很难达到当时的水平和意境。正是基于恩师的教导，让郭黛姮在对古建筑的保护上有了新的思考。她对文物的保护并不一味追求修复如新，而是尊重历史信息的集合和展现。

在郭黛姮教授看来，仅通过现有的文献和史料去研究历史的园林和建筑等文化遗产是一种缺憾。如果利用三维技术把这一切复原出来，那我们会发现，眼前鲜活、立体的文物古迹其实与我们的想象"大有不同"。她说："一个文物毁了之后，老百姓对它会有一个期待，这种期待是合理的，我们现在用数字化的方法告诉大家这个遗址原来是什么样的，经历了多少变迁，这也是对圆明园的另一种还原。"

项目二
建筑工程数字化计价

模块一　编制分部分项工程费

知识目标：
(1) 了解工程概况、招标范围及招标控制价的编制依据。
(2) 了解不同地区的税率。
(3) 熟悉招标控制价编制要求。
(4) 熟悉《陕西省建筑装饰工程消耗量定额》(2004)。
(5) 掌握建设项目、单项工程及单位工程的概念及其之间的联系。
(6) 掌握工程文件导入计价软件的基本操作流程。
(7) 掌握清单项整理、项目特征描述以及增加、补充清单项。
(8) 掌握计价软件中套用定额子目及换算定额子目的操作方法。

能力目标：
(1) 能够准确确定招标范围。
(2) 能够正确列出招标编制依据。
(3) 能够编写招标控制价编制说明。
(4) 能够在计价软件中建立建设项目、单项工程和单位工程。
(5) 能够依据工程所在地，修改取费设置。
(6) 能够将土建算量文件和土建装饰工程量清单表导入计价软件中。
(7) 能够根据工程量清单项目特征描述准确套用定额子目。
(8) 能够整理分部分项工程量清单、完善项目特征描述。
(9) 能够换算混凝土、砂浆强度等级。
(10) 能够批量换算系数。
(11) 能够补充或者修改材料名称。

素质目标：
(1) 培养学生发现问题、解决问题的能力。
(2) 培养学生自主探究的精神。
(3) 培养学生严谨认真、一丝不苟的工作态度。

任务 1　招标控制价编制说明

微课 2-1-1

1.1　学习任务

1.1.1　任务说明

（1）做好"理实一体化实训大楼"招标控制价编制前的准备工作；

（2）熟悉"理实一体化实训大楼"图纸，并填写任务考核中的相关内容。

1.1.2　任务指引

（1）招标控制价编制说明包括以下内容：工程概况，招标范围，招标控制价编制依据，人工单价、材料价格确定，其他项目费说明，其他有关问题说明等。

（2）工程概况主要包括：工程名称、建设地点、总建筑面积、占地面积、建筑高度、建筑物层数、室内外高差、结构类型、基础类型等。

1.2　知识链接

1.2.1　工程概况及招标范围

1. 工程概况

工程名称：理实一体化实训大楼。

工程概况：建设地点位于陕西省某市，项目为框架结构，建筑面积 11344.31m^2，占地面积 1405.5m^2，室内外高差 0.75m，建筑高度 33.1m，地上 8 层，基础类型为桩基础。本工程仅承担一般室内装修设计，精装修及特殊装修需另行委托设计。

2. 招标范围

理实一体化实训大楼建筑施工图、结构施工图全部内容，包括建筑工程、装饰装修工程。质量标准为合格。

1.2.2　招标控制价编制依据

该工程招标控制价主要依据《房屋建筑与装饰工程工程量计算规范》（GB 50854—2013）、《陕西省建筑、装饰工程消耗量定额》（2004）、《陕西省建设工程消耗量定额（2004）补充定额》、《陕西省建筑装饰市政园林绿化工程价目表》（2009）、《陕西省建设工程工程量清单计价费率》（2009）和《陕西省工程造价信息》（2023 年第 6 期），结合工程设计及相关资料，施工现场情况、工程特点及合理的施工方法，以及建设工程项目的相关标准、规范、技术资料等进行编制。

1.2.3　造价编制要求

1. 价格约定

1）综合人工单价

综合人工单价按照《关于调整房屋建筑和市政基础设施工程量清单计价综合人工单价的通知》（陕建发〔2021〕1097 号）规定，建筑工程按 136 元/工日计，装饰工程按 146 元/工日计。

2) 材料价格

(1) 根据相关文件要求,编制招标控制价时,采用的材料价格应是工程造价管理机构通过工程造价信息发布的材料单价,工程造价信息未发布材料单价的,其材料价格应通过市场调查确定。本工程材料价格采用《陕西省工程造价信息》2023年第6期工程造价信息价。

(2) 本工程由市场调查获取的材料价格,见表2-1。

表 2-1 市场调查的材料价格

序号	材料名称	单位	单价/元
1	商品混凝土强度等级:C15;水泥强度等级:32.5	m³	585
2	商品混凝土强度等级:C20;水泥强度等级:32.5	m³	595
3	商品混凝土强度等级:C25;水泥强度等级:32.5	m³	605
4	商品混凝土强度等级:C30;水泥强度等级:32.5	m³	615
5	商品混凝土强度等级:C35;水泥强度等级:32.5	m³	625
6	商品混凝土强度等级:C30;水泥强度等级:32.5	m³	645
7	商品混凝土强度等级:C35;水泥强度等级:32.5	m³	655
8	干混预拌砂浆 M5	m³	630
9	干混预拌砂浆 M7.5	m³	640
10	干混预拌砂浆 M10	m³	645
11	干混预拌砂浆 M15	m³	655

(3) 本工程甲供材料见表2-2。

表 2-2 甲供材料

序号	名称	规格型号	单位	单价/元
1	木质防火门成品	甲级	m²	600
2	木质防火门成品	乙级	m²	600
3	钢制防盗门		m²	900
4	防滑地砖	10mm 厚	m²	40

(4) 本工程材料暂估价见表2-3。

表 2-3 材料暂估单价

序号	名称	规格型号	单位	单价/元
1	内墙面砖	200mm×300mm	m²	45
2	高级地面砖	10mm 厚	m²	40
3	加气混凝土砌块		m³	350
4	低碳盘条钢筋	φ6.5~12mm	m³	600
5	螺纹钢筋	Ⅱ 级	t	4780
6	螺纹钢筋	Ⅲ 级	t	4800
7	螺纹钢筋	Ⅳ 级	t	4990

3) 根据《关于调整我省建设工程计价依据的通知》(陕建发〔2019〕45号)中的规定,增值税税率为9%,附加税(含城市维护建设税、教育费附加、地方教育附加)为0.48%。

4) 安全文明施工费、规费按足额计取,其中安全文明施工费按照《陕西省住房和城乡建设厅关于发布我省落实建筑工人实名制管理计价依据的通知》(陕建发〔2019〕1246号)文执行。

5) 风险费用暂不考虑。

6) 其他项目费说明。

(1) 在编制招标控制价时,为应对施工过程中可能出现的各种不确定因素对工程造价的影响进行估算,列出一笔暂列金额,费用为20万元。

(2) 本项目的保温隔热工程分包给专业公司承接,分包费用为10万元,总承包服务费按分包专业工程总价的1.6%计取。

(3) 幕墙工程(含预埋件)专业工程暂估价为8万元。

(4) 本工程计日工有人工、材料和机械,计日工表见表2-4。

表 2-4 计日工表

序号	名 称		单 位	数 量	单 价
1	人工	钢筋工	工日	10	220
		混凝土工	工日	6	200
2	材料	砂子	m³	5	75
		水泥	m³	5	480
3	施工机械	载重汽车 10t	台班	1	700

2. 其他相关问题说明

(1) 本工程采用机械开挖方式,挖土外运距离1km。原始地貌暂按室外地坪考虑,开挖设计底标高按垫层底标高,土方大开挖工作面宽按300mm计算,放坡坡度按0.33计算。

(2) 根据安全文明施工及环境保护要求,本工程所有砂浆采用预拌砂浆,混凝土均采用商品混凝土,石灰均采用袋装熟石灰。

(3) 外墙面装饰综合单价包干180元/m²。

(4) 本工程大型机械设备进出场费按塔式起重机2台、挖掘机配自卸汽车3台计算。

1.3 任务考核

1. (填空)招标控制价由_____、_____、其他项目费、_____和_____组成。

2. (填空)安全文明施工费由安全施工费、_____、_____和_____组成。

3. (填空)招标控制价由_____单位编制,投标报价由_____单位编制。

4. (判断)招标控制价无须对投标人公开。 ( )

5. (判断)招标控制价也是最高限价,超过招标控制价的投标文件都应按废标处理。
( )

6. (判断)招标人无能力编制招标控制价时,可委托具有相应资质的工程造价咨询机构编制完成。 ( )

1.4 总结拓展

招标控制价是指招标人根据国家或省级行业建设主管部门颁发的有关计价依据和办法,以及拟定的招标文件和招标工程量清单,结合工程具体情况编制的招标工程的最高投标限价。

招标控制价无须保密,招标人应在招标文件中如实公布招标控制价,不得对所编制的招标控制价进行上浮或下调。招标人在招标文件中公布招标控制价时,应公布招标控制价各组成部分的详细内容,不得只公布招标控制价总价。同时招标人应将招标控制价报工程所在地的工程造价管理机构备查。招标控制价是招标人对招标工程限定的最高投标限价。

任务2　新建招标项目

2.1　学习任务

2.1.1　任务说明

(1)结合"理实一体化实训大楼"工程,依据招标文件的要求,利用广联达云计价平台GCCP6.0建立招标项目;

(2)将"理实一体化实训大楼"GTJ算量文件或者工程量清单报表导入计价软件;

(3)整理分部分项工程量清单,补充清单项,描述项目特征,并填写任务考核中理论考核与任务成果相关内容。

2.1.2　任务指引

(1)本招标项目标段为理实一体化实训大楼,属于单项工程。单项工程由多个单位工程组成,例如土建、电气照明、给水排水工程等。本工程由两个单位工程组成,分别是建筑工程和装饰装修工程。这就决定了要建立三级招标项目结构,分别是建设项目、单项工程和单位工程。

(2)广联达云计价平台GCCP6.0涵盖了概算、预算、结算、审核四个业务模块,新建招标项目属于工程预算业务模块。

(3)完成新建招标项目基本步骤分为新建项目、新建单位工程、取费设置和算量工程文件导入。

(4)整理分部分项工程量清单,并添加钢筋工程清单,以及相应的钢筋工程量。

(5)完善并检查导入工程的项目特征描述。

2.2　知识链接

2.2.1　新建招标项目

1. 新建项目

双击桌面"广联达云计价平台GCCP6.0"图标进入软件登录平台,登录或单击离线使用软件后,进入广联达云计价平台GCCP6.0。新建项目的操作方法如图2-1所示。

操作步骤:

① 单击界面上的"新建预算"。

② 地区选择"陕西"。

③ 单击选择"招标项目"。

微课 2-2-1

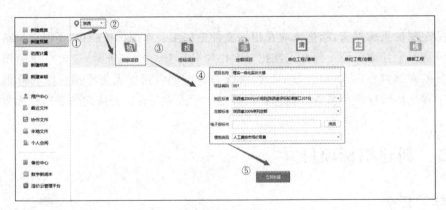

图 2-1　新建项目

④ 根据工程信息及要求输入各项工程信息。

工程名称：理实一体化实训大楼；

地区标准：陕西省 2009 计价规则[陕西省评标准接口 2016]；

定额标准：陕西省 2009 序列定额。

⑤ 单击"立即新建"，完成项目的新建，进入"新建项目"工程界面。

2. 新建单位工程

本工程有建筑工程和装饰装修工程两个单位工程。新建单位工程有两种操作方法，第一种操作方法如图 2-2 所示。

图 2-2　新建单位工程

操作步骤：

① 单击"单位工程"，显示各专业工程的名称；

② 单击"建筑工程"，进入预算造价编制界面，如图 2-3 所示。

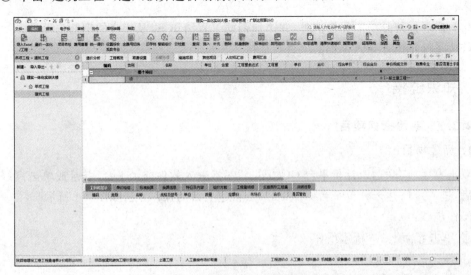

图 2-3　预算造价编制界面

新建单位工程的第二种操作方法如图 2-4 所示。

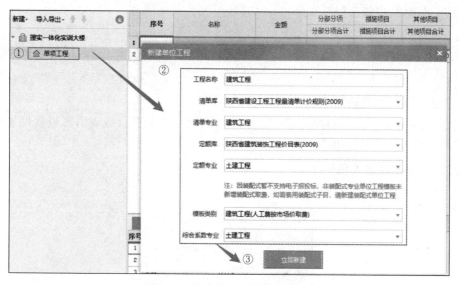

图 2-4　新建单位工程操作界面

操作步骤：

① 右击，单击"单项工程"，弹出"新建单位工程"的界面；

② 在新建单位工程界面中输入如下相关信息。

工程名称：建筑工程；

清单库：陕西省建设工程工程量清单计价规则（2009），此项在新建项目时已输入，软件会默认新建项目时的清单库，在此无法修改；

清单专业：建筑工程；

定额库：陕西省建筑装饰工程价目表（2009）；

定额专业：土建工程；

综合系数专业：土建工程。

③ 单击"立即新建"，完成招标项目的新建。

3. 取费设置

云计价平台 GCCP6.0 要求在项目三级结构建立之后进行所有费率的设置。单击"取费设置"页签，在界面中按照工程所在地区与造价编制的要求，直接输入或者选择工程所在地、管理费费率、利润率和各种措施费费率。操作方法如图 2-5 所示。

图 2-5　取费设置

操作步骤：

① 单击选中"建筑工程"；

② 单击"取费设置"页签；

③ 选择纳税地点为"市区"，右侧显示本工程的相关费用计取值，包括管理费、利润、措施费等。

2.2.2 导入工程量清单

完成"取费设置"之后，可将计量软件中的 GTJ 算量工程文件或者由算量软件导出的工程量清单表导入计价软件中。

1. 导入 GTJ 算量工程文件

导入 GTJ 算量工程文件的操作方法，如图 2-6 所示。

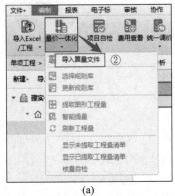

(a)

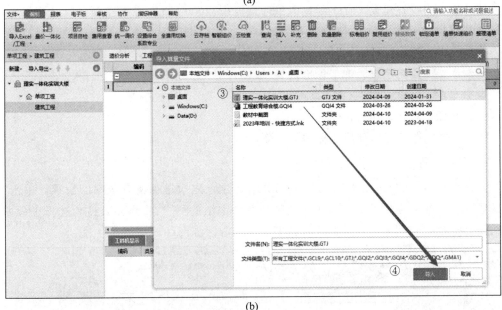

(b)

图 2-6　导入 GTJ 算量工程文件

操作步骤：

① 切换到分部分项页签，单击"量价一体化"，打开下拉菜单；

② 选择"导入算量文件",软件会弹出"导入算量文件"对话框;

③ 在对话框中,找到"理实一体化实训大楼-清单汇总…"的 GTJ 算量文件;

④ 单击"导入",弹出"选择导入算量区域"对话框,如图 2-7 所示。

选择算量工程结构"理实一体化实训大楼",选择导入结构为"全部",单击"确定",弹出"算量工程文件导入"对话框,如图 2-8 所示。检查列是否对应,核定无误后单击"导入"按钮,即可完成算量工程文件的导入。

图 2-7 选择导入算量区域

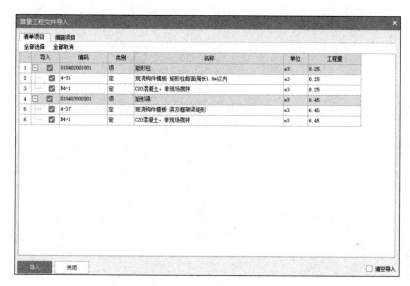

图 2-8 算量工程文件导入

2. 导入工程量清单报表

导入工程量清单报表的操作方法,如图 2-9 所示。

操作步骤:

① 切换到分部分项页签,单击"导入 Excel/工程",打开下拉菜单;

② 选择"导入 Excel 文件",软件会弹出"导入 Excel 文件"对话框;

③ 在对话框中,找到"理实一体化实训大楼-清单汇总…"的土建装饰工程量清单表;

④ 单击对话框右下角的"导入",弹出"导入 Excel 招标文件"对话框,如图 2-10 所示。

成功导入后,软件会弹出"导入成功"的对话框,如图 2-11 所示,单击"结束导入",即可完成工程量清单表的导入。

2.2.3 整理清单

GTJ 算量工程文件导入计价软件后,在分部分项工程界面可对工程量清单进行整理。操作方法如图 2-12 所示。

(a) (b)

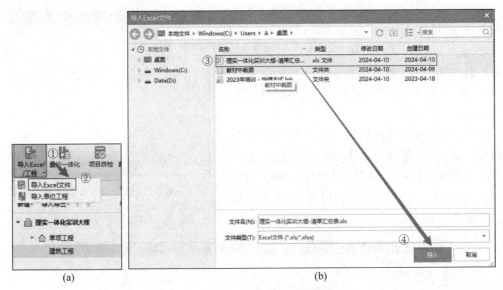

图 2-9 导入工程量清单报表

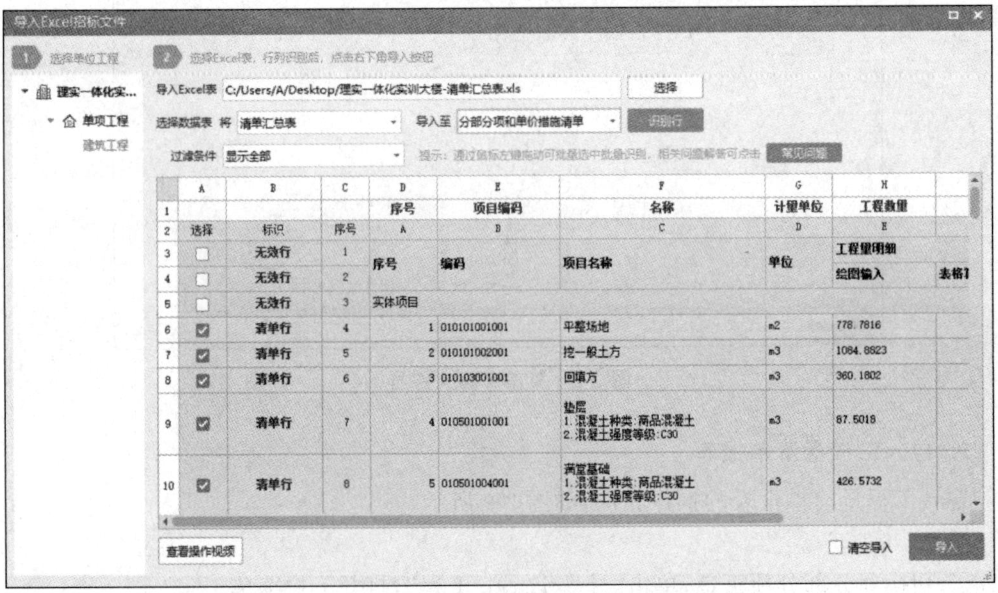

图 2-10 导入 Excel 招标文件

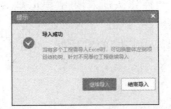

图 2-11 工程量清单表导入成功提示

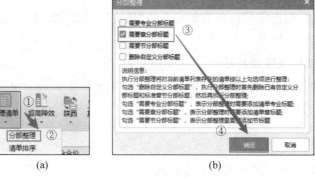

图 2-12 整理清单

操作步骤：

① 在分部分项工程量清单界面，单击工具栏的"整理清单"，打开下拉菜单；

② 选择"分部整理"，弹出如图 2-12(b)所示的"分部整理"对话框；

③ 选择"需要章分部标题"；

④ 单击"确定"，即可完成清单整理。

2.2.4 项目特征描述

项目特征是确定综合单价的前提，描述的准确与否直接关系到招标控制价或综合单价的准确性，因此项目特征是编制招标控制价的基础。项目特征描述有三种方法。

1. 项目特征内容选项

GTJ算量中已包含项目特征描述的，可以在"特征及内容"界面下选择"应用规则到全部清单"即可，操作方法如图 2-13 所示。

图 2-13 应用规则到全部清单

2. "特征及内容"中添加

原 GTJ 文件中没有添加项目特征的，可在计价软件中直接添加，以完善项目特征以"矩形梁"清单项目为例，其操作方法如图 2-14 所示。

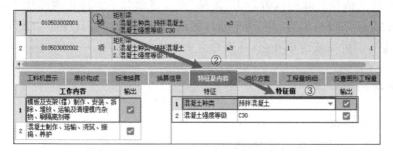

图 2-14 完善项目特征

操作步骤：

① 单击选择清单项"010503002001 矩形梁"；

② 单击"特征及内容"界面；
③ 描述特征值，勾选特征内容右侧对应的"输出"一列的空白框，选择需要输出的工作内容。

3. 直接添加或修改项目特征

直接单击清单项中的"项目特征"对话框，进行修改或添加。以"矩形柱"清单项目为例说明，其编辑项目特征操作方法如图 2-15 所示。

操作步骤：
① 单击选择"010502001001 矩形柱"清单项；
② 单击清单项中项目特征对话框右侧的"⋯"；
③ 在弹出的对话框中输入项目特征；
④ 单击"确定"，即可完成项目特征的添加。

2.2.5 补充清单项

对于清单中没有编制的项目，需要自行补充清单，并将项目特征描述完整。该工程需要补充的清单项主要是钢筋清单项目，操作方法如图 2-16 所示。

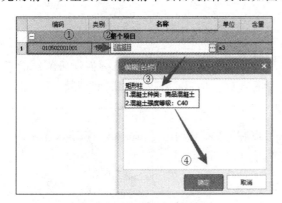

图 2-15 编辑项目特征

图 2-16 补充清单

操作步骤：
① 选中一行清单。单击工具栏的"插入"按钮；
② 选择"插入清单"，此处也可右击，选择"插入清单"，下方即出现新插入的清单行，选择"清单"，根据实际情况，填写补充清单项目编码、名称、单位、项目特征、工作内容及计算规则，单击"确定"，即可完成清单补充，补充的清单默认自动存档。

2.3 任务考核

2.3.1 理论考核

1. （填空）建设项目工程招标项目结构分为三级，分别是建设项目、_____ 和 _____。
2. （填空）一般土建工程的管理费费率是 _____，利润率是 _____。
3. （填空）如果某新建工程位于西安市鄠邑区，则纳税地点应该修改为 _____。
4. （填空）建设项目划分为五个层次，分别是建设项目、单项工程、_____、_____ 和分项工程。

5. (判断)GTJ土建算量GTJ工程文件没有汇总,也可以通过导入GTJ算量文件将工程导入计价工程。 (　　)

6. (判断)只有当GTJ土建算量文件中选择的清单、定额计算规则与计价工程文件中的规则相同时,才可以导入。 (　　)

2.3.2 任务成果

1. 将"理实一体化实训大楼"中各专业工程的费率填入表2-5中。

表2-5 费率表

取费专业	管理费/%	利润/%	措施费/%		
			冬雨季、夜间施工措施费	二次搬运费	检验试验及放线定位费
一般土建工程					
人工土石方工程					
机械土石方工程					
桩基工程					

2. 将"理实一体化实训大楼"中分部分项工程量清单填入表2-6中。

表2-6 分部分项工程清单表

序号	项目编码	项目名称	项目特征	计量单位	工程量
1					
2					
3					
4					
5					
6					
7					
8					
9					
10					

2.4 总结拓展

本节主要介绍了运用计价软件创建招标项目结构,软件操作分为新建招标项目、新建项目、新建单位工程三大步骤。在完成新建单位工程的设置后,必须严格按照工程所在地进行费率设置,这将影响到后续所有的计算结果。

在广联达云计价平台中提供了导入算量文件、导入Excel文件两种方式导入工程量清单,正确使用导入算量文件功能的前提必须满足两个条件:①GTJ算量工程必须汇总计算;②GTJ算量工程中清单定额规则必须与计价软件保持一致。

在完成清单导入后,要对清单整体检查,其主要目的如下。

1. 对分部分项的清单与定额的套用做法进行检查,核查是否有误。

2. 查看整个的分部分项中是否有空格,如有,则要删除。
3. 按清单项目特征描述校核套用定额的一致性,并进行修改。
4. 查看清单工程量与定额工程量的数据差别是否正确。

任务3　套用定额子目

3.1　学习任务

3.1.1　任务说明

(1) 根据"理实一体化实训大楼"招标文件要求,依据《陕西省建筑、装饰工程消耗量定额》(2004)及《陕西省建设工程消耗量定额(2004)补充定额》套用定额子目,并完成相应换算。

(2) 编制分部分项工程费,并填写任务考核中理论考核与任务成果相关内容。

3.1.2　任务指引

(1) 定额子目套用是计算综合单价的主要步骤,要严格依据分部分项工程量清单项目特征描述及施工图纸内容,结合当地定额,套用定额子目。

(2) 在广联达云计价平台GCCP6.0中提供了查询定额、插入子目、预拌砂浆换算、强制修改综合单价等功能,并内嵌了不同地区的定额,针对不同的清单项目及招标文件要求,要合理选用相应的操作指令。

3.2　知识链接

根据工程量清单项目特征描述以及施工图纸说明,查询《陕西省建筑、装饰工程消耗量定额》(2004),套用定额子目。当工程项目的设计要求、材料规格及做法、技术特征与定额项目的工作内容、统一规定相一致时,可直接套用定额;不一致且无相同的定额子目时,应先套用相近定额子目,再进行换算。

3.2.1　定额子目套用

以房间回填土为例,介绍套用定额子目的操作方法,如图2-17所示。

操作步骤:

微课2-3-1

① 选择"010103001002 房心回填素土"清单行;

② 单击"查询"页签下的下拉箭头;

③ 单击"查询定额",软件弹出"查询"窗口;

④ 单击下拉箭头,选择招标文件中要求的定额,此项目选择"陕西省建筑工程消耗量定额(2004)";

⑤ 单击定额子目所在章节的下拉箭头,以便于查看定额子目。房心回填土属于土石方工程,单击"第一章　土石方工程";

⑥ 双击"1-26"定额子目,完成定额子目的套用。也可单击查询窗口右上角的"插入",完成定额子目的套用。

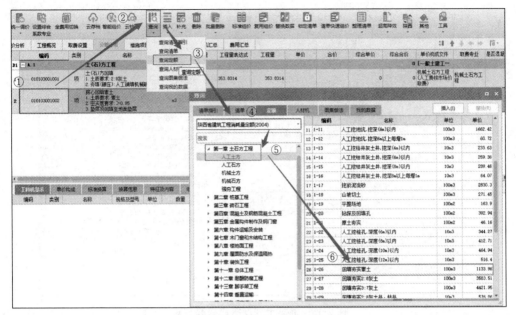

图 2-17 套用定额子目

因为房心回填土工程量清单的项目特征与定额的工作内容一致,无须换算。其他工程量清单也采用此方法套用定额子目,但要注意部分清单,如楼地面、墙面等,一个清单要套用多个定额子目。

3.2.2 定额子目换算

如果施工实际使用材料与定额材料不一致,则要进行定额子目换算。在进行材料换算之前,必须先套用相近定额子目,定额子目换算主要包括以下四个方面。

① 混凝土、砂浆强度等级换算;

② 调整工料机系数;

③ 材料种类、厚度换算;

④ 修改材料名称。

1) 混凝土、砂浆强度等级换算

混凝土、砂浆是建筑工程中最常用的材料之一,《陕西省建筑、装饰工程消耗量定额》(2004)不同的工程、不同的构件都会使用到不同类型、不同强度的混凝土。但是在《陕西省建筑、装饰工程消耗量定额》(2004)中只列出了 4 种现浇混凝土的定额子目,分别是"4-1 C20 砾石混凝土(普通)""4-2 C20 毛石混凝土""4-3 C30 砾石预应力混凝土先张法"和"4-4 C30 砾石预应力混凝土后张法";在《陕西省建设工程消耗量定额(2004)补充定额》中只列出了一个商品混凝土的定额子目"B 4-1 C20 混凝土,非现场搅拌",当工程中使用的混凝土强度等级不是 C20 时就要进行混凝土强度等级的换算。

本项目全部采用商品混凝土,其中基础层至第 4 层柱采用 C40 商品混凝土,第 5 层至屋面柱采用 C30 商品混凝土,只能先套用相近定额子目"B 4-1 C20 混凝土,非现场搅拌",然后进行换算。以"C30 矩形柱"为例介绍混凝土强度等级的换算,其操作方法如图 2-18 所示。

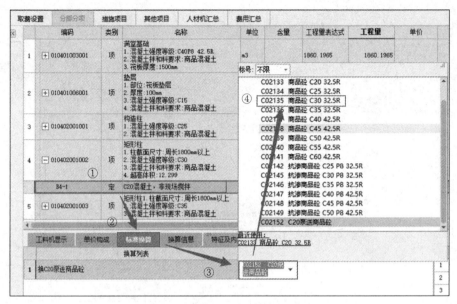

图 2-18 混凝土强度等级换算定额

操作步骤：

① 选中矩形柱下方的定额了目"B4-1 C20 混凝土,非现场搅拌"所在行;

② 单击"标准换算",会显示可换算的材料;

③ 单击换算内容处的"C02152 C20 泵送商品砼",会显示不同等级、种类的商品混凝土;

④ 单击"C02135 商品砼 C30 32.5R",即可完成混凝土强度的换算,如图 2-19 所示。

图 2-19 矩形柱混凝土强度等级换算

砂浆强度等级换算操作方法与此相同,不再赘述。

2) 调整工料机系数

(1) 直接换算

以挖桩间土为例,介绍调整工料机系数的操作方法。《陕西省建筑、装饰工程消耗量定额》(2004)中说明"挖桩间土方时,按实挖体积(扣除桩体积占用的体积)人工乘以系数1.5",其中人工系数的操作方法如图 2-20 所示。

操作步骤：

① 选择"挖桩间土"清单行;

② 单击"查询"页签下的下拉箭头;

③ 单击"查询定额",软件弹出"查询"窗口;

④ 双击"1-1"定额子目,完成定额子目的套用;

⑤ 在软件 GCCP6.0 中 R 表示人工,C 表示材料,J 表示机械。双击"1-1"编码框,在框中输入"R * 1.5",如图 2-20(b)所示,即可完成人工系数的换算。

项目二　建筑工程数字化计价

图 2-20　调整工料机系数

(2) 批量换算

若清单中的材料进行换算的系数相同时,可选中所有换算内容相同的清单项,进行批量换算,操作方法如图 2-21 所示。

操作步骤:

① 单击常用功能中"其他"下拉箭头;

② 单击功能包中的"其他"下拉箭头;

③ 单击"批量换算",弹出"批量换算"窗口,如图 2-21(b)所示;

④ 选择需要换算的人工、材料系数,在下方"设置工料机系数"处输入相应系数;

⑤ 单击"确定"。

3) 材料种类、厚度换算

当清单项目特征中描述的材料种类与定额不一致时,要进行材料种类换算;当项目特征中的材料厚度与定额不一致时,要进行材料厚度换算,材料种类及厚度换算一般出现在装饰装修工程中。

以大理石地面清单项目为例,项目特征中采用的是 30mm 厚、1∶3 干硬性水泥砂浆结合层(内掺建筑胶),10-19 定额子目中是 20mm 厚、1∶3 干硬性水泥砂浆结合层(内掺建筑胶),需要将 20mm 厚换算成 30mm 厚,材料种类及厚度换算操作方法如图 2-22 所示。

(a)

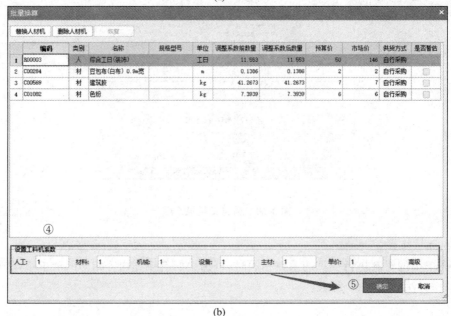

(b)

图 2-21　批量换算

操作步骤：

① 单击需要进行换算的定额子目，此处是"10-19"；

② 在"工料机显示"界面下单击需要换算的材料，出现"⋯"；

③ 单击"⋯"，弹出"查询"窗口，单击第 38 行"C01679　30mm 厚水泥砂浆（掺建筑胶）1∶3"；

④ 单击"替换（R）"，即可完成换算，换算后的定额子目后会显示"换"字。

如果在查询窗口中找不到相同的材料，可直接在"工料机显示"界面下的"名称"列，将材料名称修改为实际工程材料，同时将市场价修改为实际工程材料的价格。

其他材料厚度及种类换算方法与此相似，不再赘述。

4）修改材料名称

若项目特征中要求的材料与子目相对应人材机材料不符时，需要对材料名称进行修改。以混凝土为例，其操作方法如图 2-23 所示。

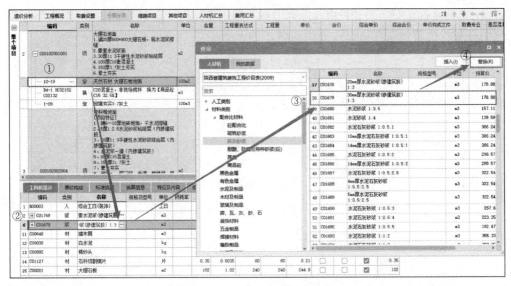

图 2-22 材料种类及厚度换算

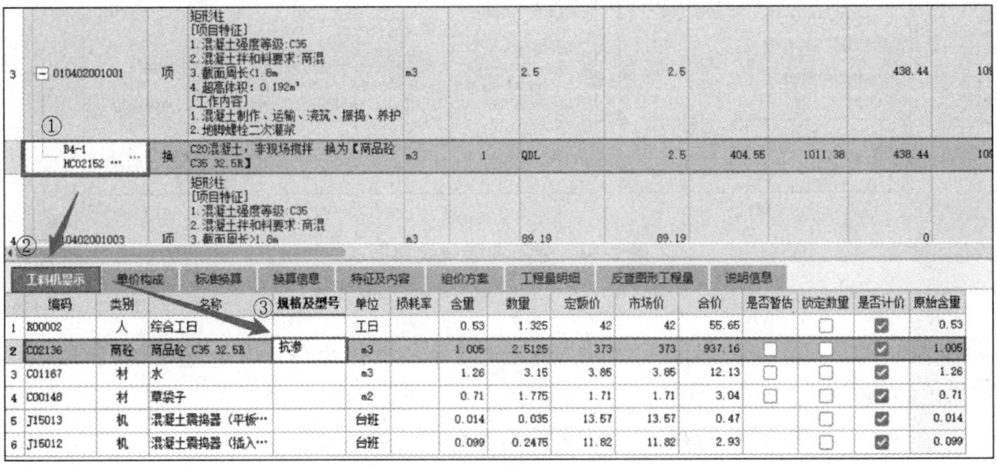

图 2-23 修改材料名称

操作步骤：

① 选择需要修改的定额子目,此处是"B4-1HC02152…";

② 单击"工料机显示"界面下的"规格及型号";

③ 在空白栏中输入混凝土的具体类别,如抗渗等。

3.2.3 其他换算

本工程招标文件要求所有砂浆及混凝土均采用预拌砂浆(干拌)及商品混凝土,石灰均采用袋装熟石灰,所以还要进行以下换算。

1. 生石灰转袋装熟石灰

根据《陕西省建筑、装饰工程消耗量定额》(2004)规定：工程使用袋装熟石灰时,在执行消耗量定额时,需要对相应定额子目按下列规定调整。

(1) 袋装熟石灰用量按定额生石灰消耗量乘以 1.3 系数。

(2) 每吨定额生石灰消耗量应扣除以下材料和用工：人工,0.478工日/t；水,0.043m³/t。生石灰转袋装熟石灰的操作方法如图2-24所示。

图2-24 生石灰转袋装熟石灰

操作步骤：

① 在"分部分项工程"界面下,右击,显示2-24(a)操作命令；单击"生石灰转袋装熟石灰",弹出"石灰换算"窗口,如图2-24(b)所示；

② 在弹窗中,单击"执行换算",即可完成生石灰转袋装熟石灰。

2. 预拌砂浆换算

《陕西省房屋建筑装饰工程价目表》(2009)中的砂浆单价是按现场搅拌砂浆考虑的,若施工现场使用预拌砂浆时,应对消耗量及砂浆单价进行调整。

预拌砂浆分为预拌湿拌砂浆和预拌干混砂浆。其中使用预拌干混砂浆时,在执行消耗量定额及价目表时做以下调整。

(1) 将定额中现场搅拌砂浆改为预拌干混砂浆。

(2) 砌筑定额子目内每立方米砂浆扣除人工0.49工日；抹灰定额子目内每立方米砂浆扣除人工0.85工日。

(3) 扣除相应定额子目内"灰浆搅拌机200L"的台班含量。

(4) 每立方米预拌干混砂浆增加其他材料费(水、电)3.92元,砂浆筒仓租赁、转移运输费用放入预拌干混砂浆材料单价里。

(5) 预拌干混砂浆单价按工程造价机构发布的工程造价信息。

预拌砂浆换算的操作方法如图2-25所示。

项目二 建筑工程数字化计价

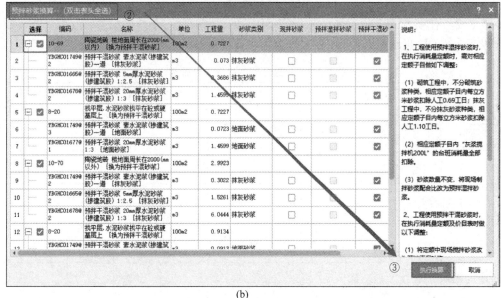

图 2-25 预拌砂浆换算

操作步骤：

① 在"分部分项工程"界面下，单击"预拌砂浆换算"页签，弹出"预拌砂浆换算"窗口；

② 在弹窗中单击需要换算的定额子目或者双击表头全选所有定额子目；

③ 单击"执行换算"，即可完成预拌砂浆换算。

本工程在套取定额子目时，选择的是商品混凝土，此处不再把现浇混凝土换算为商品混凝土。

3.3 任务考核

3.3.1 理论考核

1．（填空）综合单价由人工费、_____、_____、管理费、_____，还有一定范围的风险组成。

2．（填空）常见的定额换算有_____、_____、_____和修改材料名称四种。

3．（判断）如果定额子目的内容与清单项目特征要求不一致，可套相近定额子目，无须换算。（　　）

4．（判断）根据《陕西省建筑、装饰工程消耗量定额》(2004)规定，机械土方子目是按土壤天然含水率制定，若土壤含水率大于 25% 时，子目人工、机械乘以系数 1.15，其他不变。（　　）

5．（简答）在分部分项工程中如何换算混凝土、砂浆？

6.（简答）清单描述与定额子目名称不相同,应如何修改?

3.3.2 任务成果

将"理实一体化实训大楼"各分部分项工程清单计价内容填入表2-7中。

表2-7 分部分项工程清单计价表

序号	项目编码	项目名称	项目特征	计量单位	工程数量	定额子目	综合单价	合价
	A.1	土石方工程						
1								
2								
3								
	A.2	地基基础处理工程						
4								
5								
	A.3	砌筑工程						
6								
7								
8								
	A.4	混凝土及钢筋混凝土工程						
9								
10								
11								
12								
13								
	A.5	屋面及防水工程						
14								
15								
16								
	A.6	装饰装修工程						
13								
14								

3.4 总结拓展

1. 锁定清单

在所有清单项补充完整之后,可运用"锁定清单"对所有清单项进行锁定,锁定之后的清单项将不能再进行添加和删除等操作。若要进行修改,需先对清单项进行解锁。锁定清单与解锁的操作界面如图2-26所示。

项目二　建筑工程数字化计价

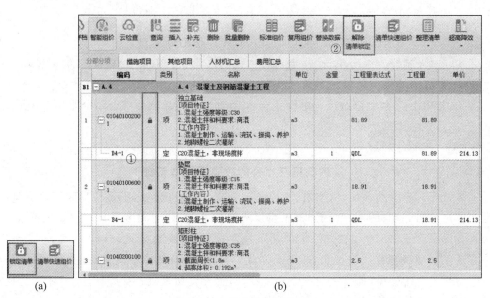

图 2-26　锁定清单与解锁

操作步骤：

① 单击"锁定清单"页签，清单后面就会出现 🔒 的标志，如图 2-26(b)所示；

② 单击"解除清单锁定"页签，清单后面的 🔒 标志就会消失，此时可对清单项进行操作。

2. 强制修改综合单价

本工程招标文件规定外墙面装饰综合单价包干 180 元/m²，此处要使用强制修改综合单价功能，其操作方法如图 2-27 所示。

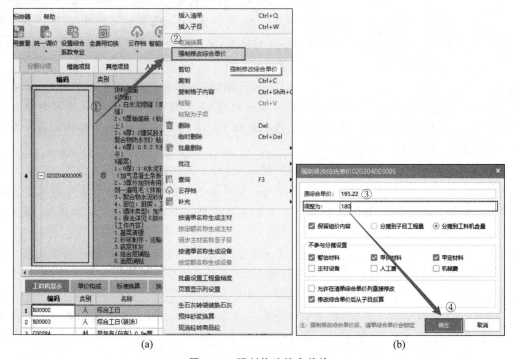

图 2-27　强制修改综合单价

操作步骤：
① 选中外墙面装饰清单项所在行，右击，弹出操作命令窗口；
② 单击"强制修改综合单价"命令，弹出"强制修改综合单价020204003005"窗口；
③ 在弹窗中输入调整后的单价"180"；
④ 单击"确定"，强制修改综合单价完成，外墙面装饰清单项目综合单价即为180元/m²。

学习新视界12

从扁鹊见蔡桓公的故事看成本管理

引言故事：扁鹊见蔡桓公，立有间，扁鹊曰："君有疾在腠理，不治将恐深。"桓侯曰："寡人无疾。"扁鹊出，桓侯曰："医之好治不病以为功！"居十日，扁鹊复见，曰："君之病在肌肤，不治将益深。"桓侯不应。扁鹊出，桓侯又不悦。居十日，扁鹊复见，曰："君之病在肠胃，不治将益深。"桓侯又不应。扁鹊出，桓侯又不悦。居十日，扁鹊望桓侯而还走。桓侯故使人问之，扁鹊曰："疾在腠理，汤熨之所及也；在肌肤，针石之所及也；在肠胃，火齐之所及也；在骨髓，司命之所属，无奈何也。今在骨髓，臣是以无请也。"居五日，桓侯体痛，使人索扁鹊，已逃秦矣。桓侯遂死。

作为一个从事成本管理的工程造价人员，我们从故事中得到的启发总结为五个字：防患于未然。进而联想到我们的本职工作：成本管理。

近些年，成本管理从业主投资阶段就已经开始精细化管理了，业主方自身的成本预判意识，不再是传统的发生了再去定方案解决，恰恰是从策划，分析对比后再予以定夺，再加上国家对全过程咨询管理的引导，第三方咨询公司的介入，成本管理更是微观可控了。先策后控，策划更优方案，策划采取措施，过程如何更好地二次经营，过程变更的预判，结算资料过程收集，只有这样项目成本才能控制住，公司才能收获更好的效益，即降本增效。

事前成本策划，一些老生常谈的争议，比如土方运距、钢筋定尺、设备主材价等，每一个项目都是在这些方面争议不断，事前未做成本策划，没有给相关人员交底，在对账时候就会产生分歧。从扁鹊见蔡桓公的故事，我们意识到防患于未然的重要性，最好在事前就对可能出现争议的地方进行成本控制。

事中成本控制，有了目标成本测算及合理规划，那么签约过程中的合同谈判方能做到有的放矢，某一合同，规划多少金额，实际签约多少，预估变更多少金额，整个项目的规划余量是多少，变更、签证、索赔、认价每一个阶段都能在策划的引导下得到事中成本控制，以免事后成本失控。

事后成本控制，这种控制方法是最为被动的。洪水来了才着手修堤坝，能来得及吗？每个项目工期是很紧张的，比如签证，工程已经完工20天了，签证手续还在走流程，签证价格能理想吗？所以事后成本控制是被动的，不可取的。

作为一名工程造价人员，我们必须有防患于未然的意识，让成本走在施工前面。兵马未动，粮草先行，工程未动，造价先行。成本管理，亦当如此。

模块二 编制措施项目费、其他项目费

知识目标:
(1) 熟悉措施项目费、其他项目费的组成。
(2) 掌握通用措施项目费与专业措施项目费的计算方法。
(3) 掌握措施项目费、其他项目费在计价软件中的编制方法。

能力目标:
(1) 能够利用计价软件编制安全文明施工措施费。
(2) 能够利用计价软件编制脚手架、模板、大型机械设备进出场等技术措施项目费。
(3) 能够利用计价软件编制其他项目费。
(4) 能够利用计价软件编制暂列金额、专业工程暂估价、计日工等费用。

素质目标:
(1) 培养学生细心严谨的工作作风和精益求精的工作态度。
(2) 培养学生团结合作的职业精神。

任务4 编制措施项目费

4.1 学习任务

4.1.1 任务说明

根据"理实一体化实训大楼"招标文件所述,在计价软件中编制以下措施项目。
(1) 根据《陕西省建筑、装饰工程消耗量定额》(2004)及《陕西省建设工程消耗量定额》(2004)补充定额》、《陕西省建设工程工程量清单计价费率》(2009)、陕建发〔2019〕1246号文件计取安全文明施工费、冬雨季施工增加费、夜间施工措施费等通用措施项目费用;
(2) 提取混凝土及钢筋混凝土模板及支架子目,完成模板费用的编制;
(3) 编制大型机械设备进出场及安拆费,建筑工程垂直运输机械、超高降效费等。

4.1.2 任务指引

1. 分析任务

(1) 理实一体化实训大楼层数为8层,框架结构,采用的是塔式起重机施工。根据工程特点及施工方案可知,本工程发生的措施项目费主要如下。

① 安全文明施工费;
② 冬雨季、夜间施工措施费;
③ 二次搬运费;
④ 测量放线、定位复测、检测试验费;
⑤ 大型机械设备进出场及安拆费;
⑥ 施工排水降水费;
⑦ 混凝土、钢筋混凝土模板及支架费;
⑧ 脚手架费;
⑨ 建筑工程垂直运输机械、超高降效费。

其中①~⑥属于通用措施项目,⑦~⑨属于专业措施项目。

(2) 本工程发生的9项措施项目,其中大型机械设备进出场及安拆费,混凝土、钢筋混凝土模板及支架费,脚手架费,建筑工程垂直运输机械、超高降效费,施工排水降水费5项可以计算出工程量,以综合单价乘以工程量的方式来计算费用,属于单价措施项目费;安全文明施工费,冬雨季、夜间施工措施费,二次搬运费,测量放线、定位复测、检测试验费4项以总价(即计算基数乘以费率)计算费用,属于总价措施项目。

(3) 本工程的建筑工程与装饰工程由同一个施工单位施工,所以建筑工程的脚手架费和垂直运输、超高降效两项措施项目费中已包含装饰阶段的费用,不再单独计取。

(4) 本工程层高为4m,根据《陕西省建筑、装饰工程消耗量定额》(2004)可知,层高超高3.6m时,在计取混凝土模板子目时,应考虑超高支模消耗量。

2. 措施项目清单

根据清单计价规范及《陕西省建筑、装饰工程消耗量定额》(2004),本工程单价措施项目清单及对应的定额见表2-8。

表2-8 单价措施项目清单及对应定额

序号	单价措施项目清单		对应定额	
	清单编码	项目名称	定额编号	定额名称
1	011701002	外脚手架	13-4	外脚手架钢管架,50m以内
2	011701003	里脚手架	13-8	里脚手架,里钢管架,基本层3.6m
3	011702002	基础	4-25	现浇构件模板 桩承台独立式
			4-29	现浇构件模板混凝土基础垫层
4	011702002	矩形柱	4-32	现浇构件模板矩形柱断面周长1.8m以外
			4-69	现浇构件模板层高超过3.6m每增加1m墙、柱
5	011702003	构造柱	4-35	现浇构件模板构造柱
			4-69	现浇构件模板层高超过3.6m每增加1m墙、柱
6	011702006	矩形梁	4-37	现浇构件模板梁及框架梁矩形
			4-68	现浇构件模板层高超过3.6m每增加1m梁、板

续表

序号	单价措施项目清单		对应定额	
	清单编码	项目名称	定额编号	定额名称
7	011702009	过梁	4-42	现浇构件模板弧形圈过梁
8	011702014	有梁板	4-48	现浇构件模板有梁板厚10cm以内
			4-49	现浇构件模板有梁板厚10cm以外
			4-68	现浇构件模板层高超过3.6m每增加1m梁、板
9	011702016	平板	4-51	现浇构件模板平板厚10cm以内
			4-52	现浇构件模板平板厚10cm以外
			4-68	现浇构件模板层高超过3.6m每增加1m梁、板
10	011702024	楼梯	4-56	现浇构件模板整体普通楼梯
11	011702027	台阶	4-65	现浇构件模板台阶
12	011703001	垂直运输	14-53	建筑物垂直运输20m(6层)以上塔式起重机施工；现浇框架(框剪)，教学及办公用房，檐高40m(11～13)以内
13	011704001	超高施工增加	15-2	檐高(层数)以内,40m,(11～13层)
14	011705001	大型机械设备进出场及安拆	16-333	挖土机配自卸汽车运土
			16-340	灌注桩成孔,打桩机冲击成孔
			16-348	檐高20m(6层)以上塔式起重机施工,50m(14～16层)内、场外往返运输
			16-349	檐高20m(6层)以上塔式起重机施工,50m(14～16层)内、安装拆卸
			16-350	檐高20m(6层)以上塔式起重机施工,50m(14～16层)内、轨道式基础铺拆
15	011706001	成井	2-31	灌注桩成孔,回旋钻机钻孔,$\Phi \leqslant 800mm$,$h \leqslant 40m$ 砾石
16	011706002	排水、降水	2-73	回旋钻机,成大口径降水深25m
			2-74	回旋钻机,成大口径降水每增减1m

4.2 知识链接

4.2.1 通用项目

在软件中通用措施项目包括10项，如图2-28所示。在编制招标控制价时，应将10项内容逐项检查与调整。其中安全文明施工费，冬雨季、夜间施工措施费，二次搬运费和测量放线、定位复测、检测试验费是以费率计算的，软件中默认是最新费率，一般无须修改。

1. 安全文明施工费

安全文明施工费属于不可竞争费，也是每个工程必须计取的总价措施项目费，它包括环境保护、文明施工、安全施工、临时设施、扬尘污染治理5项内容。本工程安全文明施工费足额计取，软件中默认是按陕西省最新费率计取，无须修改。

微课 2-4-1

2. 冬雨季、夜间施工措施费

根据相关规定，编制招标控制价时，冬雨季、夜间施工措施费，二次搬运费和测量放

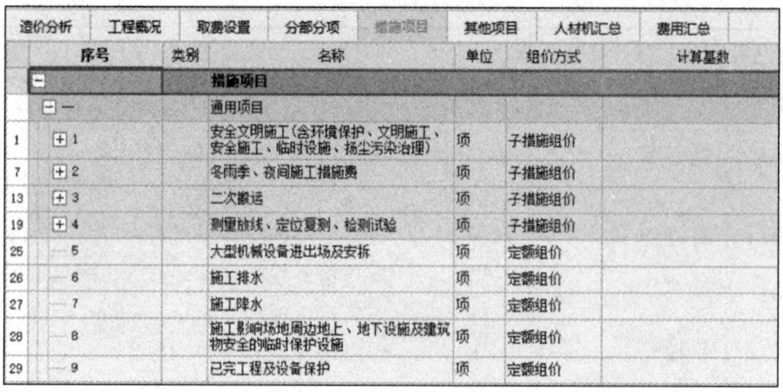

造价分析 | 工程概况 | 取费设置 | 分部分项 | 措施项目 | 其他项目 | 人材机汇总 | 费用汇总

	序号	类别	名称	单位	组价方式	计算基数
	⊟		措施项目			
	⊟ 一		通用项目			
1	⊞ 1		安全文明施工（含环境保护、文明施工、安全施工、临时设施、扬尘污染治理）	项	子措施组价	
7	⊞ 2		冬雨季、夜间施工措施费	项	子措施组价	
13	⊞ 3		二次搬运	项	子措施组价	
19	⊞ 4		测量放线、定位复测、检测试验	项	子措施组价	
25	5		大型机械设备进出场及安拆	项	定额组价	
26	6		施工排水	项	定额组价	
27	7		施工降水	项	定额组价	
28	8		施工影响场地周边地上、地下设施及建筑物安全的临时保护设施	项	定额组价	
29	9		已完工程及设备保护	项	定额组价	

图 2-28 通用项目

线、定位复测、检测试验费应按照《陕西省建设工程工程量清单计价费率》(2009)全额计取。本工程冬雨季、夜间施工措施费足额计取，软件默认是按陕西省最新费率计取，不用修改。

3. 二次搬运费

二次搬运费是施工场地狭小，没有堆放材料的位置，需另行安排场外堆放时，所发生的堆放点至现场的搬运费用。软件默认是按陕西省最新费率计取，不用修改。

4. 测量放线、定位复测、检测试验费

本工程测量放线、定位复测、检测试验费足额计取，软件默认是按陕西省最新费率计取，不用修改。

5. 大型机械设备进出场及安拆费

根据招标文件规定，本工程采用塔式起重机作为垂直运输机械，采用挖掘机配自卸汽车作为土石方开挖及运输机械。以塔式起重机进出场及安拆费为例，介绍大型机械设备进出场及安拆费的计算及操作方法。

由表 2-8 可知，本工程塔式起重机进出场及安拆项目应添加“16-348 檐高 20m(6 层)以上塔式起重机施工，50m(14～16 层)内、场外往返运输”“16-349 檐高 20m(6 层)以上塔式起重机施工，50m(14～16 层)内、安装拆卸”“16-350 檐高 20m(6 层)以上塔式起重机施工，50m(14～16 层)内、轨道式基础铺拆”三个定额子目，工程量为建筑面积。大型机械设备进出场及安拆费的操作步骤如图 2-29 所示。

操作步骤：

① 选中“大型机械设备进出场及安拆”；

② 单击“查询”下拉箭头；

③ 单击“查询定额”，弹出定额查询窗口；

④ 选择定额中“第十六章附录 大型机械场外运输、安装、拆卸”中的“垂直运输”；

⑤ 依次双击“16-348”“16-349”“16-350”三项，即可完成添加，添加完成后，在“工程量”中填上本工程的建筑面积。

6. 施工排水降水费

施工排水降水费与大型机械设备进出场及安拆费都是属于单价措施项目费，操作方法

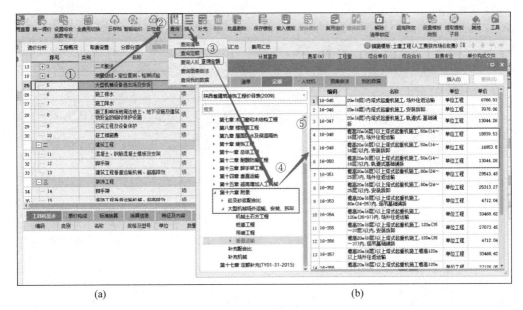

(a) (b)

图 2-29 大型机械设备进出场及安拆费

相同,不再赘述。

由于本工程不考虑其他通用措施项目等,因此将通用项目中第(8)~(10)项直接删除即可。

4.2.2 建筑工程专业措施项目

1. 混凝土、钢筋混凝土模板及支架子目

1) 现浇构件模板

混凝土、钢筋混凝土模板及支架子目可以通过提取模板子目的方式计取,以矩形柱模板子目为例介绍操作方法,如图 2-30 所示。

操作步骤:

① 在措施项目界面单击工具栏中"提取模板子目",弹出提取模板子目对话框;

② 单击提取位置处的小倒三角形(▼),可根据实际情况选择,本工程选择"模板子目分别放在措施页面对应清单项下";

③ 单击模板类别处的小倒三角形(▼),显示不同构件的名称,如图 2-31 所示;

④ 单击"现浇砼柱",会显示不同类型柱的模板;

⑤ 本工程框架柱周长大于 1.8m,单击"矩形柱断面周长 1.8m 以上",单击"确定",软件会自动填写编码、单位、工程量内容,即可完成矩形柱模板子目的提取。

其他混凝土、钢筋混凝土模板子目按照此方法完成,此处不再赘述。

2) 模板超高子目

《陕西省建筑、装饰工程消耗量定额》(2004)规定:现浇钢筋混凝土模板子目,层高是按 3.6m 考虑的(包括 3.6m)。建筑设计层高超过 3.6m 时,计算超高支模增加消耗量子目,梁、板合并套用梁板超高子目,墙、柱合并套用墙柱超高子目,不足 1m 者按 1m 计算应增加的消耗量定额。梁、板处于层高 3.6m 以上时应全部计算支模增加消耗量,墙、柱

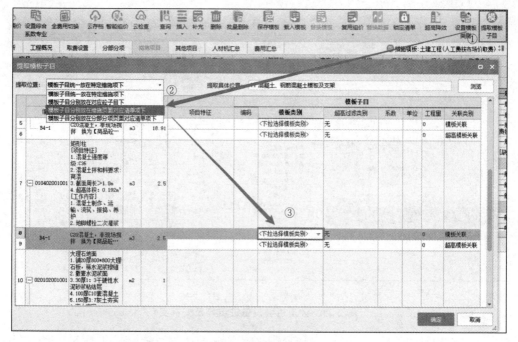

图 2-30 提取模板子目

图 2-31 现浇混凝土柱模板子目

为超过 3.6m 以上部分则计算支模增加消耗量。

本工程层高 4m,因此柱、梁、板混凝土构件需要提取模板超高子目。以矩形柱模板超高子目为例介绍操作方法,如图 2-32 所示。

操作步骤:

① 单击"模板类别"处的小倒三角形(▼),会显示"无;层高超过 3.6m 每增加 1m 墙、柱;层高超过 3.6m 每增加 1m 梁、板"三句话;

② 根据实际情况进行选择,此处为框架柱,单击"层高超过 3.6m 每增加 1m 墙、柱",软件会自动填写编码、单位、工程量。

注意:软件中自动显示的工程量是框架柱的全部工程量,此处的工程量为超过 3.6m 的框架柱的工程量,需要手动计算,按照比例分配,计算出超过 3.6m 的框架柱的工程量,在工程量表格中手动输入即可。

其他混凝土、钢筋混凝土模板超高子目按照此方法完成,但是要注意梁、墙超高子目的工程量是按照梁、墙的全部工程量输入。

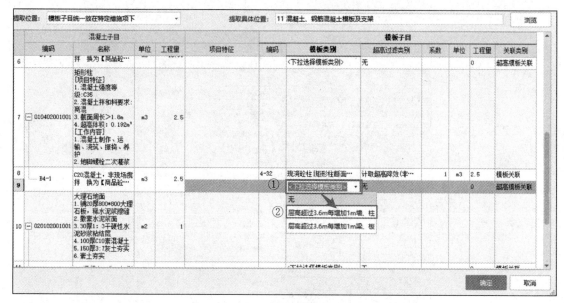

图 2-32　提取模板超高子目

2. 脚手架

常见脚手架的类型有外脚手架、里脚手架和满堂脚手架。其中外脚手架主要用于外墙砌筑、外墙面装修等,里脚手架综合了外墙内面装饰,内墙砌筑及装饰,外走廊及阳台的外墙砌筑与装饰等脚手架的因素。

本工程主要使用外脚手架和里脚手架。以外脚手架为例介绍脚手架的添加方法,如图 2-33 所示。

操作步骤:

① 选中"脚手架"行,右击;

② 在弹出的菜单中选择"插入子目";双击新建的空子目行,弹出"查询"对话框;根据工程实际情况选择脚手架对应定额,此处选择外脚手架如图 2-33(b)所示;双击"13-1 外脚手架钢管架 15m 以内",即可完成外脚手架子目的添加,手动输入工程量后,即可算出脚手架措施项目费。

采用同样的操作方法添加里脚手架。

3. 建筑工程垂直运输机械、超高降效

1) 建筑物垂直运输

《陕西省建筑、装饰工程消耗量定额》(2004)规定,建筑物垂直运输工程量消耗量定额,区分不同建筑物的结构类型、功能及高度,按建筑面积以"m^2"计算。

本工程是教学楼,层数是 8 层,檐高 32.75m,框架结构,垂直运输采用的是塔式起重机,因此对应的定额子目是 14-53"建筑物垂直运输 20m(6 层)以上塔式起重机施工 现浇框架(框剪),教学及办公用房,檐高 40m(层数 11~13)以内"。建筑工程垂直运输机械措施项目的操作方法如图 2-34 所示。

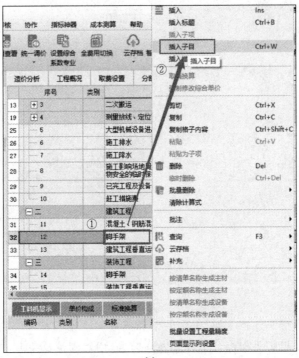

(a)

(b)

图 2-33　添加外脚手架

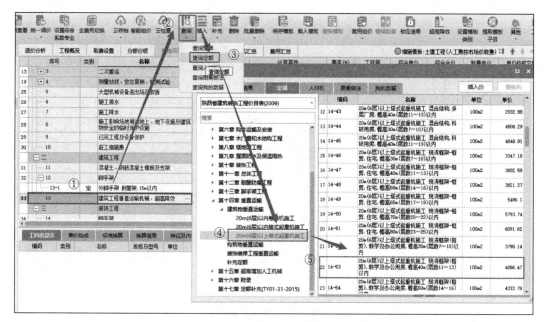

图 2-34 建筑工程垂直运输机械措施项目

操作步骤：

① 选择"13　建筑工程垂直运输机械、超高降效"行；

② 单击"查询"下拉箭头；

③ 单击"查询定额"，弹出定额查询窗口；

④ 选择定额中"第十四章 垂直运输"中的"建筑物 垂直运输 20m(6层)以上塔式起重机施工"；

⑤ 双击定额编号"14-53"行，即可完成添加。添加完成后，在"工程量"中填上本工程的建筑面积即可。

2) 超高降效

超高降效是指由于楼层高度增加而降低施工工作效率的补偿费用。根据《陕西省建筑、装饰工程消耗量定额》(2004)规定，超高降效定额适用于建筑物檐高20m(层数6层)以上的工程。

本工程檐高32.75m，层高8层，对应的定额子目是"15-2 檐高(层数)以内，40m,(11~13层)"。超高降效措施项目的操作方法如图2-35所示。

操作步骤：

① 选中"建筑工程垂直运输机械、超高降效"行；

② 单击"查询"下拉箭头；

③ 单击"查询定额"，弹出定额查询窗口；

④ 选择"第十五章 超高增加人工机械"中的"建筑物超高增加人工、机械降效率"；

⑤ 双击定额编号"15-2"行，即可完成添加。添加完成后，在"工程量"中填上本工程的建筑面积即可。

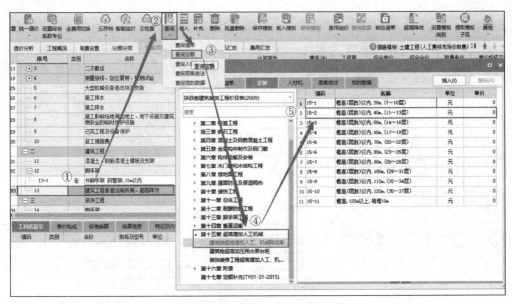

图 2-35 超高降效措施项目

4.2.3 装饰工程专业措施项目

根据定额中说明，一般土建的脚手架中已经包括了装饰阶段的脚手架，本工程装饰工程未发生建筑工程垂直运输机械、超高降效。

4.3 任务考核

4.3.1 理论考核

1. (填空)某工程层高 4.2m，矩形梁混凝土模板的工程量是 1000m³，则矩形梁模板超高支模工程量是_____。

2. (填空)房屋建筑里脚手架是按_____计算的，当层高超过 3.6m，每增_____按调增子目计算，不足_____不计算。

3. (判断)某工程层高 4.8m，挑檐的混凝土模板工程量是 10m³，则挑檐应计取超高支模消耗量，工程量是 10m³。   (   )

4. (判断)在编制招标控制价时，甲方可适当调高安全文明施工费的费率。   (   )

5. (判断)在计价软件中，工程中没有使用到的通用措施项目直接删除即可。   (   )

6. (单选)下列费用中不属于措施项目费的是(   )。
   A. 暂列金额   B. 安全文明施工费
   C. 脚手架费   D. 施工排水降水费

7. (单选)下列措施项目中，属于专业措施项目的是(   )。
   A. 施工排水降水费   B. 夜间施工措施费
   C. 安全文明施工费   D. 模板费

4.3.2 任务成果

将"理实一体化实训大楼"措施项目费填入表 2-9 中。

表 2-9 措施项目费用

序号	措施项目费名称	金额/万元
1	通用项目	
1.1	安全文明施工费	
1.2	冬雨季、夜间施工措施费	
1.3	二次搬运费	
1.3.1	测量放线、定位复测、检测试验费	
1.3.2	大型机械设备进出场及安拆费	
1.3.3	施工排水降水费	
2	专业措施项目	
2.1	混凝土、钢筋混凝土模板及支架费	
2.2	脚手架费	
2.3	建筑工程垂直运输机械、超高降效费	

4.4 总结拓展

本节主要介绍了通用措施项目和专业措施项目在计价软件中的计取方式,其中通用措施项目又区分总价措施项目和单价措施项目,总价措施项目费在软件中只需输入计算基数和费率即可,单价措施项目要根据《陕西省建筑、装饰工程消耗量定额》(2004)及工程特点套取定额子目,以综合单价的方式计算其费用。

1. 混凝土及钢筋混凝土模板

《陕西省建筑、装饰工程消耗量定额》(2004)中模板子目是按不同情况,综合考虑了工具式模板、组合钢模板、木模板、砖地模、砖胎模、混凝土长线台座等。混凝土模板子目区分构件类型列项。

2. 脚手架

《陕西省建筑、装饰工程消耗量定额》(2004)中脚手架是按钢管架编制的,施工中采用其他材质脚手架时,均不得换算或调整。

3. 大型机械设备进出场及安拆费

《陕西省建筑、装饰工程消耗量定额》(2004)对大型机械设备进出场及安拆费规定如下。

(1)土石方工程的大型机械25km内往返场外运输和安装拆卸消耗量定额依据对应的施工工艺,按1000m^3工程量计算,基坑降水按所采取的降水工艺设备按每一个降水单位工程计算一次。土方工程、桩基工程、吊装工程中的消耗量定额虽未按场外运输和拆卸分列,但均已包括机械25km内往返场外运输和安装拆卸工料在内。

(2)檐高20m(6层)以内的建筑物采用卷扬机施工时不得计取大型机械25km以内往返场外运输和安装拆卸消耗量。

任务 5　编制其他项目费

5.1　学习任务

5.1.1　任务说明

(1) 根据"理实一体化实训大楼"招标文件所述，在计价软件中编制其他项目清单；

(2) 编制暂列金额、专业工程暂估价及计日工费用。

5.1.2　任务指引

1. 分析招标文件

(1) 按本工程控制价编制要求，暂列金额为 20 万元。

(2) 本项目保温隔热工程分包费用为 10 万元，总承包服务费按分包专业工程总价的 1.6% 计取。

(3) 本工程幕墙工程(含预埋件)专业工程暂估价为 8 万元。

(4) 本工程计日工有人工、材料和机械，三部分具体的名称、数量和单价见招标控制价说明。

2. 软件基本操作步骤

其他项目费的编制在其他项目页签下，软件提供了暂列金额、专业工程暂估价、计日工费用、总承包服务费和签证与索赔计价表五部分。其中签证与索赔计价表发生在工程结算阶段，编制招标控制价时不发生，无须编制，本工程中未发生专业工程暂估价，可不添加，其他费用按照招标文件规定的数量、金额进行填写，不得修改。

5.2　知识链接

5.2.1　添加暂列金额

暂列金额由甲方列项确定，应按招标人在其他项目清单中列出的金额填写，编制投标报价时投标方不可进行修改。编制暂列金额的操作方法如图 2-36 所示。

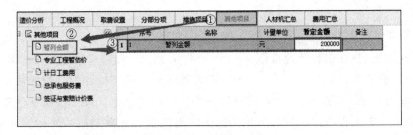

图 2-36　添加暂列金额

操作步骤：

① 在编制页签下，单击"其他项目"；

② 单击"暂列金额"；

③ 根据招标文件的要求依次输入以下信息。

名称：暂列金额；

计量单位：元；

暂定金额：200 000。

5.2.2 添加专业工程暂估价

添加"专业工程暂估价"的操作方法如图 2-37 所示。

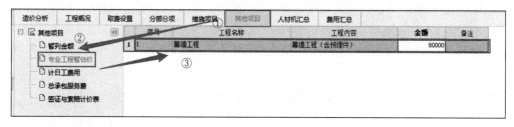

图 2-37 添加专业工程暂估价

操作步骤：

① 选择"其他项目"；

② 单击"专业工程暂估价"；

③ 根据招标文件内容，幕墙工程为专业工程暂估价，依次输入以下信息。

名称：幕墙工程；

工程内容：幕墙工程（含预埋件）；

暂定金额：80 000。

5.2.3 添加计日工费用

计日工是完成施工图纸以外的零星项目或工作所需的费用，包括完成该项作业的人工、材料和施工机械台班。编制招标控制价时，计日工数量由招标方列出，编制投标报价时不可修改数量，综合单价由投标方自主填报。本工程计日工主要由人工、材料和机械三部分组成。添加"计日工"的操作方法如图 2-38 所示。

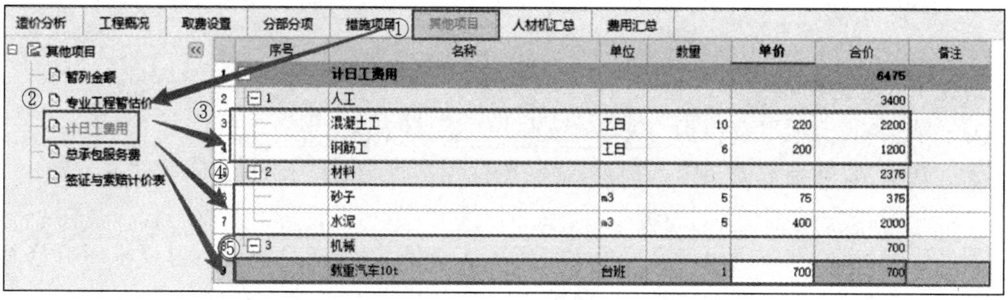

图 2-38 添加计日工

操作步骤：

① 单击"其他项目"；

② 单击"计日工费用"；

③ 选择"人工",右键选择"插入费用行",依次输入混凝土工和钢筋工的名称,以及对应的单位、数量、单价;

④ 选定"材料",右键选择"插入费用行",依次输入砂子、水泥的名称,以及对应的单位、数量、单价;

⑤ 选定"机械",依次输入载重汽车的名称、单位、数量、单价。

5.2.4 添加总承包服务费用

总承包服务费是指总承包人为配合、协调建设单位进行的专业工程发包,对建设单位自行采购的材料、工程设备等进行保管以及施工现场管理、竣工资料汇总整理等服务所需的费用。按招标文件要求,本工程"总承包服务费"主要是发包人发包专业工程管理服务费,操作方法如图 2-39 所示。

图 2-39 添加总承包服务费

操作步骤:

① 单击"其他项目";

② 单击"总承包服务费";

③ 选定"发包人发包专业工程管理服务费"行,在表格中依次输入以下信息。

单位:元;

计算基数:100 000(保温隔热工程的分包费用);

费率(%):1.6(招标文件要求);

软件会自动计算出金额列,为 1600 元。

5.3 任务考核

5.3.1 理论考核

1. (填空)其他项目费包括_____、_____、计日工、_____。

2. (判断)暂列金额由招标人提供,编制招标控制价与投标报价时,不得进行修改。
(   )

3. (判断)甲乙双方就小区九号楼签订了施工合同,在施工合同中乙方要求甲方修补八号楼墙面上的小洞,为此消耗的人工、材料和机械费用,属于计日工费用。(   )

4. (单选)建筑安装工程费用中,其他项目费中的计日工是指(   )。

　　A. 建设单位暂定并包括在工程合同价款中的一笔款项

　　B. 建设单位用于合同签订时尚未确定或不可预见的采购、变更、索赔等情况的费用

　　C. 招标人按估算金额确定的一笔费用

　　D. 施工企业完成建设单位施工图纸以外的零星项目或工作所需的费用

5. (单选)编制招标控制价时,关于计日工的说法,错误的是( )。
   A. 人工单价和施工机械台班单价应按省级、行业建设主管部门公布的单价计算
   B. 人工单价和施工机械台班单价应按授权的工程造价管理机构公布的单价计算
   C. 材料应按工程造价管理机构发布的工程造价信息中的材料单价计算
   D. 工程造价信息未发布材料单价的材料,其价格应按估算的单价计算
6. (单选)在编制招标控制价时,计日工中的材料价格应按( )计算。
   A. 工程造价管理机构公布的单价
   B. 清单中列出的单价
   C. 市场调查确定的单价
   D. 清单中列出的金额

5.3.2 任务成果

将"理实一体化实训大楼"其他项目费填入表2-10中。

表2-10 其他项目费用表

序号	费用名称	金额/元
1	其他项目费	
1.1	暂列金额	
1.2	专业工程暂估价	
1.3	计日工费用	
1.3.1	人工	
1.3.2	材料	
1.3.3	机械	
1.4	总承包服务费	

5.4 总结拓展

本部分主要介绍了其他项目费在计价软件中的添加。采用工程量清单计价的工程,暂列金额按招标文件编制,列入其他项目费,在编制时需要注意以下几个要点。

(1) 这部分费用一般不超过招标总价的10%。

(2) 这部分费用可能发生,也可能不发生,具有不可预见性。

(3) 暂列金额是包含在双方签订的合同价之内的,但却不直接属承包人所有,而是由发包人暂定并掌握使用的一笔款项,如有剩余,应归发包人所有;如有不足,发包人应另行追加。

暂估价和暂列金额是有一定区别的,暂估价是必然要发生的,但价格不确定。暂估价一般分为材料暂估价和专业工程暂估价,其中材料、工程设备暂估单价应根据工程造价信息或参照市场价格估算,列出明细表;专业工程暂估价应分不同专业,按有关计价规定估算,列出明细表,暂估价在施工过程中按照实际金额进行结算。

计日工的发生必须是完成施工图纸以外,不包含在合同价中的内容,同时工作量还必须很小且零散,而且计日工和暂列金额一样,也是可能发生也可能不发生,具有不可预见性。

学习新视界13

数字造价——质量为本

2021年5月,湖北孝感帝景壹号院的商品房在建楼盘因为质量问题开始拆除。

对此,汉川市住房和城乡建设局回复称,因机器故障,导致混凝土强度不达标,正在拆除8号楼第四层墙柱和第五层梁板,面积约500m²,截至5月6日已拆除约400m²。对混凝土公司及相关责任人进行立案查处,并对其所供商品混凝土项目全部停工,逐一进行检验检测。

在现场施工过程中,他们发现有一个批次的混凝土配比存在问题,致使混凝土的强度达不到安全要求,于是便组织人员对涉及楼栋的400多m²的混凝土楼板层进行了拆除。这一拆将造成400多万元的损失,但是楼盘的质量安全与经济损失比起来无疑更加重要。

从这个案例可以看出,工程建设中质量安全意识是非常重要的。在学习和工作中要时刻树立质量第一的安全观念,熟读标准,养成严格遵守国家规范、行业标准和地方规定的习惯。按照技术规范做事,一定要养成良好的职业道德品质,行为自觉,无规矩不成方圆,增强遵纪守法意识。

建筑工程与每一个人都息息相关,因此对工程质量负责,既是工匠精神,更是一份社会责任,也体现了爱国情怀。通过该典型案例,深入研究混凝土质量问题的根源所在可以让我们每一个人都树立良好的质量意识,养成良好的职业道德习惯,培养社会责任感。我们的国家,我们的民族需要高质量的产品,更需要具有质量第一精神的人。

模块三　生成电子招标文件

知识目标：
(1) 了解甲供材料、暂估材料的含义。
(2) 了解招标控制价的组成、概念及编制单位。
(3) 掌握甲供材料、暂估材料、市场价在软件中的调整方法。
(4) 掌握规费、税金的计取方式。
(5) 掌握项目自检功能、电子招标文件的导出方法。

能力目标：
(1) 能够按照招标文件要求，批量载价对人材机价格调整，计取规费、税金。
(2) 能够增加甲供材料和暂估材料。
(3) 能够查看、编辑、导出招标控制价各项报表。
(4) 能够运用"项目自检"对招标文件进行检查，并对检查结果进行修改。
(5) 能够运用软件生成电子招标书。

素质目标：
(1) 培养学生团结合作的精神。
(2) 培养学生严谨细致的工作作风。
(3) 培养学生仔细认真、一丝不苟的学习精神。

任务6　调整人材机汇总费用

6.1　学习任务

6.1.1　任务说明

(1) 根据招标文件所述导入信息价，按招标要求修正人材机价格。
① 人工工日单价按照陕建发〔2021〕1097号文件调整。
② 按照招标文件规定，除给定的材料之外（见模块一任务1表2-1），其他材料价格按"陕西省2023年6月工程造价信息"调整。
③ 根据招标文件，编制甲供材料及暂估材料（见模块一任务1中表2-2、表2-3）。

（2）汇总计算工程量，并填写任务考核中理论考核与任务成果相关内容。

6.1.2 任务指引

1. 任务分析

本工程采用"陕西省 2023 年 6 月工程造价信息"，人材机价格据此调整；按照招标文件规定，计取相应的人工费；根据招标文件提供的甲供材料表、材料暂估表、材料市场价格表，对材料的供货方式、是否暂估以及市场价进行修改。

2. 软件基本操作步骤

人材机费用汇总调整应该在分部分项工程、措施项目和其他项目费用计取之后再统一调整价格。在广联达云计价平台中，人材机费用是在"人材机汇总"界面下操作，可通过"人材机"页签下的"所有人材机""主要材料表""暂估材料表""甲供材料表"等功能进行相应材料价格的查看与调整。

6.2 知识链接

6.2.1 载入信息价

在"人材机汇总"界面下，按照招标文件要求的"陕西省 2023 年 6 月工程造价信息"对人材机价格进行调整，选择批量载价，如图 2-40 所示。

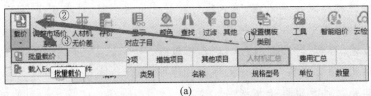

(a)

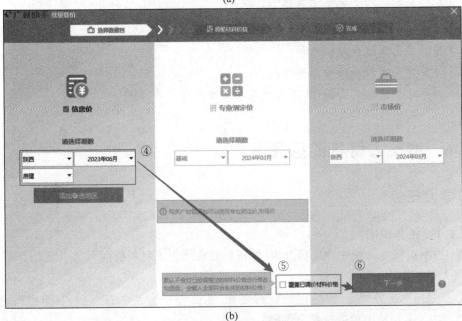

(b)

图 2-40 选择批量载价

操作步骤：

① 选择"人材机汇总"界面；

② 单击工具栏"载价"；

③ 选择"批量载价"，弹出"批量载价"对话框；

④ 选择期数为"陕西 2023 年 06 月"信息价；

⑤ 如果需要覆盖已调价材料的价格，勾选"覆盖已调价材料价格"；

⑥ 单击"下一步"之后，信息价中与定额中完全匹配的材料的价格出现在待载价格列，如图 2-41 所示。单击"下一步"，出现材料信息价载入之后的材料费用变化率，如图 2-42 所示。单击"完成"，材料信息价载入成功，红色显示调整的信息价。对于未载入的材料价格还需逐一调整市场价。

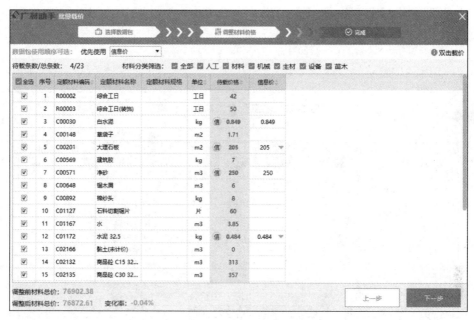

图 2-41　载入信息价

6.2.2　市场价调整

按照招标文件要求，部分材料要按照材料市场价进行调整，具体的材料价格表见模块一任务 1 表 2-1。以 C30 商品混凝土为例，介绍材料市场价的调整方法，如图 2-43 所示。

操作步骤：

① 选择"人材机汇总"界面；

② 在材料表中找到"商品砼 C30 32.5R"所在行；

③ 双击"市场价"单元格，按照招标文件给定的市场价，输入"615"。

其他材料利用同样的方法修改。

6.2.3　设置甲供材料

按照招标文件的要求，设置甲供材料。以钢制防火门为例，设置甲供材料的操作方法如图 2-44 所示。

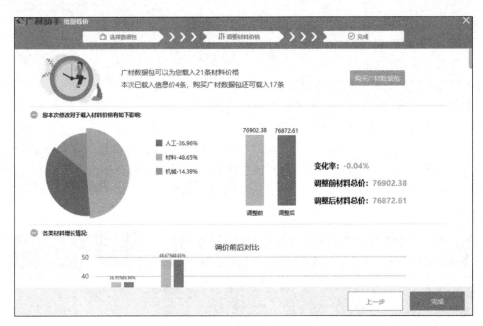

图 2-42 信息价载入前后变化率

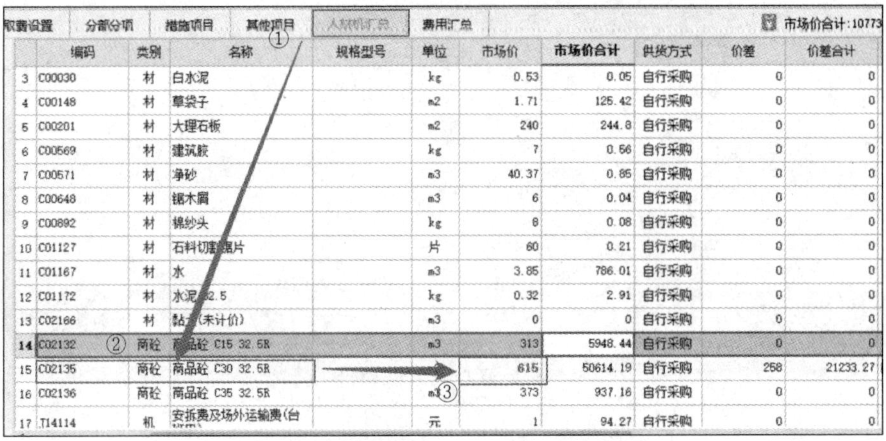

	编码	类别	名称	规格型号	单位	市场价	市场价合计	供货方式	价差	价差合计
3	C00030	材	白水泥		kg	0.53	0.05	自行采购	0	0
4	C00148	材	草袋子		m2	1.71	125.42	自行采购	0	0
5	C00201	材	大理石板		m2	240	244.8	自行采购	0	0
6	C00569	材	建筑胶		kg	7	0.56	自行采购	0	0
7	C00571	材	净砂		m3	40.37	0.85	自行采购	0	0
8	C00648	材	锯木屑		m3	6	0.04	自行采购	0	0
9	C00892	材	棉纱头		kg	8	0.08	自行采购	0	0
10	C01127	材	石料切割锯片		片	60	0.21	自行采购	0	0
11	C01167	材	水		m3	3.85	786.01	自行采购	0	0
12	C01172	材	水泥32.5		kg	0.32	2.91	自行采购	0	0
13	C02166	材	黏[illegible](未计价)		m3	0	0	自行采购	0	0
14	C02132	商砼	商品砼 C15 32.5R		m3	313	5948.44	自行采购	0	0
15	C02135	商砼	商品砼 C30 32.5R		m3	615	50614.19	自行采购	258	21233.27
16	C02136	商砼	商品砼 C35 32.5R		m3	373	937.16	自行采购	0	0
17	T14114	机	安拆费及场外运输费(台		元	1	94.27	自行采购	0	0

图 2-43 C30 商品混凝土市场价调整

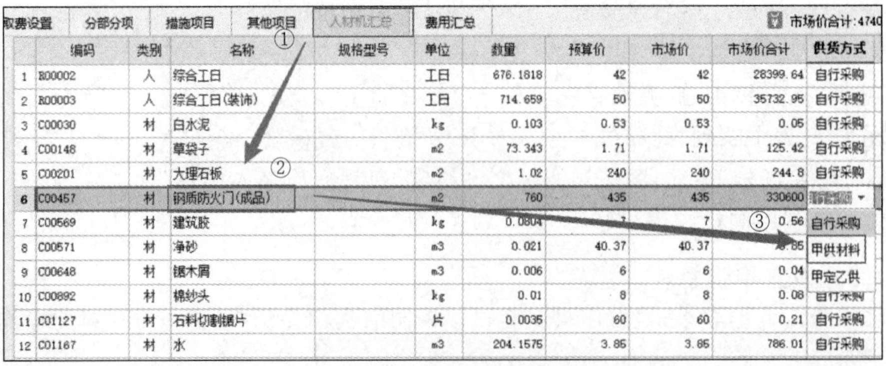

	编码	类别	名称	规格型号	单位	数量	预算价	市场价	市场价合计	供货方式
1	R00002	人	综合工日		工日	676.1818	42	42	28399.64	自行采购
2	R00003	人	综合工日(装饰)		工日	714.659	50	50	35732.95	自行采购
3	C00030	材	白水泥		kg	0.103	0.53	0.53	0.05	自行采购
4	C00148	材	草袋子		m2	73.343	1.71	1.71	125.42	自行采购
5	C00201	材	大理石板		m2	1.02	240	240	244.8	自行采购
6	C00457	材	钢质防火门(成品)		m2	760	435	435	330600	[illegible]
7	C00569	材	建筑胶		kg	0.0804	7	7	0.56	
8	C00571	材	净砂		m3	0.021	40.37	40.37	[illegible]	
9	C00648	材	锯木屑		m3	0.006	6	6	0.04	
10	C00892	材	棉纱头		kg	0.01	8	8	0.08	自行采购
11	C01127	材	石料切割锯片		片	0.0035	60	60	0.21	自行采购
12	C01167	材	水		m3	204.1575	3.85	3.85	786.01	自行采购

图 2-44 设置甲供材料

操作步骤：

① 在"人材机汇总"界面下，选择人材机页签下的"材料表"；

② 在材料表中找到"钢制防火门（成品）"；

③ 选择供货方式列表下的"自行采购"单元格，在下拉选项中选择"甲供材料"。

其他甲供材料采用同样的方式修改。修改完成，单击"甲供材料表"，可查看设置结果。

6.2.4 设置材料暂估价

按照招标文件的要求，对于材料暂估单价表中要求的暂估材料，可以在"人材机汇总"界面下将暂估材料选中，此时可锁定市场价。以螺纹钢筋（综合）为例，设置材料暂估价的操作方法如图2-45所示。

图 2-45 设置材料暂估价

操作步骤：

① 在"人材机汇总"界面下，选择人材机页签下的"材料表"；

② 在材料表中找到"螺纹钢筋（综合）"，将市场价修改为招标文件中暂估单价"4800"，材料表里面有一列"是否暂估"，在其方框中勾选即可。修改完成，单击"暂估材料表"，可查看设置结果。

其他暂估价材料采用同样的方式修改。

6.3 任务考核

6.3.1 理论考核

1. （选择）编制招标控制价时，材料价格应采用（　　）。

　　A. 按照招标人的要求确定的价格

　　B. 工程造价管理机构通过工程造价信息发布的材料单价

　　C. 完全按照市场价格水平确定

　　D. 以市场价格为基础，再参考未来市场价格波动因素来确定

2. （选择）某工程钢筋由甲方指定材料厂家品牌确认质量，施工单位去采购，此时在广联达计价软件中应将钢筋的供货方式修改为（　　）。

　　A. 自行采购　　　　　　　　　　B. 甲供材料

　　C. 甲定乙供　　　　　　　　　　D. 其他

3. （判断）在编制招标控制价，甲供材料不需要计取风险。　　　　　　（　　）

4. （判断）在编制招标控制价，材料暂估价不需要计取风险。　　　　　（　　）

5. （简答）请调查相关资料，分析哪些材料设置为甲供材料，哪些材料需要设置暂估价。

6. （简答）信息价如何获取？

6.3.2 任务成果

将"理实一体化实训大楼"市场价调整之后的人材机汇总信息填入表2-11中。

表2-11 人材机汇总表

序号	名 称	数 量	市 场 价	供货方式	是否暂估
1	人工				
1.1	综合工日（建筑）				
1.2	综合工日（装饰）				
2	主要材料				
2.1	加气混凝土砌块				
2.2	商品砼C15				
2.2	商品砼C30				
2.3	商品砼C35				
2.3	商品砼C40				
2.4	螺纹钢筋（综合）				
2.5	塑钢中空玻璃内开平窗				
2.6	乙级防火门				
2.7	防滑地砖				
2.8	地砖				

6.4 总结拓展

1. 市场价锁定

对于招标文件要求的甲供材料、暂估材料价格是不能进行调整的，为了避免在调整其他材料价格时出现操作失误，可使用"市场价锁定"功能，对修改后的材料价格进行锁定。以圆钢筋为例，市场价锁定的操作方法如图2-46所示。

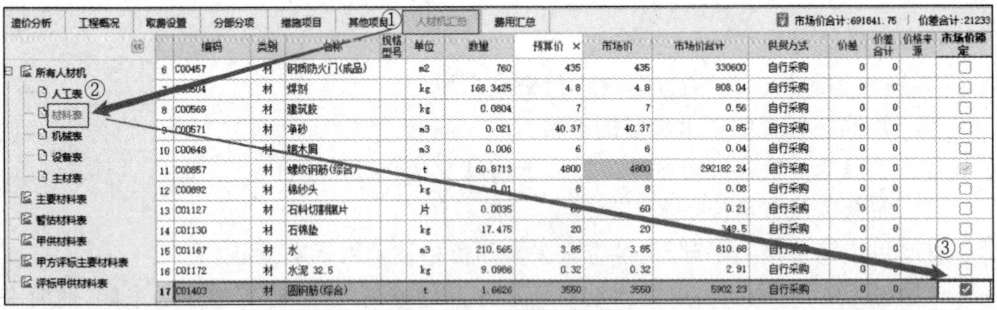

图2-46 市场价锁定

操作步骤：

① 单击"人材机汇总"页签；

② 选择"材料表"；

③ 在材料表中找到"圆钢筋(综合)"所在行,找到"市场价锁定"列,在方框中勾选即可。

2. 显示对应子目

对于人材机汇总中出现材料名称异常或数量异常的情况,可直接右击相应材料,选择"显示对应子目",在分部分项中对材料进行修改,如图 2-47 所示。

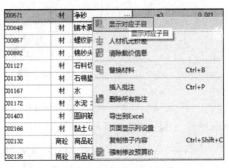

图 2-47 显示对应子目

3. 市场价存档

对于同一个项目的多个标段,发包方会要求所有标段的材料价保持一致,在调整好一个标段的材料价后,可利用"市场价存档"将此材料价运用到其他标段,此处选择"保存 Excel 市场价文件",如图 2-48 所示。

图 2-48 存价以保存市场价文件

操作步骤:

① 在"人材机汇总"界面下,单击工具栏中的"存价";

② 单击"保存 Excel 市场价文件",软件弹出"保存 Excel 市场价文件"窗,输入文件名,选择保存位置,单击"保存",如图 2-49 所示。

图 2-49 保存 Excel 市场价文件

在其他标段的人材机汇总中使用该市场价文件时,可使用"载价"功能,载入 Excel 市场价文件,如图 2-50 所示。

操作步骤:

① 在"人材机汇总"界面下,单击工具栏中的"载价";

图 2-50 载入 Excel 市场价文件

② 单击"载入 Excel 市场价文件",在弹出的对话框中选择 Excel 表格所在的位置,再选择市场价文件,单击"打开"按钮。

导入 Excel 市场价文件后,要先识别材料号、名称、规格、单位、单价等信息,识别所需要的信息后,还要选择匹配选项,然后单击"导入"即可,如图 2-51 所示。

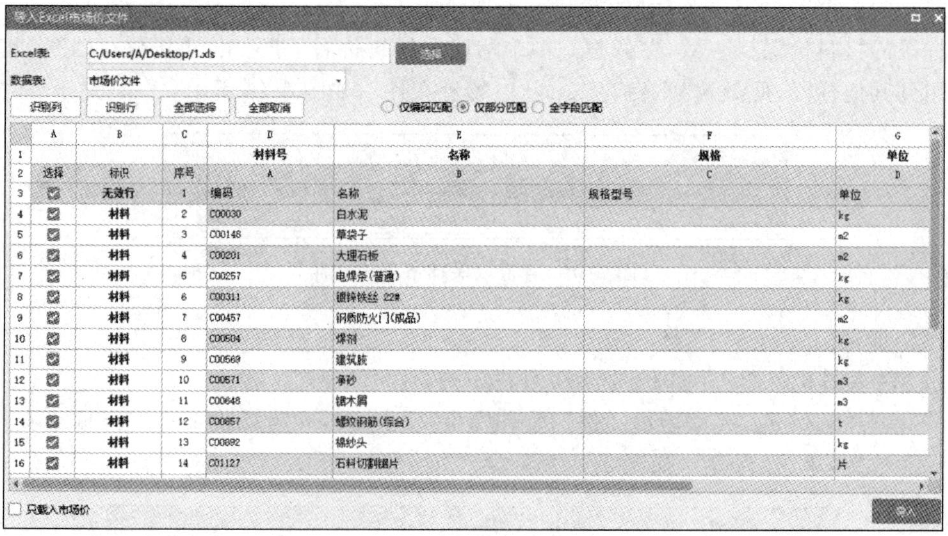

图 2-51 导入 Excel 市场价文件

任务 7 费用汇总

7.1 学习任务

7.1.1 任务说明

(1) 根据招标文件所述内容和定额规定计取规费、税金,查看费用,进行报表预览、编辑及导出。

(2) 填写任务考核中理论考核与任务成果相关内容。

7.1.2 任务指引

1. 任务分析

(1) 在预览报表状态下对报表格式及相关内容进行调整和修改,根据招标文件规定调整规费、税金。

(2) 查看费用汇总。

（3）预览各类报表，并编辑、导出报表。

2. 软件基本操作步骤

规费和税金是不可竞争费，要按照相关文件规定进行设置。在招标文件编制完成后，可在"费用汇总"页签下查看招标控制价各项费用的组成及规费、税金的费率。若正确无误，可导出报表，若费率有误，可在"取费设置"页签下根据纳税地点进行修改。

7.2 知识链接

7.2.1 规费、税金调整

根据陕西省住房和城乡建设厅发布《关于调整我省建设工程计价依据的通知》（陕建发〔2019〕45号）中的规定，增值税税率为9%。因此，本工程增值税税率为9%，管理费、利润是按《陕西省建设工程工程量清单计价费率》（2009）规定计取。

税率、管理费费率和利润率在新建招标项目时已在"取费设置"页签下设置，若设置错误，可返回"取费设置"进行查看和修改，修改方法同设置，不再一一赘述。

7.2.2 查看费用汇总

在"费用汇总"界面下，可查看整个单位工程造价及费用构成。

7.2.3 报表导出

1. 查看报表

查看报表的操作方法如图2-52所示。

操作步骤：

① 单击工具栏"报表"，切换到报表界面，显示工程量清单、投标方、招标控制价、其他四项内容。

② 根据招标文件要求，选择"招标控制价"，勾选需要导出的报表，如图2-52所示。

2. 编辑、设计报表

根据需要也可对报表进行编辑和设计后再导出，报表编辑的操作方法如图2-53所示。

操作步骤：

① 选择需要编辑的报表，单击功能区"编辑"；

② 弹出"临时报表数据"对话框，类似Excel表格，可根据需要进行编辑。

报表设计的操作方法如图2-54所示。

操作步骤：

① 选择需要设计的报表，单击功能区"设计"；

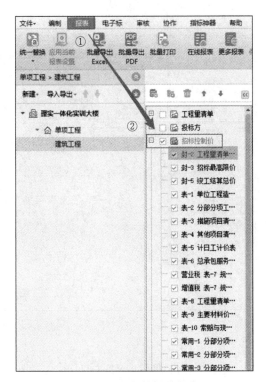

图2-52 招标控制价报表

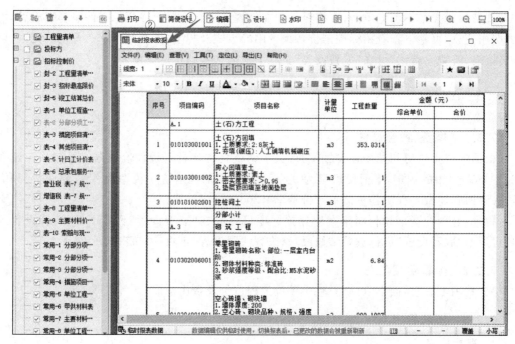

图 2-53　报表编辑

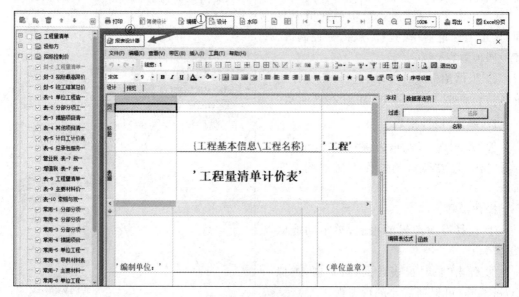

图 2-54　报表设计

② 弹出"报表设计器"对话框，类似 Excel 表格，可根据需要进行编辑设计。

3. 导出报表

选择需要导出的报表后，可进行批量导出，如图 2-55 所示。

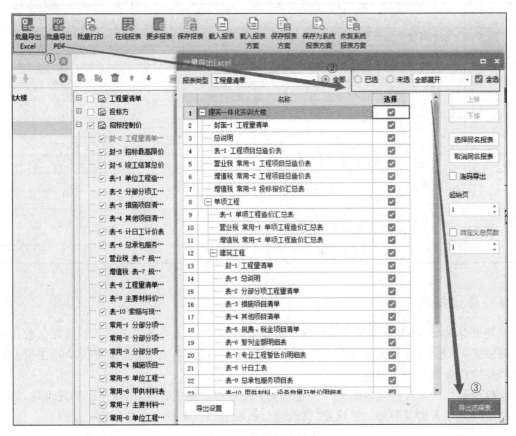

图 2-55　批量导出报表

操作步骤：

① 单击导航栏中的"批量导出 Excel"功能，弹出对话框；

② 勾选需要导出的报表，本工程勾选"全选"；

③ 单击"导出选择表"，将报表保存至存储位置即可。

7.3　任务考核

7.3.1　理论考核

1．（判断）编制招标控制价时，招标单位可以随意调整规费费率。　　　　　（　　）

2．（填空）规费由_____、_____、_____组成。

3．（填空）规费费率是_____。

4．（填空）工程所在地是县城时，税率是_____。

5．（简答）请调查相关资料，浅谈"营改增"之后，建筑行业的工程造价有什么变化？

7.3.2 任务成果

将"理实一体化实训大楼"费用汇总信息填入表 2-12 中。

表 2-12 费用汇总表

序号	名 称	费率/%	金额/万元
1	分部分项工程费		
2	措施项目费		
2.1	安全文明施工措施费		
3	其他项目费		
4	规费		
4.1	社会保障费		
4.2	住房公积金		
4.3	危险作业意外伤害保险		
5	税前工程造价		
6	增值税销项税额		
7	附加税		
8	工程造价		
9	扣除养老保险后工程造价		

7.4 总结拓展

规费是国家、省级有关管理部门规定必须缴纳的,应计入建筑安装工程的费用。包括社会保障费(养老保险(劳保统筹基金)、失业保险、医疗保险、工伤保险、生育保险)、住房公积金和危险作业意外伤害保险。

税金是指国家税法规定的应计入建筑安装工程造价内的营业税、城市维护建设税、教育费附加以及地方教育附加。建筑业"营改增"后,税金由营业税 3% 改为增值税 11%。

任务 8 生成电子招标文件

8.1 学习任务

8.1.1 任务说明

(1) 根据招标文件内容进行招标书自检并生成招标书。
(2) 填写任务考核中理论考核与任务成果相关内容。

8.1.2 任务指引

1. 任务分析

招标文件编制完成后,为了避免出现项目名称、项目编码、项目特征为空,工程量为空或为零等问题,需要使用"项目自检"功能进行检查,然后再输出电子招标书。

2. 软件基本操作步骤

"项目自检"功能要在招标文件全部完成后使用,"项目自检"功能在"编制"页签下,可对自检范围进行设定。项目自检无误后,可在导航栏"电子标"页签下,导出电子招标书。

8.2 知识链接

8.2.1 项目自检

在招标文件编制完成后,需要使用"项目自检"功能对招标文件进行检查,并对检查结果进行修改。操作方法如图 2-56 所示。

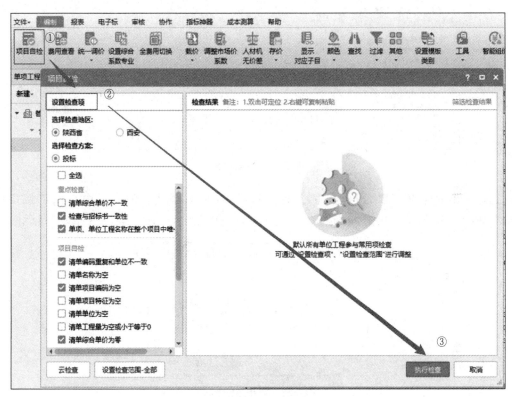

图 2-56 项目自检

操作步骤:
① 在"编制"页签下,单击"项目自检";
② 在弹出的"项目自检"对话框中,"设置检查项"可以设置检查范围和检查内容;
③ 单击"执行检查",进行项目自检。

根据生成的"检查结果",可看到项目自检出来的问题,检查结果如图 2-57 所示。

然后双击检查结果中的问题,软件会在单位工程中自动定位。根据检查结果进行修改,确定无误后,关闭对话框。另外,还可通过项目自检对话框中的"云检查",判断工程造价计算的合理性。

8.2.2 生成电子招标书

目前,我国很多地区使用电子招标书,因此在招标文件编制完成后,必须转换成标准的招标文件,用于电子招投标。

"项目自检"合格后,关闭"项目自检"窗口,软件会弹出"导出标书"对话框,选择导出位

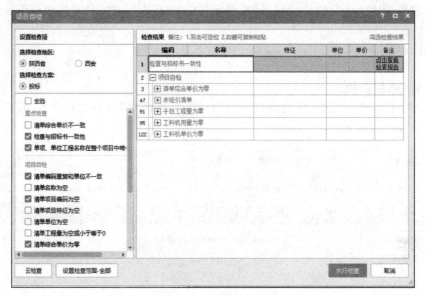

图 2-57 检查结果

置,选择导出的标书类型"招标文件-工程量清单(陕西省公共资源交易中心 3.1 接口标准)",如图 2-58 所示。单击"确定",完成电子招标书的生成,软件弹出"导出成功"对话框。

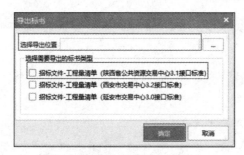

图 2-58 导出电子标书

8.3 任务考核

8.3.1 理论考核

1. (填空)招标控制价是项目的最高限价,投标报价超过招标控制价,应作为废标处理。
（　　）
2. (判断)工程造价咨询单位是可以编制同一工程的招标控制价和投标报价。（　　）
3. (判断)招标控制价应在招标时公布,不得上调或下浮。（　　）
4. (单选)招标控制价是由（　　）编制的。
   A. 国家建设主管部门　　　　　　　　B. 行业建设主管部门
   C. 具有编制能力的招标人　　　　　　D. 投标人
5. (多选)招标控制价由（　　）组成。
   A. 分部分项工程费　　　　　　　　　B. 措施项目费

C. 其他项目费　　　　　　　　　　D. 规费和税金

6.（简答）招标控制价需要导出的常用报表有哪些？

8.3.2　任务成果

将"理实一体化实训大楼"项目自检的结果填入表2-13中。

表2-13　项目自检结果

序号	问　　题	修 改 方 法
1		
2		
3		
5		
6		
7		

8.4　总结拓展

（1）编制招标控制价的一般规定如下。

① 招标控制价应由具有编制能力的招标人，或受其委托具有相应资质的工程造价咨询人编制。

② 工程造价咨询人接受招标人委托编制招标控制价，不得再就同一工程接受投标人委托编制投标报价。

③ 招标控制价应在招标时公布，不应上调或下浮，招标人应将招标控制价及有关资料报送工程所在地工程造价管理机构备查。

（2）在生成电子招标书之前，软件会进行提醒"生成标书之前，最好进行自检"，以免出现错误。假如未进行项目自检，则单击"是"，进入"项目自检"界面；假如已进行项目自检，单击"否"。

学习新视界14

致敬工匠——从工地一线走出，二十三年磨砺"大国匠心"

　　山东中青建安建设集团有限公司砌筑工班组长贾正中，来自山东砌筑之乡济宁市汶上县刘楼乡。他先后从事搬运小工、砌筑工、砌筑班长、砌筑队长、砌筑班技术负责人和砌筑质检工作，二十余年来，在平凡的工作岗位上不断进取，用汗水浇灌成果，用行动创造出不平凡的成绩。

　　初进工地，他从最底层的搬运小工做起，手掌上磨出了水泡，长出了厚厚的茧子，即便如此，他也从不叫苦叫累，认为别人能吃的苦他也一定能吃，永远有一股不服输的劲。忙碌之余，白天他虚心请教师傅，学习砌筑技术，一遍又一遍地练习，晚上他认真学习专业理论知识，日复一日，逐渐掌握各种砌筑法，成为当地一位小有名气的砌筑师傅。

　　2015年，贾正中正式入职中青建安建设集团有限公司，来到了建安集团的大家庭，开启了他职业生涯的高光时刻。他对工作一丝不苟、兢兢业业，和团队从东三省到内蒙古，再到老家山东，从淄博、烟台、潍坊等地辗转来到青岛，把家安到了工地上，参加了一个又一个的项目建设,所参与工程多次获得国家优质工程奖、詹天佑奖、中国建筑工程装饰奖、泰山杯等奖项。

2018年7月,他被公司选拔参加"山东省第六届职工职业技能竞赛",在砌筑工决赛中以全省第三名的成绩入围全国大赛集训选拔。为了准确把握角度,他专门制作了一个小工具——异形卡尺。八月的盛夏,室外温度接近40℃,每天坚持八九个小时的室外高强度砌筑训练,累到双手不住颤抖,甚至有时候累到抽筋。功夫不负有心人,最终在来自全国31个省、自治区、直辖市的90多名选手中脱颖而出,取得了全国第二名的好成绩。2019年7月被授予"全国技术能手"荣誉称号,2020年被青岛市总工会评为"青岛大工匠"。

九层之台,起于累土。贾正中告诉记者:"这混凝土和砖块砌起来的不仅仅是一座座高楼大厦,也是我们建筑工人对社会、对企业的责任和使命,更是我们建筑工人心中的匠心作品、工匠精神。我从一个乡村青年一步步走到今天的领奖台,正是靠这种责任和使命的引领与激励,砌筑是我的本职工作,也终将会成为我毕生奋斗的事业。"

项目三
建筑工程数字化计量拓展

模块一 "理实一体化教学楼"工程CAD图纸智能识别

知识目标：
(1) 了解CAD导图原理。
(2) 掌握柱、梁、板、墙等构件的CAD识别方法。
(3) 掌握CAD识别装饰装修的方法。

能力目标：
(1) 能够准确识读CAD图纸，并且熟练完成图纸管理。
(2) 能够熟练完成柱、梁、板等构件的CAD图纸识别。
(3) 能够根据校验结果快速修改调整模型。

素质目标：
(1) 培养学生精益求精、严谨细致的工作作风。
(2) 培养学生发现问题、解决问题的能力。

任务1 创建工程

1.1 学习任务

1.1.1 任务说明

(1) 在广联达GTJ2021软件中完成"理实一体化实训大楼"工程创建，图纸添加、分割与定位。
(2) 识别楼层表与轴网，并填写任务考核中理论考核与任务成果相关内容。

1.1.2 任务指引

1. 分析图纸

(1) 分析结施-2图纸，对工程信息及工程设置进行调整，具体调整方法参考项目一模块一中任务一新建工程章节的操作方法。

（2）在任意一张有楼层表的图纸中，查看结构楼层表，发现表中基础层和1层没有明确写出标高和层高，如图 3-1 所示。

通过结施-3 基础平面图可知桩承台最低标高－3.30m，垫层厚度为 100mm，因此基础层最低标高为－3.40m。由结施-24 中 1—1 剖面图可知，首层地面结构标高为－0.05m，可将结构楼层表进行完善，首层标高－0.05m，层高 4.000m，基础层标高－3.40m，层高 3.35m。

图 3-1　结构楼层表

2. 软件基本操作步骤

完成"理实一体化实训大楼"的创建工程、添加图纸、识别楼层表、图纸分割、识别轴网与图纸定位。

（1）创建工程，并进行工程设置与规则调整；
（2）进入图纸管理界面，完成图纸的添加；
（3）识别楼层表，根据分析图纸部分完善楼层表信息；
（4）进入图纸管理界面，采用自动或手动的方式分割图纸；
（5）选择一张轴网信息完整的图纸，完成轴网的识别；
（6）识别轴网后，依次完成各平面图的定位。

1.2　知识链接

1.2.1　创建工程

创建工程的方法与项目一模块一中任务一新建工程的方法相同，此处不再赘述。

1.2.2　添加图纸

进入"图纸管理"界面，"添加图纸"的操作方法如图 3-2 所示。

微课 3-1-1

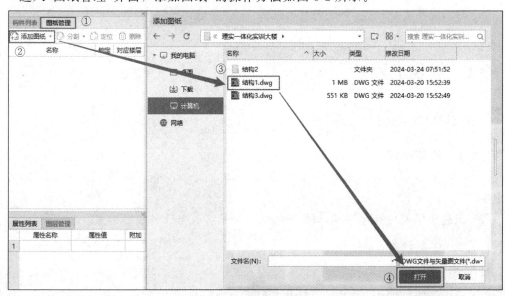

图 3-2　添加图纸

操作步骤:

① 单击"图纸管理"页签;

② 单击"添加图纸";

③ 在弹出的"添加图纸"对话框中选择需要添加的图纸;

④ 单击"打开",即可完成图纸的添加。如果需要添加多个 CAD 图纸,重复以上操作即可。

注:如果构件列表旁没有"图纸管理"页签,可单击工具栏中的"视图",单击打开下方的"图纸管理"即可,如图 3-3 所示。

图 3-3 打开"图纸管理"页签

1.2.3 识别楼层表

工程设置中的楼层,可通过手动添加的方式完成,也可以通过"识别楼层表"的方式识别。打开一张包含楼层表的图纸,例如案例工程中的结施-4,找到结构层楼面标高表,识别楼层表的操作方法如图 3-4 所示。

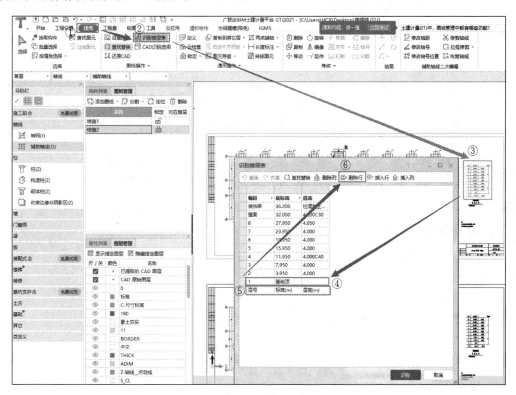

微课 3-1-2

图 3-4 识别楼层表

操作步骤：
① 单击进入"建模"界面；
② 单击"识别楼层表"命令；
③ 按住左键，框选图纸中的楼层表，右击弹出"识别楼层表"对话框；
④ 检查发现楼层表中 1 层信息不正确，根据前面分析图纸得出的信息进行填写；
⑤ 最后一行与楼层表信息无关，可将其选中；
⑥ 单击"删除行"命令，将此无关行删除即可。

填写修改完成后，检查核对其他层的标高、层高等信息，修改完成后，楼层表如图 3-5 所示；

⑦ 修改完成后，单击"识别"，即可完成楼层表的识别。

图 3-5　修改楼层表

1.2.4　图纸分割

图纸分割的方法包括"自动分割"和"手动分割"两种。

1. 自动分割

"自动分割"可快速完成图纸的分割，其操作方法如图 3-6 所示。

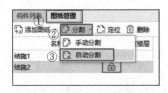

图 3-6　自动分割

操作步骤：
① 单击进入"图纸管理"界面；
② 单击"分割"下拉菜单；
③ 单击选择"自动分割"，即可完成界面中所有图纸的分割。

2. 手动分割

如果"自动分割"不能分割或只能分割部分图纸，则可使用"手动分割"的方法，操作方法如图 3-7 所示。

操作步骤：

① 选择"手动分割"图纸命令后，框选需要分割的图纸，右击，弹出"手动分割"图纸对话框；

② 单击图纸会签栏处的图纸名称，"手动分割"对话框中的图纸名称可自动匹配；

③ 单击此处，弹出"对应楼层"对话框；

④ 根据图纸对应楼层进行楼层选择；

⑤ 楼层选择完成后，单击"确定"；

⑥ 图纸名称及对应楼层修改完成后，单击"确定"，即完成 1 张图纸的手动分割。其余图纸的手动分割重复以上操作即可。

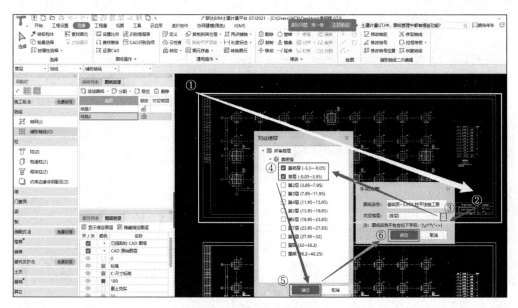

图 3-7　手动分割图纸

1.2.5　识别轴网

图纸分割完成后，双击对应楼层图纸，即可识别图纸中的相应构件。下面在首层图纸中识别轴网。

1. 提取轴线

提取轴线的操作步骤如图 3-8 所示。

操作步骤：

① 双击首层中的图纸，进入相应图纸；

② 单击工具栏中的"识别轴网"；

③ 单击"提取轴线"；

④ 单击轴线任意位置，轴网变成蓝色，表示已选中，右击，即可完成轴线的提取。

注：提取并右击，界面上消失的 CAD 图元均保存在"已提取的 CAD 图层"中。

2. 提取标注

轴线提取完成后，提取标注，操作方法如图 3-9 所示。

微课 3-1-3

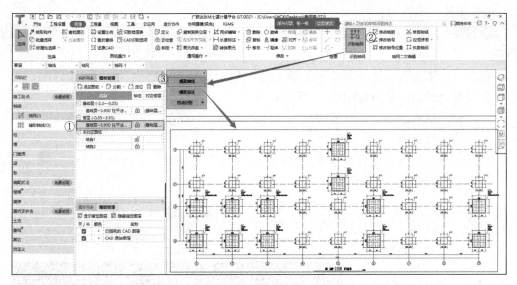

图 3-8 提取轴线

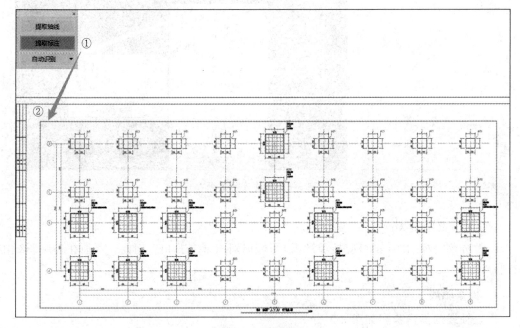

图 3-9 提取标注

操作步骤:

① 单击"提取标注";

② 单击图中轴号、尺寸标注等标注信息,轴网变成蓝色,表示已选中,右击,即可完成标注的提取。

3. 识别轴线

轴线与标注提取完成后,单击"自动识别"下拉菜单中的自动识别,即可完成轴网的识别,如图 3-10 所示。

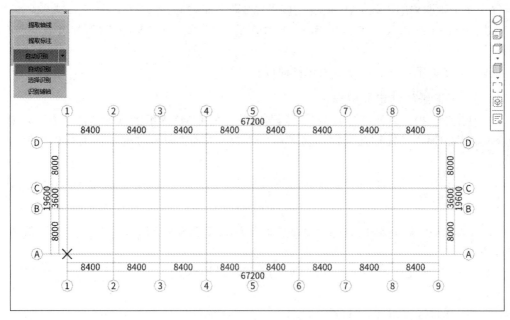

图 3-10 自动识别轴网

注：识别轴网有三种方式，通常用自动识别的方式。"选择识别"方式用于手动识别 CAD 轴网的情况，"识别辅轴"用于识别 CAD 轴网中的辅助轴线。

1.2.6 图纸定位

轴网识别完成后，就可以进行图纸定位，其操作方法如图 3-11 所示。

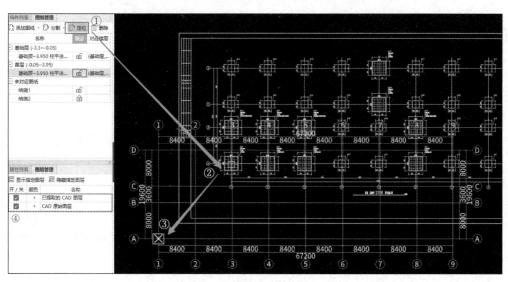

图 3-11 图纸定位

操作步骤：

① 单击"图纸管理"页签中的"定位"；

② 单击绘图区域中 CAD 图纸的①轴与Ⓐ轴交点；

③ 单击轴网中的①轴与Ⓐ轴交点,即可完成图纸的定位。

注:如果绘图区域图纸不显示时,可勾选图 3-11 中④处"开/关"列,即可显示 CAD 图纸。

其余图纸的定位方法重复以上操作即可。

1.2.7 图纸的锁定与解锁

为避免识别构件时误删除 CAD 图纸,导入软件的 CAD 图纸默认为锁定状态。若要进行修改、删除 CAD 等操作,需要单击"图纸管理"中"锁定"列下方的小锁图标进行解锁或锁定。

1.3 任务考核

1. (填空)各楼层建模完成后,发现相邻楼层模型错位,应通过_____的方式进行调整。

2. (填空)锁定 CAD 图纸的目的是防止识别构件时,_____被删除或修改。

3. (多选)板钢筋的识别包括(　　)。
   A. 板受力筋　　　　　　　　B. 跨板受力筋
   C. 负筋　　　　　　　　　　D. 马凳筋

4. (判断)楼层表只能按图纸中识读,不能修改。　　　　　　　　　　(　　)

5. (判断)识别柱表相当于创建柱模型。　　　　　　　　　　　　　　(　　)

6. (填空)图纸分割包括_____和_____两种方式。

任务 2　识别柱构件

2.1 学习任务

2.1.1 任务说明

(1)用识别柱表的方法完成"理实一体化实训大楼"基础层至屋面层框架柱的识别。

(2)汇总计算工程量,并填写任务考核中理论考核与任务成果相关内容。

2.1.2 任务指引

1. 分析图纸

(1)分析"理实一体化实训大楼"结施-4~结施-9 可知,基础层至屋面层共 12 种规格的框架柱,同一个框架柱在不同楼层的截面尺寸及配筋信息均不相同。

(2)结施-4~结施-9 通过截面注写的方式标注了框架柱的截面尺寸、钢筋信息,结施-27 通过柱表的方式列出了各种规格的柱的截面及配筋信息。本节主要通过识别柱表的方式完成柱的属性定义。

2. 软件基本操作步骤

完成框架柱柱表的识别和模型的创建。

(1) 通过识别柱表的方式完成柱的属性定义；
(2) 通过识别柱的方式完成柱模型的创建。

2.2 知识链接

2.2.1 识别柱表

在"图纸管理"工具栏中双击选择有柱表信息的图纸即"结施-27"，然后识别柱表，具体操作方法如图 3-12 所示。

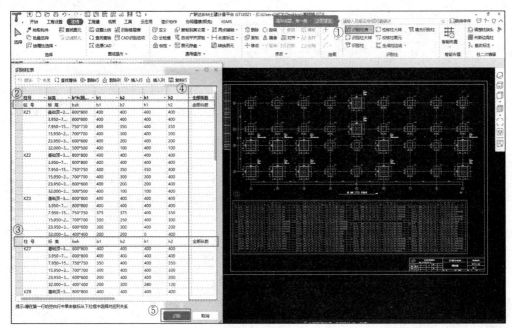

图 3-12 识别柱表

操作步骤：
① 单击工具栏中的"识别柱表"；
② 框选结施-27 的柱表，右击弹出"识别柱表"对话框；
③ 通过"删除行"的方式删除多余的行；
④ 通过"删除列"的方式删除多余的列；
⑤ 单击"识别"，部分柱的箍筋显示为粉红色，这说明无法完成识别，如图 3-13 所示（即图中灰色区域）。

注：KZ2 的柱箍筋为 ⌀10@100/200(⌀14@100)，其中(⌀14@100)表示节点区箍筋。

当遇到以上这种无法识别的情况时，应将节点区箍筋单独列出，其具体操作方法如图 3-14 所示。

操作步骤：
① 新增"节点区箍筋"列；
② 将粉色区域（即图中灰色区域）括号中的节点区箍筋单独列出即可，全部柱的节点区箍筋列完后，单击"识别"，即可完成操作，如图 3-15 所示。

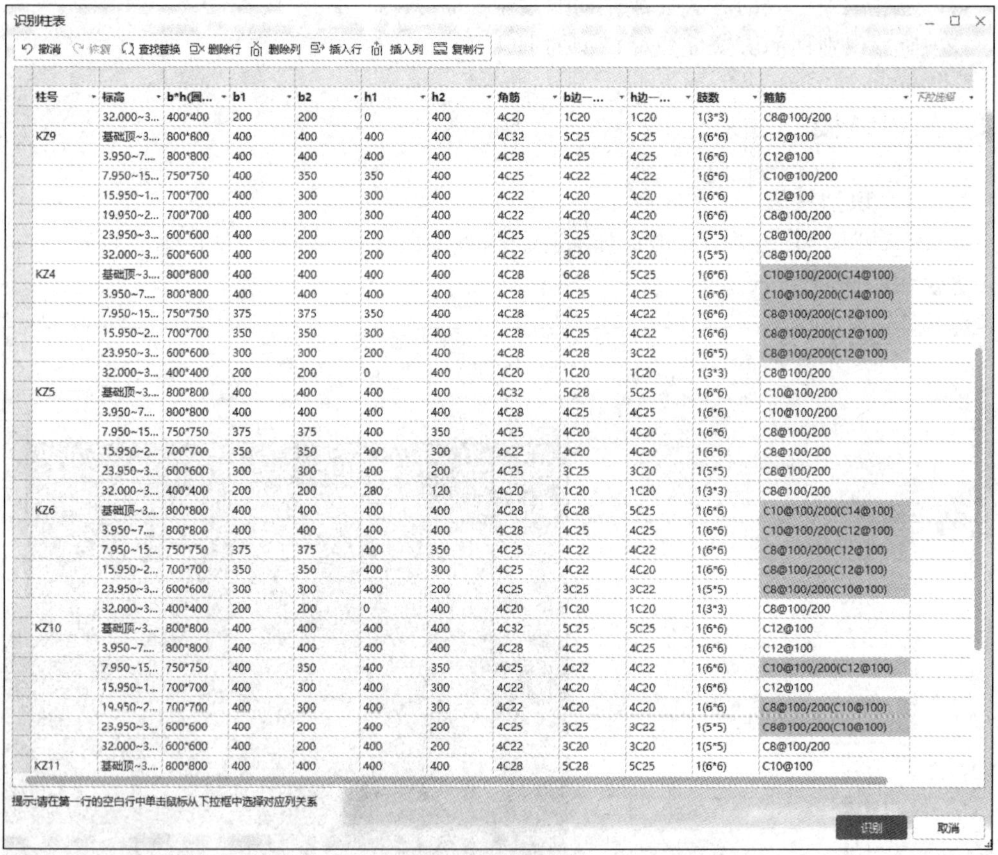

柱号	标高	b*h(圆...	b1	b2	h1	h2	角筋	b边一...	h边一...	肢数	箍筋
	32.000~3...	400*400	200	200	0	400	4C20	1C20	1C20	1(3*3)	C8@100/200
KZ9	基础顶~3....	800*800	400	400	400	400	4C32	5C25	5C25	1(6*6)	C12@100
	3.950~7....	800*800	400	400	400	400	4C28	4C25	4C25	1(6*6)	C12@100
	7.950~15...	750*750	400	350	350	400	4C25	4C22	4C22	1(6*6)	C10@100/200
	15.950~1...	700*700	400	300	300	400	4C22	4C20	4C20	1(6*6)	C12@100
	19.950~2...	700*700	400	300	300	400	4C22	4C20	4C20	1(6*6)	C8@100/200
	23.950~3...	600*600	400	200	200	400	4C25	3C25	3C20	1(5*5)	C8@100/200
	32.000~3...	600*600	400	200	200	400	4C22	3C20	3C20	1(5*5)	C8@100/200
KZ4	基础顶~3....	800*800	400	400	400	400	4C28	6C28	5C25	1(6*6)	C10@100/200(C14@100)
	3.950~7....	800*800	400	400	400	400	4C28	4C25	4C25	1(6*6)	C10@100/200(C14@100)
	7.950~15...	750*750	375	375	350	400	4C28	4C25	4C22	1(6*6)	C8@100/200(C12@100)
	15.950~2...	700*700	350	350	300	400	4C28	4C25	4C22	1(6*6)	C8@100/200(C12@100)
	23.950~3...	600*600	300	300	200	400	4C28	4C28	3C22	1(6*5)	C8@100/200(C12@100)
	32.000~3...	400*400	200	200	0	400	4C20	1C20	1C20	1(3*3)	C8@100/200
KZ5	基础顶~3....	800*800	400	400	400	400	4C32	5C28	5C25	1(6*6)	C10@100/200
	3.950~7....	800*800	400	400	400	400	4C28	4C25	4C25	1(6*6)	C10@100/200
	7.950~15...	750*750	375	375	400	350	4C25	4C20	4C20	1(6*6)	C8@100/200
	15.950~2...	700*700	350	350	400	300	4C22	4C20	4C20	1(6*6)	C8@100/200
	23.950~3...	600*600	300	300	400	200	4C25	3C25	3C20	1(5*5)	C8@100/200
	32.000~3...	400*400	200	200	280	120	4C20	1C20	1C20	1(3*3)	C8@100/200
KZ6	基础顶~3....	800*800	400	400	400	400	4C28	6C28	5C25	1(6*6)	C10@100/200(C14@100)
	3.950~7....	800*800	400	400	400	400	4C28	4C25	4C25	1(6*6)	C10@100/200(C12@100)
	7.950~15...	750*750	375	375	400	350	4C25	4C22	4C22	1(6*6)	C8@100/200(C12@100)
	15.950~2...	700*700	350	350	400	300	4C25	4C22	4C20	1(6*6)	C8@100/200(C12@100)
	23.950~3...	600*600	300	300	400	200	4C25	3C25	3C22	1(5*5)	C8@100/200(C10@100)
	32.000~3...	400*400	200	200	0	400	4C20	1C20	1C20	1(3*3)	C8@100/200
KZ10	基础顶~3....	800*800	400	400	400	400	4C32	5C25	5C25	1(6*6)	C12@100
	3.950~7....	800*800	400	400	400	400	4C28	4C25	4C25	1(6*6)	C12@100
	7.950~15...	750*750	400	350	400	350	4C25	4C22	4C22	1(6*6)	C10@100/200(C12@100)
	15.950~1...	700*700	400	300	400	300	4C22	4C20	4C20	1(6*6)	C12@100
	19.950~2...	700*700	400	300	400	300	4C22	4C20	4C20	1(6*6)	C8@100/200(C10@100)
	23.950~3...	600*600	400	200	400	200	4C25	3C25	3C22	1(5*5)	C8@100/200(C10@100)
	32.000~3...	600*600	400	200	400	200	4C22	3C20	3C20	1(5*5)	C8@100/200
KZ11	基础顶~3....	800*800	400	400	400	400	4C28	5C28	5C25	1(6*6)	C10@100

图 3-13　无法识别的柱表

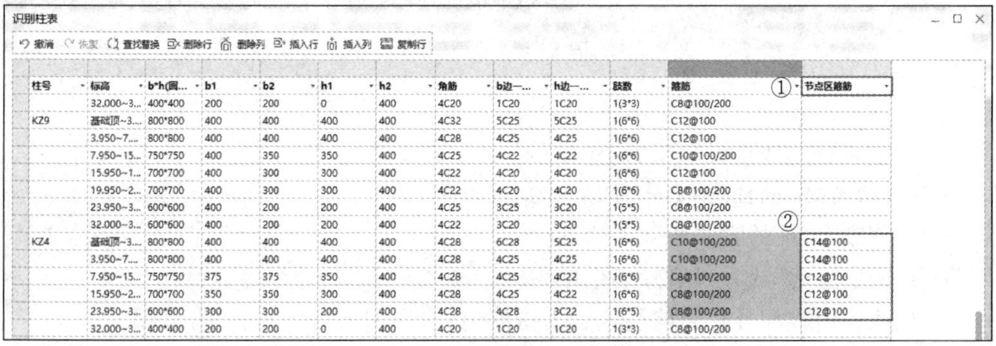

柱号	标高	b*h(圆...	b1	b2	h1	h2	角筋	b边一...	h边一...	肢数	箍筋	节点区箍筋
	32.000~3...	400*400	200	200	0	400	4C20	1C20	1C20	1(3*3)	C8@100/200	
KZ9	基础顶~3....	800*800	400	400	400	400	4C32	5C25	5C25	1(6*6)	C12@100	
	3.950~7....	800*800	400	400	400	400	4C28	4C25	4C25	1(6*6)	C12@100	
	7.950~15...	750*750	400	350	350	400	4C25	4C22	4C22	1(6*6)	C10@100/200	
	15.950~1...	700*700	400	300	300	400	4C22	4C20	4C20	1(6*6)	C12@100	
	19.950~2...	700*700	400	300	300	400	4C22	4C20	4C20	1(6*6)	C8@100/200	
	23.950~3...	600*600	400	200	200	400	4C25	3C25	3C20	1(5*5)	C8@100/200	
	32.000~3...	600*600	400	200	200	400	4C22	3C20	3C20	1(5*5)	C8@100/200	
KZ4	基础顶~3....	800*800	400	400	400	400	4C28	6C28	5C25	1(6*6)	C10@100/200	C14@100
	3.950~7....	800*800	400	400	400	400	4C28	4C25	4C25	1(6*6)	C10@100/200	C14@100
	7.950~15...	750*750	375	375	350	400	4C28	4C25	4C22	1(6*6)	C8@100/200	C12@100
	15.950~2...	700*700	350	350	300	400	4C28	4C25	4C22	1(6*6)	C8@100/200	C12@100
	23.950~3...	600*600	300	300	200	400	4C28	4C28	3C22	1(6*5)	C8@100/200	C12@100
	32.000~3...	400*400	200	200	0	400	4C20	1C20	1C20	1(3*3)	C8@100/200	

图 3-14　节点区箍筋单独列出

图 3-15　完成识别柱表

2.2.2 识别柱

1. 提取边线

完成识别柱表后,即完成了柱的属性定义,接下来通过识别柱的方式完成柱的模型创建,操作方法如图 3-16 所示。

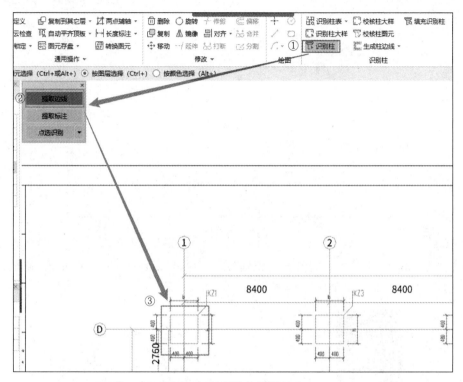

图 3-16 识别柱与模型创建

操作步骤:

① 单击工具栏中"识别柱";

② 选择"提取边线"命令;

③ 选择任意一个柱的边线,被选中的柱边线显示为蓝色,如果部分柱边线没有被选中,继续进行选择,全部的柱边线选择完成后,右击,柱边线消失,表示柱边线提取完成。

2. 提取标注

柱边线提取完成后,再提取柱标注,其操作方法如图 3-17 所示。

操作步骤:

① 单击"提取标注";

② 单击柱尺寸、柱名称,右击,标注及名称消失,表示完成提取。

3. 识别柱

柱边线和标注信息提取完成后,即可识别柱。柱的识别方法有 4 种,分别是自动识别、框选识别、点选识别和按名称识别,如图 3-18 所示,这里重点介绍自动识别的方法。

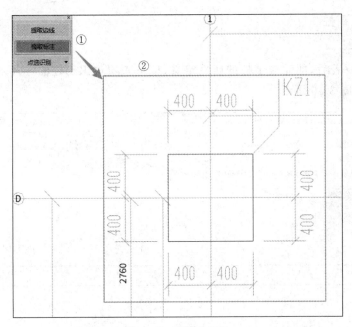

图 3-17 提取柱标注

单击"点选识别"下拉框,选择"自动识别"命令,弹出"识别柱"对话框,单击"确定",即可完成柱构件的识别,其结果如图 3-19 所示。

图 3-18 自动识别

图 3-19 识别柱识别结果

框选识别:当需要识别某一区域的柱时,可采用框选识别;

点选识别:通过鼠标点选的方式逐一识别柱构件;

按名称识别:在图纸中有多个相同名称的柱,这时通常只会对一个柱进行详细标注,而其他柱只标注柱名称,此时就可以使用"按名称识别"进行柱的识别。

2.3 任务考核

1.（填空）柱箍筋⌀10@100/200(⌀14@100)中(⌀14@100)表示_____,在_____中输入该信息。

2.（填空）识别柱信息的方法有_____、_____。

3.（多选）识别柱的方法有(　　)。

　　A. 自动识别　　　B. 框选识别　　　C. 点选识别　　　D. 按名称识别

4.（判断）柱节点区箍筋可以自动识别,不需要手动编辑。　　　　　　　　(　　)

5.（判断）识别柱表后一般不需要调整，可以直接识别柱信息。（　　）

6.（判断）提取柱标注时，只提取柱的标注尺寸即可，不需要提取柱名称。（　　）

任务 3　识别梁构件

3.1　学习任务

3.1.1　任务说明

完成"理实一体化实训大楼"基础层至屋面层梁构件及钢筋信息的识别。

3.1.2　任务指引

1. 分析图纸

"理实一体化实训大楼"图纸中结施-10～结施-17 为各层梁平法施工图，按楼层依次完成梁的识别。

2. 软件基本操作步骤

完成框架梁的识别和模型创建。

（1）识别梁边线及标注信息；

（2）编辑支座信息，校核图元。

3.2　知识链接

识别梁

识别梁时，首先将需要用到的相关图纸显示在绘图区域中，激活"识别梁"的操作方法如图 3-20 所示。

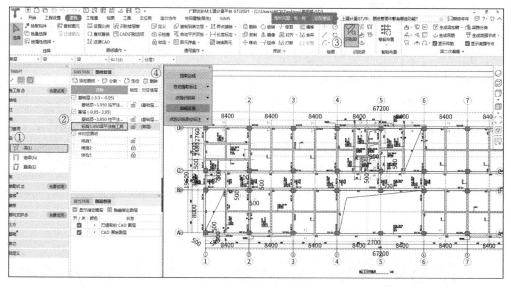

图 3-20　激活"识别梁"

微课 3-3-1

操作步骤:

① 单击"导航栏",单击进入"梁(L)"构件;

② 双击进入"标高 3.950 梁平法施工图",将梁平法施工图显示在绘图区域;

③ 单击工具栏"识别梁"选项;

④ 弹出"识别梁"工具栏,包含"提取边线""自动提取标注""点选识别梁""编辑支座""点选识别原位标注"。

1. 提取边线

梁边线的提取方法如图 3-21 所示。

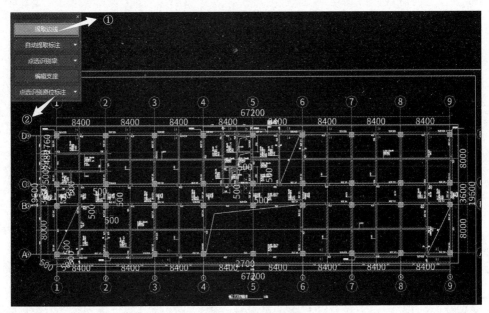

图 3-21 提取梁边线

操作步骤:

① 单击"提取边线"命令;

② 选择梁边线,被选中的梁边线显示为深蓝色,如果一次无法全部选中,可多次选择,直到全部选中后,右击,梁边线消失,表示提取完成。

2. 自动提取标注

梁标注的提取方法有"自动提取标注""提取集中标注""提取原位标注"。当图纸上梁的集中标注和原位标注在一张图纸上时,用"自动提取标注"的方法;当图纸上梁的原位标注和集中标注不在一张图纸上时,可以用"提取集中标注"和"提取原位标注"分别提取。本案例工程的原位标注和集中标注在一张图纸上,故采用"自动提取标注"的方法,其具体操作方法如图 3-22 所示。

操作步骤:

① 单击"自动提取标注"命令;

② 点选图中原位标注和集中标注,全部选中后,右击确定,弹出"标注提取完成"的提示,如图 3-23 所示。

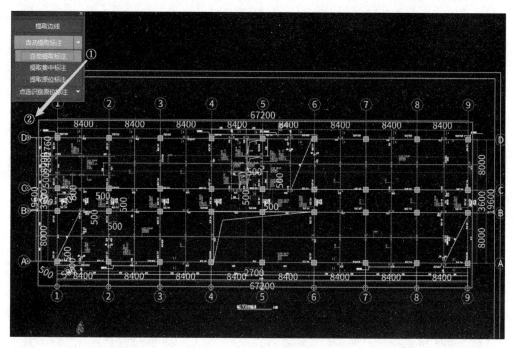

图 3-22 自动提取标注

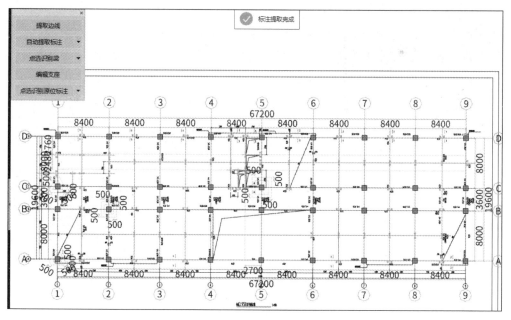

图 3-23 标注提取完成

3. 点选识别梁

点选识别梁的方法包括三种：自动识别梁、框选识别梁和点选识别梁。此处主要介绍"自动识别梁"的方法，其操作方法如图 3-24 所示。

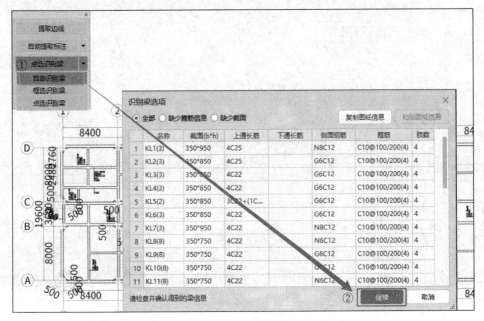

图 3-24　自动识别梁

操作步骤：

① 单击"自动识别梁"命令，弹出"识别梁选项"对话框；

② 核对表中已识别的梁的尺寸及钢筋信息，核对无误后，单击"继续"，即可完成梁的识别。

4. 校核梁图元

完成梁的提取识别后，软件会自动校核梁图元，如果梁存在跨数和集中标注不相符的情况，可以通过"编辑支座"的方式进行支座的增加、删除来调整梁跨。校核梁图元的界面如图 3-25 所示。"编辑支座"的方法与前面梁相关章节中调整方法相同。

按校核结果逐项调整后，刷新即可完成梁的识别。

图 3-25　校核梁图元

3.3　任务考核

1．（判断）提取梁的原位标注相当于梁的属性定义。　　　　　　　　　　（　　）

2．（判断）梁的原位标注和集中标注不能同时提取。　　　　　　　　　　（　　）

3．（判断）"识别梁"的方法包括三种：自动识别梁、框选识别梁和点选识别梁。（　　）

4.（判断）识别梁构件一次可以识别多种梁。（   ）
5.（判断）校核梁图元时,双击梁构件行,软件可以自动追踪定位到对应的梁。（   ）
6.（判断）梁的原位标注和集中标注是同一种标注,识别一种即可。（   ）

任务 4　识别板构件

4.1　学习任务

4.1.1　任务说明

(1) 完成"理实一体化实训大楼"基础层至屋面层板及板洞的识别;
(2) 完成板及梁处后浇带的定义与模型创建。

4.1.2　任务指引

1. 分析图纸

(1) 识读结施-19 首层板配筋图,图中均未标注板信息,图名下方注明未标注的板厚均为 100mm,另外图中有后浇带和降板,识别完成后应进行调整和补充。
(2) 后浇带相关信息在结施-2 设计说明中的 7.7 条有详细说明,同时图 7.7-1 有梁后浇带和板后浇带的详细做法,分别如图 3-26 和图 3-27 所示,定义后浇带时需按图中标注输入。

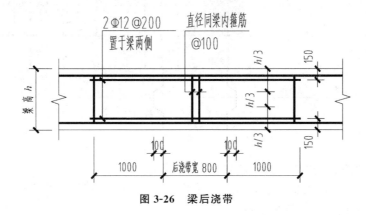

图 3-26　梁后浇带

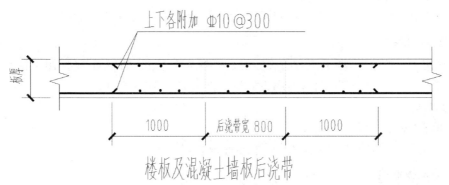

图 3-27　板后浇带

2. 软件基本操作步骤

完成首层板、板钢筋的识别和板梁处后浇带模型的创建。

(1) 识别首层板及板洞信息；

(2) 识别首层板受力筋、跨板受力筋和负筋；

(3) 创建板梁处后浇带模型。

4.2 知识链接

4.2.1 识别板

识别板时，先将首层板平面图显示在绘图区域中，其操作方法如图 3-28 所示。

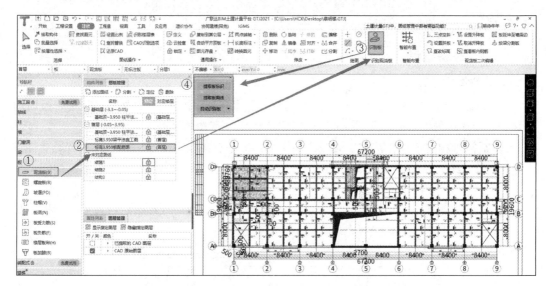

图 3-28 激活"识别板"

微课 3-4-1

操作步骤：

① 单击"导航栏"，单击进入"现浇板(B)"构件；

② 双击进入"标高 3.950 板配筋图"，将板平法施工图显示在绘图区域；

③ 单击工具栏"识别板"选项；

④ 弹出"识别板"工具栏，包含"提取板标识""提取板洞线"和"自动识别板"。

1. 提取板标识

本案例工程图纸中，图名下方有未注明板厚均为 100mm 的说明，平面图中没有标注板名称等信息，因此均为未注明板，提取板标识的方法如图 3-29 所示。

操作步骤：

① 单击"提取板标识"命令；

② 单击任意一块板的边线，选中后右击完成提取。

2. 提取板洞线

提取板标识及板边线后，提取板洞线，其操作方法如图 3-30 所示。

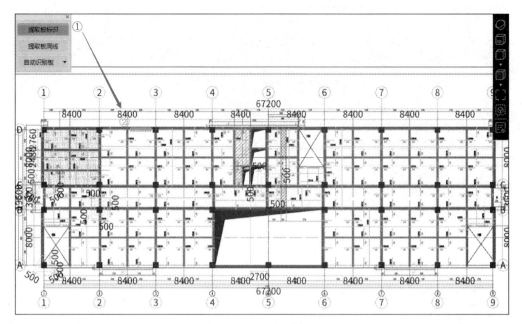

图 3-29 提取板标识

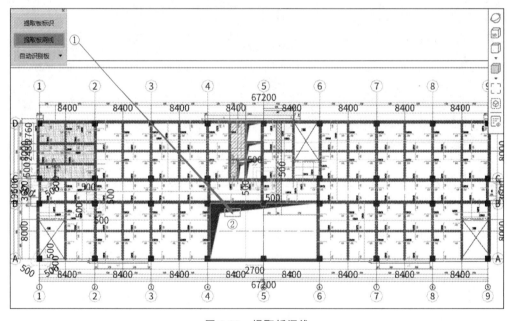

图 3-30 提取板洞线

操作步骤：

① 单击"提取板洞线"命令；

② 单击任意一处板洞线及楼梯间的板洞线，全部选中后，右击，完成板洞线的提取。

3. 自动识别板

提取板标识和板洞线后，就可以进行板的识别，自动识别板的操作方法如图 3-31 所示。

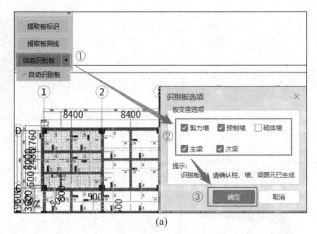 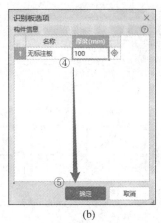

(a)　　　　　　　　　　　　　　　(b)

图 3-31　自动识别板

操作步骤：
① 单击"自动识别板"命令；
② 勾选已完成建模的板支座；
③ 单击"确定"，弹出"识别板选项"对话框；
④ 本案例中的板均为无标注板，板厚均为 100mm；
⑤ 修改完板厚信息后，单击"确定"，即可完成板的识别。首层板模型如图 3-32 所示。

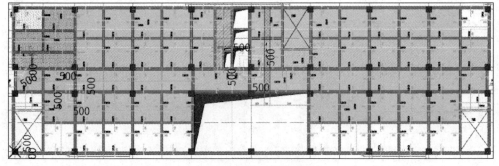

图 3-32　首层板模型

图纸右下角的说明第 4 条中提到，▨标识处的板降板 0.05mm，因此识别完所有板后，选中需要降板的几块板，单独修改其属性中的标高，其操作方法如图 3-33 所示。

操作步骤：
① 点选或框选需要降板的几块板；
② 修改属性中的顶标高为"层顶标高－0.05"。

4.2.2　识别板钢筋

1. 识别板受力筋

识别板受力筋时，需要先激活"识别受力筋"功能，其操作方法如图 3-34 所示。
操作步骤：
① 单击导航栏的"板受力筋(S)"；
② 选择"标高 3.950 板配筋图"；

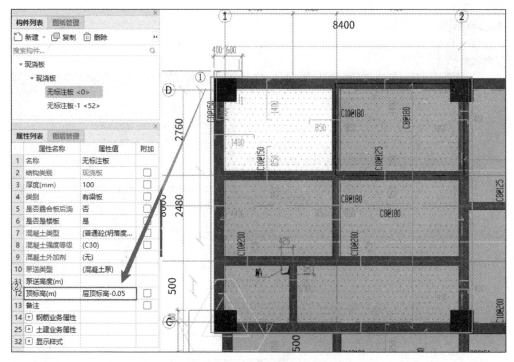

图 3-33 修改板标高

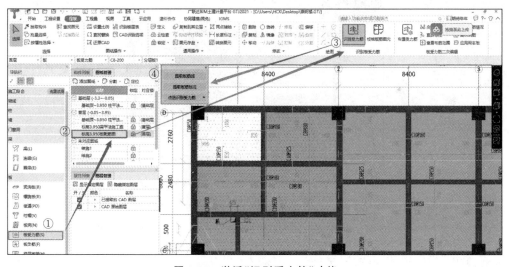

图 3-34 激活"识别受力筋"功能

③ 单击工具栏中的"识别受力筋"命令；
④ 弹出识别受力筋对话框。
1）提取板筋线
提取板筋线的操作方法如图 3-35 所示。
操作步骤：
① 单击"提取板筋线"命令；
② 选择任意一个板的受力筋线，首层全部受力筋线选中后，右击，完成板受力筋的提取。

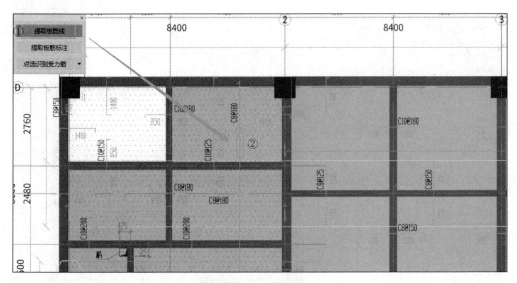

图 3-35 提取板筋线

2）提取板筋标注

提取板筋标注的方法如图 3-36 所示。

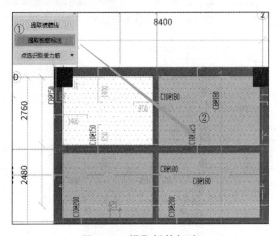

图 3-36 提取板筋标注

操作步骤：

① 单击"提取板筋标注"命令；

② 选择图中板受力筋标注信息，全部选中后右击，即完成板筋标注的提取。

3）自动识别受力筋

识别受力筋共有两种方法，分别是"自动识别板筋"和"点选识别受力筋"，其中"自动识别板筋"功能可以将提取到的标识自动识别成"板受力筋""跨板受力筋"和"板负筋"，而"点选识别受力筋"则是通过点选的方式，将受力筋图元布置到板图元上。下面介绍"自动识别板受力筋"的方法，如图 3-37 所示。

操作步骤：

① 单击"自动识别板筋"命令，弹出"识别板筋选项"对话框，本图纸说明中注明未标注

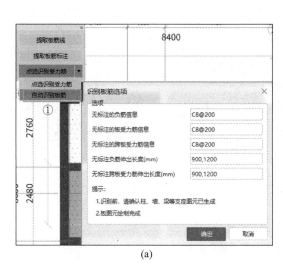

图 3-37 自动识别板受力筋

钢筋均为 C8@200，因此，直接单击"确定"；

② 弹出"自动识别板筋"对话框，信息核对无误后，单击"确定"，即可完成板受力筋的识别。

2. 识别其他板钢筋

首层平面图中，除了板受力筋外，还有跨板受力筋和板负筋，其识别方法与板受力筋的识别方法相同，此处不再赘述。

4.2.3 创建后浇带模型

1. 后浇带的属性定义

由结施-19 可知，后浇带的宽度为 800mm，新建后浇带的方法如图 3-38 所示。

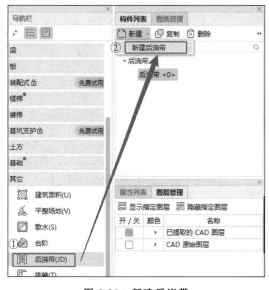

图 3-38 新建后浇带

操作步骤：
① 单击导航栏中的"后浇带(JD)"；
② 单击构件列表中的"新建"，在下拉菜单中选择"新建后浇带"，完成后浇带的新建。
新建后浇带后，属性定义的方法如图3-39所示。

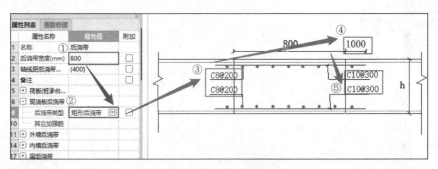

图 3-39　修改板后浇带参数

操作步骤：
① 修改属性列表中的后浇带宽度为800mm；
② 由结施-2可知，现浇板处后浇带类型与默认的类型相同，为"矩形后浇带"；
③ 将参数图中的分布筋修改为C8@200；
④ 将深入板中的锚固长度修改为1000mm；
⑤ 将后浇带处板受力筋修改为C10@300。

由于此处后浇带也会经过梁构件，因此在属性中应修改梁后浇带参数，其设置方法如图3-40所示。

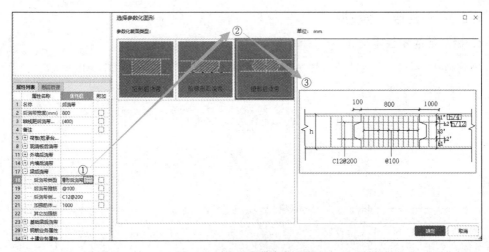

图 3-40　梁后浇带参数设置

操作步骤：
① 单击"…"，弹出"选择参数化图形"对话框；
② 根据说明中梁后浇带的类型，选择"槽型后浇带"；
③ 对照说明中梁后浇带配筋图，修改对应参数。

2. 后浇带的 BIM 模型创建

后浇带为面式构件,可采用"直线"绘制和"矩形"绘制两种方式布置。布置方法与板的布置方法相同,布置后的效果如图 3-41 所示。

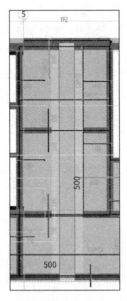

图 3-41 后浇带布置后的效果

3. 清单套用

1) 后浇带清单项目

根据《房屋建筑与装饰工程工程量计算规范》(GB 50854—2013)规定,后浇带清单项目如表 3-1 所示。

表 3-1 后浇带(编号:010508)

项目编码	项目名称	项目特征	计量单位	工程量计算规则	工作内容
010508001	后浇带	1. 混凝土类别; 2. 混凝土强度等级	m³	按设计图示尺寸以体积计算	1. 模板及支架(撑)制作、安装、拆除、堆放、运输及清理模内杂物、刷隔离剂等; 2. 混凝土制作、运输、浇筑、振捣、养护及混凝土交接面、钢筋等的清理

2) 清单套取

此处采用"查询匹配清单"的方法匹配后浇带混凝土及其模板清单项,如图 3-42 所示。

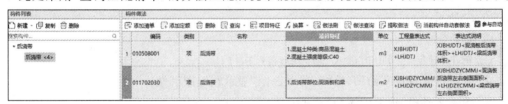

图 3-42 后浇带混凝土及模板清单

4.3 任务考核

1. (填空)板钢筋主要包括_____、_____、_____。
2. (判断)未注明板信息的板无法识别。　　　　　　　　　　　　　　　　　(　　)
3. (判断)后浇带定义时,需按梁、板等构件分别输入参数。　　　　　　　　(　　)
4. (判断)后浇带在套用清单时也应该套用对应的模板清单。　　　　　　　　(　　)
5. (判断)"自动识别板筋"功能可以将提取到的标识自动识别成"板受力筋""跨板受力筋"和"板负筋"。　　　　　　　　　　　　　　　　　　　　　　　　　　　　(　　)
6. "点选识别受力筋"是通过点选的方式,将受力筋图元布置到板图元上。　(　　)

任务5　识别墙构件及装饰装修

5.1　学习任务

5.1.1　任务说明

(1) 完成"理实一体化实训大楼"基础层至屋面层砌体墙的识别;
(2) 完成门窗表的识别;
(3) 完成装修表的识别。

5.1.2　任务指引

1. 分析图纸

(1) 识读建施-4(一层平面图),图中包含多种墙厚的砌体墙以及门窗;
(2) 识图建施-3,图中包含门窗表和装修表,识别时可直接将图纸导入软件进行识别。

2. 软件基本操作步骤

(1) 识别砌体墙及门窗洞信息,创建砌体墙模型;
(2) 识别并调整门窗表,创建门窗模型;
(3) 识别装修表。

5.2　知识链接

5.2.1　识别砌体墙

识别砌体墙时,先将首层平面图显示在绘图区域中,即激活"识别砌体墙",其操作方法如图 3-43 所示。

操作步骤:

① 单击"导航栏",单击进入"砌体墙(Q)"构件;
② 双击进入首层平面图,将"一层平面图"显示在绘图区域;
③ 单击工具栏"识别砌体墙"选项;

微课 3-5-1

④ 弹出"识别砌体墙"工具栏,包含"提取砌体墙边线""提取墙标识""提取门窗线"和"识别砌体墙"。

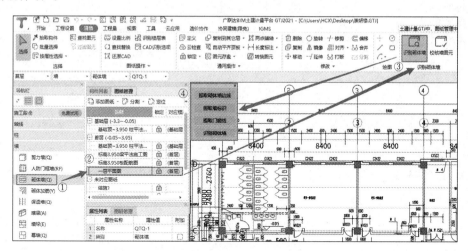

图 3-43 激活"识别砌体墙"

1. 提取砌体墙边线

提取砌体墙边线的方法如图 3-44 所示。

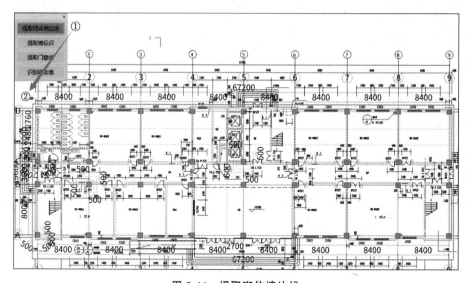

图 3-44 提取砌体墙边线

操作步骤：
① 单击"提取砌体墙边线"命令；
② 单击一层平面图中的砌体墙边线,选中后右击,砌体墙边线消失,则提取完成。

2. 提取门窗线

提取砌体墙边线后,由于图中没有墙标识,就可以直接提取门窗线,其操作方法如图 3-45 所示。

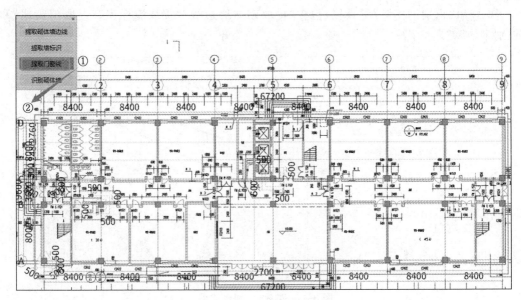

图 3-45 提取门窗线

微课 3-5-2

操作步骤：

① 单击"提取门窗线"命令；

② 单击一层平面图中的门窗线，选中后右击，门窗线消失，则提取完成。

3. 识别砌体墙

提取砌体墙边线和门窗线后，就可以进行砌体墙的识别，其操作方法与过程如图 3-46 所示。

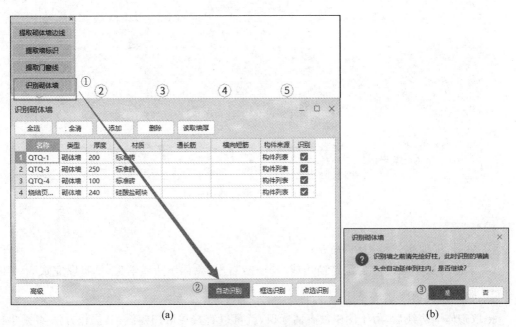

图 3-46 识别砌体墙

操作步骤：

① 单击"识别砌体墙"命令；

② 墙体信息核对无误后，单击"自动识别"；

③ 弹出"识别砌体墙"对话框，单击"是"，即可完成砌体墙的识别。首层砌体墙模型如图 3-47 所示。

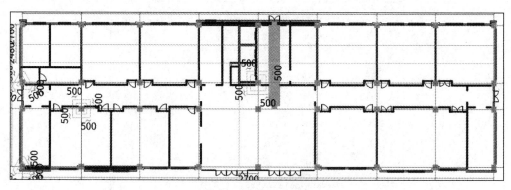

图 3-47　首层砌体墙模型

5.2.2　识别门窗

识别门窗时，先将门窗表显示在绘图区域中，识别门窗表的操作方法如图 3-48 所示。

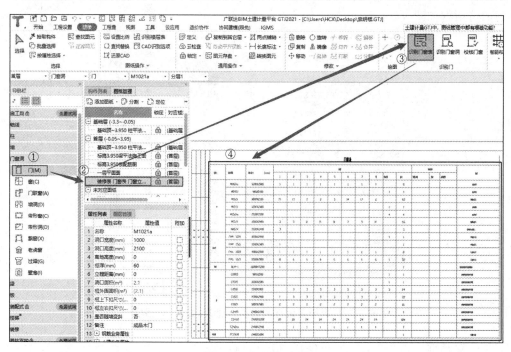

图 3-48　识别门窗表

操作步骤：

① 单击"导航栏"，单击进入"门(M)"构件；

② 双击进入"装修表　门窗表　门窗立…"，将门窗表显示在绘图区域；

③ 单击工具栏"识别门窗表"选项;

④ 框选门窗表,选中后右击,弹出"识别门窗表"对话框,如图 3-49 所示。

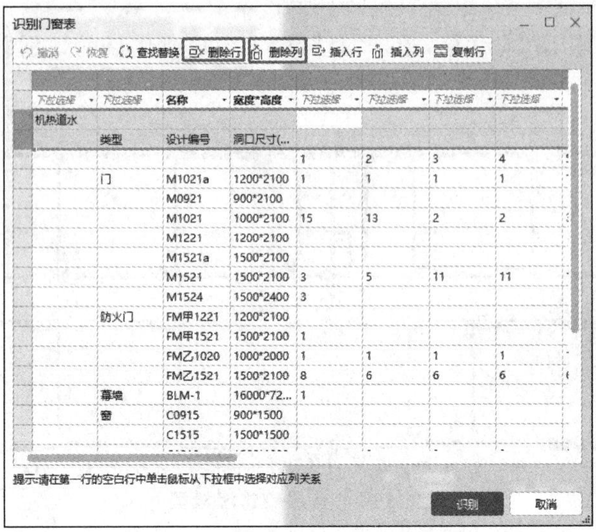

图 3-49 "识别门窗表"对话框

在弹出的对话框中,通过"删除行""删除列"的操作将表格中多余的行与列进行删除,删除后的对话框如图 3-50 所示。

图 3-50 删掉多余行列后的"识别门窗表"对话框

单击对话框中的"识别",即可完成首层门窗的识别,如图 3-51 所示。

5.2.3 识别装饰装修

识别装饰装修时,先将装饰装修表显示在绘图区域中,即激活"识别装饰装修",其操作方法如图 3-52 所示。

图 3-51 门窗洞识别完成

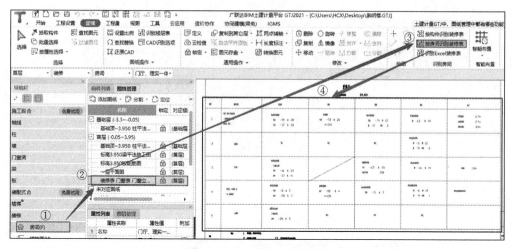

图 3-52 激活"识别装饰装修"

操作步骤：
① 单击"导航栏"，单击进入"房间（F）"构件；
② 双击进入"装修表　门窗表　门窗立…"，将装修表显示在绘图区域；
③ 分析本工程的装修表，适合采用"按房间识别装修表"的方式，单击工具栏"按房间识别装修表"选项；
④ 框选图中装修表，选中后显示为蓝色，右击，弹出"按房间识别装修表"对话框，如图 3-53 所示。

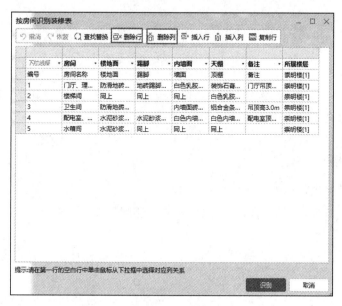

图 3-53 "按房间识别装修表"对话框

采用"删除行""删除列"将表格中多余的行与列删除，整理完成后"按房间识别装修表"如图 3-54 所示。

单击"识别"，即可完成装饰装修的识别，如图 3-55 所示。

图 3-54　整理后的"按房间识别装修表"

图 3-55　按房间识别装修表

装修表的识别可以快速建立房间及房间内楼地面、墙面、墙裙、踢脚、天棚等构件之间的依附关系,极大地提高了建模效率。

5.3　任务考核

1. (判断)没有墙标识的砌体墙无法识别。　　　　　　　　　　　　　　　　　　(　　)

2. (判断)校核识别到的门窗洞信息,可利用"删除行""删除列"功能删除无用的信息。
　　　　　　　　　　　　　　　　　　　　　　　　　　　　　　　　　　　(　　)

3. (判断)识别房间装修表有"按房间识别装修表""按构件识别装修表"和"识别 Excel 装修表"三种方式。　　　　　　　　　　　　　　　　　　　　　　　　　　　　(　　)

4. (判断)房间装修表识别成功后,软件会按照图纸上房间与各装修构件的关系自动建立房间并自动依附装修构件。　　　　　　　　　　　　　　　　　　　　　　　　(　　)

5. (判断)当图纸中没有给出装修表,只给出了外部 Excel 装修表时,可以通过"识别 Excel 装饰表"的方法来识别装修构件。　　　　　　　　　　　　　　　　　　　(　　)

6. (判断)当图纸中没有体现房间与房间内各装修之间的对应关系,只给出各构件的所

属关系时,可以采用"按构件识别装修表"进行识别装修。 （　　）

 **学习新视界15**

数字时代背景下工程造价的数字化转型升级

当今时代,数字技术已经渗透到生活、工作的方方面面,各行各业都在数字化转型升级征途中向前推进。站在"十四五"新征程上,在数字中国战略愿景的牵引下,建筑行业数字化转型升级正加速推进,实现数字化转型,已成为一道决定未来生存发展的必答题。面对科技进步之变、市场模式之变、竞争格局之变,工程造价数字化是信息化社会背景下现代工程管理发展的重要趋势。

工程造价数字化时代的理想场景是实现数字新成本、数字新咨询、数字新服务、数字新审计的"四新"理想场景。

数字新成本

项目成本数字化精细管理,基于 BIM 以项目成本数据积累与应用的闭环打通为核心、协同为基础,实现价值管理与成本管理的有效落地,助力项目达成成本精细化管理的目标。

数字新咨询

工程咨询企业数字化管理,以咨询企业的经营管理、运营管理、业务管理、财务管理一体化为核心,围绕经营数据、运营数据、业务数据、财务数据,实现智能运营,事业平台打造,经营管理升级,赋能咨询企业数字化创新变革。

数字新服务

数据化精准服务,首先是实时采集现场数据及市场数据,借助大数据分析技术,形成准确动态的行业消耗量、人材机价格、指数指标、项目信息、人员诚信等数据;其次是通过云端技术打造线上服务平台,为市场主体提供项目投资决策、项目预警、纠纷调解、诚信监督、继续教育等方面服务。

数字新审计

数字化智能审计,面向以国有投资为主体的工程项目,利用大数据及平台技术智能沉淀造价业务数据与审计知识数据,打通审计项目管理、业务管理、执行管理关键环节,形成审计单位建立全数字化的工作场景,让项目审计全程留痕的同时保障审计质量,提升审计效率。

数字造价管理时代,"四新"理想场景也是数字造价管理的目标,驱动行业变革与创新发展,使全面工程造价管理工作综合价值更优,构建造价新生态。

模块二 建筑主体构件工程量计算拓展

知识目标：
(1) 了解筏板基础、垫层、集水坑、独立基础、剪力墙、剪力墙柱的工程量计算规则。
(2) 理解筏板基础、集水坑、独立基础、剪力墙、剪力墙柱的图纸识读方法。
(3) 掌握筏板基础、垫层、集水坑、独立基础、剪力墙、剪力墙柱在 GTJ 算量软件中新建、BIM 模型创建以及清单套用的操作方法。

能力目标：
(1) 能够正确识读筏板基础、垫层、集水坑、独立基础、剪力墙、剪力墙柱的工程图纸，获取相关信息。
(2) 能够使用 GTJ 算量软件正确定义筏板基础、垫层、集水坑、独立基础、剪力墙、剪力墙柱，并绘制图元。
(3) 能够正确套取清单，计算筏板基础、垫层、集水坑、独立基础、剪力墙、剪力墙柱的土建及钢筋工程量。

素质目标：
(1) 培养学生严谨、细致的工作作风。
(2) 培养学生独立思考的良好习惯。
(3) 培养学生学会运用辩证思想看待问题、解决问题的方法。
(4) 培养学生严格遵守行业规范，形成规则计量意识。

任务 6 筏板基础工程量计算

6.1 学习任务

6.1.1 任务说明

(1) 完成"1号住宅楼"筏板基础、筏板受力筋、混凝土垫层的 BIM 模型建立，并依据《房屋建筑与装饰工程工程量计算规范》(GB 50854—2013)编制工程量清单。
(2) 汇总计算工程量，并填写任务考核中理论考核与任务成果相关内容。

6.1.2 任务指引

1. 分析图纸

(1) 建立筏板基础、筏板受力筋、混凝土垫层 BIM 模型时，首先应识读基础平面布置及筏板配筋图。由图可知，本工程主楼采用平板式筏形基础，板厚 700mm，基础底标高为−6.7m。筏板基础混凝土强度等级为 C30，筏板下设 C15 垫层，厚 150mm。

(2) 由基础平面布置及筏板配筋图可知，筏板基础板底和板顶均配置Φ 16@200 双层双向通长钢筋。并且，板底设有附加钢筋Φ 12@200，板顶设有附加钢筋Φ 16@200。

(3) 由筏板封边做法可知，本工程采用“U”形筋构造封边方式，“U”形筋和侧边构造纵筋均为Φ 12@200。

(4) 由筏板阳角板底加筋构造图可知，筏板阳角板底加筋为 7 Φ 18@200；由筏板平面布置图可知，本工程筏板基础共有 6 个阳角。

2. 软件基本操作步骤

筏板基础、筏板受力筋、混凝土垫层 BIM 建模与清单套用基本步骤分为新建构件、模型创建与清单套用三部分。

(1) 新建构件是将筏板基础、筏板受力筋、混凝土垫层的相关信息输入属性定义框；

(2) 模型创建是将已完成属性定义的筏板基础、筏板受力筋、混凝土垫层按照基础平面布置及筏板配筋图中的相应位置进行布置，绘制筏板基础、筏板受力筋、混凝土垫层等相应图元；

(3) 清单套用是根据《房屋建筑与装饰工程工程量计算规范》(GB 50854—2013)的规定，对筏板基础、混凝土垫层进行清单套取及项目特征描述。

6.2 知识链接

6.2.1 属性定义

1. 筏板基础的属性定义

由基础平面布置及筏板配筋图可知，本工程采用平板式筏形基础，新建筏板基础及其属性定义的具体操作方法分别如图 3-56、图 3-57 所示，钢筋业务属性和马凳筋设置如图 3-58 和图 3-59 所示。

图 3-56　新建筏板基础

	属性名称	属性值	附加
1	名称	FB-1	
2	厚度(mm)	700	☐
3	材质	现浇混凝土	☐
4	混凝土类型	(普通砼(坍落…	☐
5	混凝土强度等级	C30	☐
6	混凝土外加剂	(无)	
7	泵送类型	(混凝土泵)	
8	类别	无梁式	☐
9	顶标高(m)	层底标高+0.7	☐
10	底标高(m)	层底标高	☐
11	备注		☐
12	+ 钢筋业务属性		
26	+ 土建业务属性		
30	+ 显示样式		

图 3-57　筏板基础的属性定义

12	− 钢筋业务属性	
13	其它钢筋	
14	马凳筋参数图	I 型
15	马凳筋信息	Φ14@1000*1000
16	线形马凳筋方向	平行横向受力筋
17	拉筋	
18	拉筋数量计算方式	向上取整+1
19	马凳筋数量计算…	向上取整+1
20	筏板侧面纵筋	Φ12@200
21	U形构造封边钢筋	Φ12@200
22	U形构造封边钢…	max(15*d,200)
23	归类名称	(FB-1)
24	保护层厚度(mm)	(40)
25	汇总信息	(筏板基础)

图 3-58　钢筋业务属性

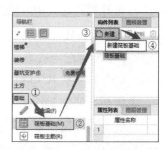

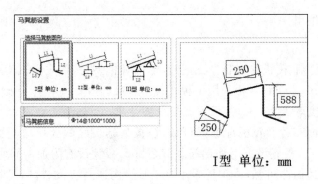

图 3-59 马凳筋设置

操作步骤:

① 单击模块导航栏中的"基础";

② 单击"筏板基础(M)";

③ 单击"新建";

④ 单击"新建筏板基础",在属性编辑框中输入相应的属性值,设置马凳筋信息,完成钢筋业务属性编辑。

注:马凳筋:

它的形状像凳子故俗称马凳,也称撑筋。用于上下两层板钢筋中间,起固定上层板钢筋的作用。

① 马凳筋的类型:几字形、T形、三角形等。

② 马凳筋钢筋的大小一般使用比板小一号钢筋的规格。

③ 马凳筋的高度计算方法:马凳筋高度 = 板厚 − 2 × 保护层 − $\sum$ 上下钢筋的直径之和上水平直段间距 = 板筋间距 + 50mm(也可以是 + 80mm),下左平直段为板筋间距 + 50mm,下右平直段为 100mm。马凳间距一般为 1000mm 左右,可视具体情况具体对待。

2. 筏板受力筋的属性定义

1) 筏板主筋的属性定义

由基础平面布置及筏板配筋图可知,筏板基础板底和板顶均配置 ⊥16@200 双层双向通长钢筋,新建筏板主筋,以及筏板底筋面筋属性定义的具体操作方法分别如图 3-60、图 3-61 和图 3-62 所示。

微课 3-6-1

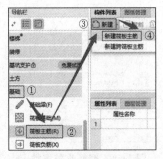

图 3-60 新建筏板主筋

图 3-61 筏板底筋的属性定义

操作步骤：

① 单击模块导航栏中的"基础"；

② 单击"筏板主筋(R)"；

③ 单击"新建"；

④ 单击"新建筏板主筋"，在属性编辑框中输入筏板受力筋的属性信息。

2）附加钢筋的属性定义

由基础平面布置及筏板配筋图可知，板底设有附加钢筋 $\Phi 12@200$，板顶设有附加钢筋 $\Phi 16@200$，此钢筋也在筏板主筋中定义，板底附加钢筋的属性定义的具体操作方法同筏板主筋，其结果分别如图 3-63 和图 3-64 所示。

图 3-62 筏板面筋的属性定义　　图 3-63 板底附加钢筋的属性定义　　图 3-64 板顶附加钢筋的属性定义

3. 垫层的属性定义

本工程在筏板下设 C15 混凝土垫层，厚度 150mm，新建垫层及其属性定义的具体操作方法分别如图 3-65 和图 3-66 所示。

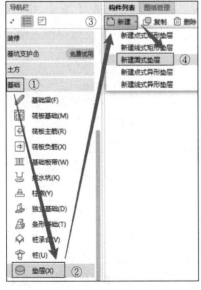

图 3-65 新建垫层　　　　　　　　图 3-66 垫层的属性定义

操作步骤：

① 单击模块导航栏中的"基础"；

② 单击"垫层(X)"；

③ 单击"新建"；

④ 单击"新建面式垫层"，在属性列表中输入混凝土垫层的属性信息。

微课 3-6-2

6.2.2 BIM 模型创建

1. 筏板基础 BIM 模型创建

筏板基础 BIM 模型创建用"直线"绘制，其操作方法如图 3-67 所示。

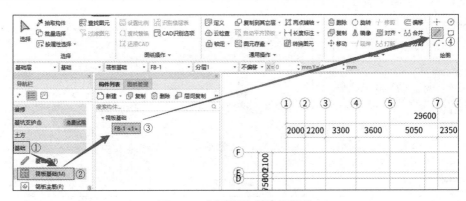

图 3-67 "直线"绘制筏板基础

操作步骤：

① 在模块导航栏中选择"基础"；

② 选择"筏板基础(M)"；

③ 选择新建的筏板基础"FB-1"；

④ 选择"直线"命令绘制筏板基础，此处由于各交点不与轴线交点重合，所以要用偏移的方法确定筏板基础的各个交点。以图 3-68 中交点①为例，介绍偏移绘制的方法，如图 3-69 所示。

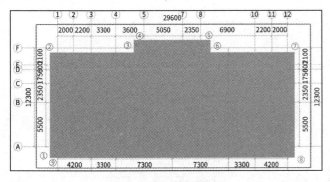

图 3-68 筏板基础的绘制

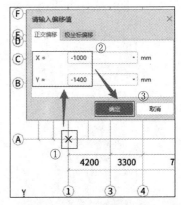

图 3-69 Ⓐ轴与①轴偏移

操作步骤：

① 将鼠标放在Ⓐ轴和①轴的交点处，同时按下"Shift＋左键"，弹出"请输入偏移值"对话框；

② 在对话框中输入 X＝"－1000"，Y＝"－1400"；

③ 单击"确定"，即可确定交点图 3-68 汇总交点①的位置。

图 3-68 中交点②～交点⑨的确定方法与交点①的确定方法相同，依次采用偏移的方法确定即可。

2. 筏板受力筋 BIM 模型创建

1）筏板主筋 BIM 模型创建

筏板主筋 BIM 模型创建的具体操作方法如图 3-70 所示。

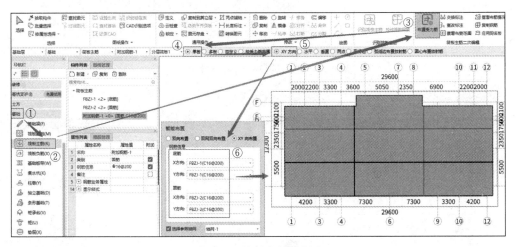

图 3-70 筏板主筋的创建

操作步骤：

① 在模块导航栏中选择"基础"；

② 单击"筏板主筋（R）"；

③ 在绘图界面选择"布置受力筋"；

④ 单击"单板"；

⑤ 单击"XY 方向"；

⑥ 在弹出的"智能布置"对话框中输入钢筋信息；

⑦ 单击绘制出的筏板基础，筏板受力筋布置完成。

2）附加钢筋 BIM 模型创建

以板顶附加钢筋⌀16@200 为例，说明附加钢筋 BIM 模型创建的操作方法。板顶附加钢筋⌀16@200 的创建与绘制方法如图 3-71 所示。

操作步骤：

① 在构件列表中选择"附加钢筋-1（面筋 C16@200）"；

② 在绘图界面选择"布置受力筋"；

③ 单击"垂直"；

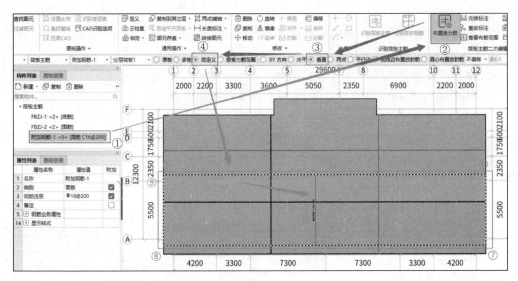

图 3-71 附加钢筋的创建与绘制方法

④ 单击"自定义";

⑤ 采用"Shift+左键"偏移的方法分别确定图 3-71 中⑤~⑨交点,在该布筋范围内单击布置钢筋,右击确定,则附加钢筋布置完成。

3. 垫层 BIM 模型创建

垫层 BIM 模型创建的智能布置和设置具体操作方法分别如图 3-72 和图 3-73 所示。

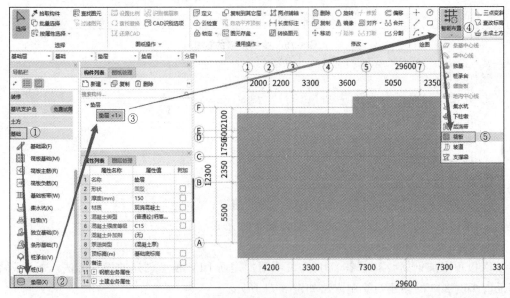

图 3-72 智能布置垫层

操作步骤:

① 在模块导航栏中选择"基础";

② 单击"垫层(X)";

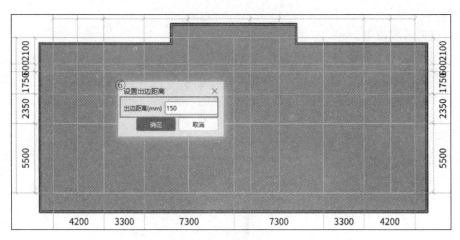

图 3-73 设置出边距离

③ 选择构件列表中的"垫层";

④ 单击"智能布置";

⑤ 单击"筏板";

⑥ 单击绘制好的筏板基础,再右击,出现对话框,输入出边距离"150",单击"确定"即可完成垫层的创建,如图 3-73 所示。

6.2.3 清单套用

1. 筏板基础的清单套用

1) 筏板基础清单项目

根据《房屋建筑与装饰工程工程量计算规范》(GB 50854—2013)规定,筏板基础清单项目如表 3-2 所示。

表 3-2 筏板基础清单(编号:010501)

项目编码	项目名称	项目特征	计量单位	工程量计算规则	工作内容
010501001	垫层	1. 混凝土类别; 2. 混凝土强度等级	m^3	按设计图示尺寸以体积计算。不扣除构件内钢筋、预埋铁件和伸入承台基础的桩头所占体积	1. 模板及支撑制作、安装、拆除、堆放、运输及清理模内杂物、刷隔离剂等; 2. 混凝土制作、运输、浇筑、振捣、养护
010501002	带形基础				
010501003	独立基础				
010501004	满堂基础				
010501005	桩承台基础				
010501006	设备基础	1. 混凝土类别; 2. 混凝土强度等级; 3. 灌浆材料、灌浆材料强度等级			

注:① 有肋带形基础、无肋带形基础应按 E.1 中相关项目列项,并注明肋高。

② 箱式满堂基础中柱、梁、墙、板按 E.2、E.3、E.4、E.5 相关项目分别编码列项;箱式满堂基础底板按 E.1 的满堂基础项目列项。

③ 框架式设备基础中柱、梁、墙、板分别按 E.2、E.3、E.4、E.5 相关项目编码列项;基础部分按 E.1 相关项目编码列项。

④ 如为毛石混凝土基础,项目特征应描述毛石所占比例。

2) 清单套取

(1) 查询匹配清单

筏板基础查询匹配清单的具体操作步骤如图 3-74 所示。

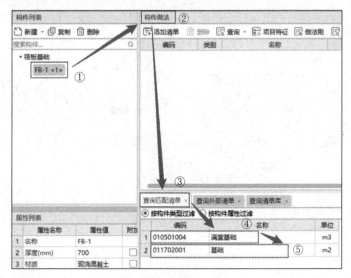

图 3-74　查询匹配清单

操作步骤：

① 在构件列表下双击"FB-1"；

② 单击"构件做法"，进入匹配清单界面；

③ 单击"查询匹配清单"，软件根据构件属性匹配相应清单；

④ FB-1 为满堂基础，混凝土清单项匹配列表中的第 1 项"010501004 满堂基础"，双击该项即可完成筏板基础混凝土清单项的匹配；

⑤ 模板清单项匹配列表中的第 2 项"011702001 基础"，双击该项即可完成筏板基础模板清单项的匹配。

(2) 描述项目特征

项目特征是组价的主要依据，在套取清单之后要完善项目特征，以筏板基础混凝土清单项为例介绍添加项目特征的具体操作步骤，如图 3-75 所示。

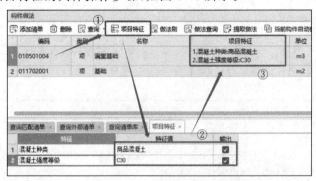

图 3-75　添加项目特征

操作步骤：

① 单击添加项目特征的清单项"010501004 满堂基础"，单击"项目特征"。

② 软件中列出需要填写的构件项目特征，根据图纸要求填写以下特征值。

混凝土种类：商品混凝土；

混凝土强度等级：C30。

③ 填写完成后，清单项中即可显示项目特征，如果界面上未显示，则在输出列勾选即可。

2. 垫层的清单套用

1）垫层清单项目

根据《房屋建筑与装饰工程工程量计算规范》(GB 50854—2013)规定，垫层清单项目同表 3-2 所示。

2）清单套取

（1）查询清单库

以垫层混凝土清单项为例介绍查询清单库的操作方法，其具体操作步骤如图 3-76 所示。

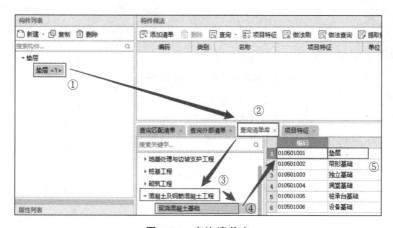

图 3-76 查询清单库

操作步骤：

① 在构件列表中选择"垫层"；

② 在"构件做法"界面下单击"查询清单库"；

③ 单击"混凝土及钢筋混凝土工程"；

④ 单击"现浇混凝土基础"；

⑤ 双击选择第 1 项"010501001 垫层"，即可完成垫层混凝土清单项的匹配。垫层模板清单项的匹配方法与此相同。

（2）描述项目特征

项目特征的描述方法同筏板基础，垫层混凝土清单项目特征的描述结果如图 3-77 所示。

① 单击添加项目特征的清单项"010501001 垫层"，单击项目特征。

② 软件中列出需要填写的构件项目特征，根据图纸要求填写以下特征值。

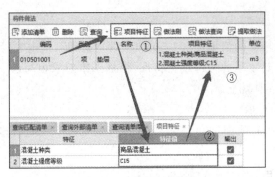

图 3-77 垫层的项目特征

混凝土种类：商品混凝土；
混凝土强度等级：C15。
③ 填写完成后，清单项中即可显示项目特征。

6.3 任务考核

6.3.1 理论考核

1．（单选）筏板基础在套取混凝土清单项时，应套取（　　）。
　　A．筏板基础　　　B．带形基础　　　C．独立基础　　　D．满堂基础
2．（判断）筏板基础可采用"直线"绘制。　　　　　　　　　　　　　　　　（　　）
3．（判断）混凝土垫层在套取清单项时不用套取模板。　　　　　　　　　　（　　）
4．（判断）筏板通长筋可按"筏板主筋"绘制。　　　　　　　　　　　　　　（　　）
5．（判断）垫层可采用智能布置的方式自动生成。　　　　　　　　　　　　（　　）
6．（判断）本工程中，筏板附加钢筋按"筏板负筋"绘制。　　　　　　　　　（　　）

6.3.2 任务成果

1．将"1号住宅楼"筏板基础的钢筋工程量填入表 3-3 中。（可从软件导出，打印后粘贴在对应表格中。）

表 3-3 筏板基础钢筋级别直径汇总

楼层	构件名称	钢筋质量/kg			
		⊕12	⊕14	⊕16	⊕18
基础层	筏板基础				

2．将"1号住宅楼"筏板基础、混凝土垫层的土建工程量填入表 3-4 中。

表 3-4 筏板基础、垫层土建工程量汇总

构件名称	混凝土体积/m³
筏板基础	
垫层	

6.4 总结拓展

本部分主要介绍了筏板基础、筏板受力筋、混凝土垫层的属性定义、模型创建及清单套

取。在筏板基础中,还有筏板阳角板底加筋,此钢筋在"表格算量"中采用直接输入方式输入,直接输入与参数输入的新建构件操作方法一致,在此不再赘述。

任务7　集水坑工程量计算

7.1　学习任务

7.1.1　任务说明
(1) 完成"1号住宅楼"集水坑的 BIM 模型建立,并依据《房屋建筑与装饰工程工程量计算规范》(GB 50854—2013)编制工程量清单。

(2) 汇总计算工程量,并填写任务考核中理论考核与任务成果相关内容。

7.1.2　任务指引
1. 分析图纸

(1) 建立集水坑 BIM 模型时,首先应识读基础平面布置及筏板配筋图。由图可知,本工程集水坑有三种,分别是 JSK-1、JSK-2 和 JSK-3。其中 JSK-1 有 4 个,JSK-2 有 1 个,JSK-3 有 2 个。

(2) 结合剖面图可知,JSK-1 截面为 2000mm×2150mm,坑板顶标高为－7.50m,底板厚度为 700mm,底板出边宽度为 700mm,混凝土强度等级为 C30,放坡角度为 60°。JSK-2 截面为 1000mm×1000mm,坑板顶标高为－6.90m,底板厚度为 700mm,底板出边宽度为 700mm,混凝土强度等级为 C30,放坡角度为 60°。JSK-3 截面为 2150mm×2000mm,坑板顶标高为－7.50m,底板厚度为 700mm,底板出边宽度为 700mm,混凝土强度等级为 C30,放坡角度为 60°。

(3) 集水坑配筋同筏板钢筋,未注明的均为 ⊥16@200。

(4) 集水坑垫层厚度为 150mm。

2. 软件基本操作步骤

集水坑 BIM 建模与清单套用基本步骤分为新建构件、模型创建与清单套用三部分。

(1) 新建构件是将集水坑的相关信息输入属性定义框;

(2) 模型创建是将已完成属性定义的集水坑按照基础平面布置及筏板配筋图中的相应位置进行布置,绘制相应图元;

(3) 清单套用是根据《房屋建筑与装饰工程工程量计算规范》(GB 50854—2013)的规定,对集水坑进行清单套取及项目特征描述。

7.2　知识链接

7.2.1　集水坑的属性定义
由基础平面布置及筏板配筋图可知,本工程的集水坑均为矩形。以 JSK-1 为例介绍集水坑的新建及属性定义、钢筋业务属性,具体操作步骤分别如图 3-78、图 3-79 和图 3-80 所示。

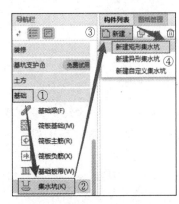
图 3-78 新建集水坑

图 3-79 集水坑的属性定义

图 3-80 钢筋业务属性

操作步骤：

① 单击模块导航栏中的"基础"；

② 单击"集水坑（K）"；

③ 单击"新建"；

④ 单击"新建矩形集水坑"；对照图纸，在属性编辑框中输入相应的属性信息，如图 3-79 所示；根据国标图集 22G101-3 第 107 页集水坑构造要求，完成钢筋业务属性编辑，如图 3-80 所示。

7.2.2 集水坑 BIM 模型创建

以 JSK-1 为例介绍集水坑的 BIM 模型创建方法，其具体操作方法如图 3-81 所示。

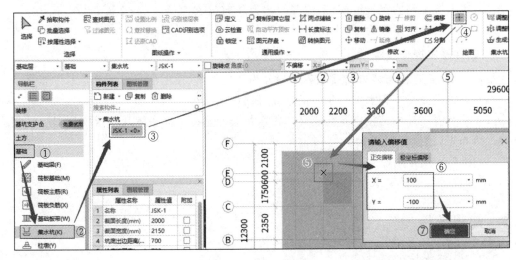
图 3-81 绘制集水坑

操作步骤：

① 在模块导航栏中选择"基础"；

② 单击"集水坑(K)";
③ 在构件列表选择新建好的"JSK-1";
④ 单击"绘图"页签中的"点";
⑤ 采用偏移的方法捕捉集水坑的顶点,把鼠标放在Ⓔ轴和②轴的交点处,同时按下"Shift+左键";
⑥ 在弹出的对话框中输入偏移距离,"X=100,Y=-100";
⑦ 单击"确定",则集水坑布置完成,其余的集水坑布置方法与此相同。

7.2.3 清单套用

1. 集水坑清单套用

本工程中,集水坑是筏板基础的组成部分,其混凝土的清单套用与筏板基础相同,根据《房屋建筑与装饰工程工程量计算规范》(GB 50854—2013)规定,套用"010501004 满堂基础"清单项,具体清单项目如1.2.3节表3-2所示。

2. 清单套取

1) 查询匹配清单

集水坑查询匹配清单的具体操作步骤如图3-82所示。

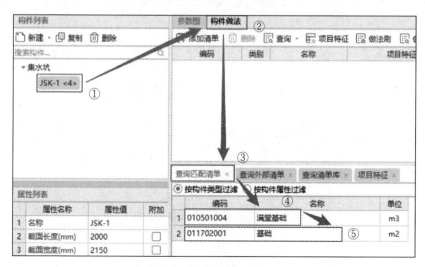

图3-82 查询匹配清单

操作步骤:
① 在构件列表下双击"JSK-1";
② 单击"构件做法",进入匹配清单界面;
③ 单击"查询匹配清单",软件根据构件属性匹配相应清单;
④ "JSK-1"为满堂基础的组成部分,混凝土清单项匹配列表中的第1项"010501004 满堂基础",双击该项即可完成集水坑混凝土清单项的匹配;
⑤ 模板清单项匹配列表中的第2项"011702001 基础",双击该项即可完成集水坑模板清单项的匹配。

集水坑模板主要考虑内部四周与底部支模,其中底模根据工程实际及要求考虑,如果工程实际没有用底模,可不计算底模工程量,本工程按计算底模与侧壁模板考虑。由于匹配模板清单项后,工程量表达式为空,所以需要手动添加,添加方法如图 3-83 所示。

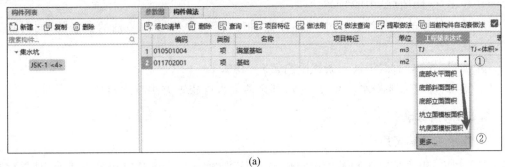

(a)

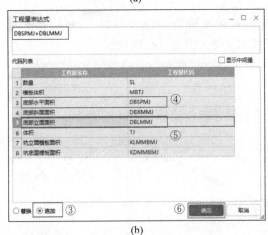

(b)

(c)

图 3-83 集水坑模板工程量添加方法

操作步骤:

① 单击"基础"这一清单项工程量表达式中的"▲"符号;

② 选择下拉菜单中的"更多";

③ 在弹出的对话框中选择"追加";

④ 双击"底部水平面积";

⑤ 双击"底部立面面积";

⑥ 添加完成后,单击"确定",即可完成集水坑模板的清单匹配。

2) 描述项目特征

项目特征的描述方法与筏板基础相同,集水坑混凝土清单项目特征的描述结果如图 3-84 所示。

图 3-84 项目特征描述

7.3 任务考核

7.3.1 理论考核

1. (判断)集水坑应在首层创建。 ( )
2. (判断)集水坑可采用"点"绘制。 ( )
3. (判断)集水坑在套取混凝土清单项时,应套取"集水坑"这一项。 ( )
4. (判断)集水坑可不套取模板清单项。 ( )
5. (判断)电梯基坑应在集水坑中定义及绘制。 ( )
6. (多选)在软件中新建集水坑时,可新建( )集水坑。
   A. 矩形 B. 异形 C. 自定义 D. 圆形

7.3.2 任务成果

1. 将"1号住宅楼"集水坑的钢筋工程量填至表3-5。(可从软件导出,打印后粘贴在对应表格中。)

表 3-5 集水坑钢筋级别直径汇总

楼 层	构件名称	钢筋质量/kg			
		⌀12	⌀14	⌀16	⌀18
基础层	集水坑				

2. 将"1号住宅楼"集水坑的土建工程量填入表3-6中。

表 3-6 集水坑土建工程量汇总

构件名称	混凝土体积/m³
集水坑	

7.4 总结拓展

本部分主要介绍了集水坑的属性定义、模型创建及清单套取。集水坑模型创建完成后,还需要创建集水坑下的垫层,可通过智能布置的方法快速创建,其操作方法分别如图3-85、

图 3-86 和图 3-87 所示。

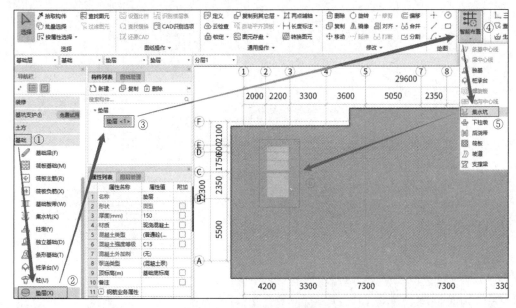

图 3-85　智能布置集水坑垫层

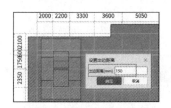

图 3-86　设置垫层出边距离图

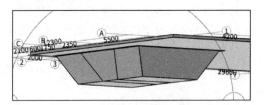

图 3-87　集水坑垫层三维模型

操作步骤：

① 单击模块导航栏中的"基础"；

② 单击"垫层(X)"；

③ 单击构件列表中新建好的"垫层"；

④ 单击"智能布置"，打开下拉菜单；

⑤ 选择"集水坑"；

⑥ 单击需要布置垫层的集水坑，右击，在弹出的对话框中输入出边距离 150，如图 3-86 所示；单击"确定"，即可完成集水坑垫层的布置，如图 3-87 所示。

学习新视界16

造价工程师的素质要求和职业道德

我国实行造价工程师注册执业管理制度，取得造价工程师执业资格的人员才能以造价工程师的名义进行执业。造价工程师的职责关系到国家和社会公众利益，对其专业和身体素质的要求应包括以下几个方面。

1. 造价工程师是复合型的专业管理人才。作为工程造价管理者，造价工程师应是具备工程、经济和管理知识与实践经验的高素质复合型专业人才。

2. 造价工程师应具备一定能力的技术技能。技术技能是指能使用经验、教育及培训的知识、方法、技能及设备,来达到特定任务的能力。

3. 造价工程师应具备一定的沟通与协作的人文技能。人文技能是指与人共事的能力和判断力。造价工程师应具有高度的责任心与协作精神,善于与业务有关的各方面人员沟通、协作,共同完成对工程目标的控制或管理。

4. 造价工程师应具备观念技能。观念技能是指了解整个组织及自己在组织中地位的能力,使自己不仅能按本身所属的群体目标行事,而且能按整个组织的目标行事。同时,造价工程师应有一定的组织管理能力,具有面对机遇与挑战积极进取,勇于开拓的精神。

5. 造价工程师应有健康的体魄。健康的心理和较好的身体素质是造价工程师适应紧张、繁忙工作的基础。

为提高造价工程师整体素质和职业道德水准,维护和提高工程造价咨询行业的良好信誉,促进行业的健康持续发展,中国建设工程造价管理协会制定和公布了《造价工程师职业道德行为准则》,其具体要求如下:

1. 遵守国家法律、法规和政策,执行行业自律性规定,珍惜职业声誉,自觉维护国家和社会公共利益。

2. 遵守"诚信、公正、精业、进取"的原则,以高质量的服务和优秀的业绩,赢得社会和客户对造价工程师职业的尊重。

3. 勤奋工作,独立、客观、公正、正确地出具工程造价成果文件,使客户满意。

4. 诚实守信,尽职尽责,不得有欺诈、伪造、作假等行为。

5. 尊重同行,公平竞争,搞好同行之间的关系,不得采取不正当的手段损害、侵犯同行的权益。

6. 廉洁自律,不得索取、收受委托合同约定以外的礼金和其他财物,不得利用职务之便谋取其他不正当的利益。

7. 造价工程师与委托方有利害关系的应当主动回避;同时,委托方也有权要求其回避。

8. 对客户的技术和商务秘密负有保密义务。

9. 接受国家和行业自律组织对其职业道德行为的监督检查。

任务 8 独立基础工程量计算

8.1 学习任务

8.1.1 任务说明

(1) 完成"2号住宅楼"基础层独立基础 BIM 模型建立,并依据《房屋建筑与装饰工程工程量计算规范》(GB 50854—2013)编制工程量清单。

(2) 汇总计算工程量,并填写任务考核中理论考核与任务成果相关内容。

8.1.2 任务指引

1. 分析图纸

（1）由结施-01可知,本工程主楼采用独立基础及筏板基础,基础顶标高均为-7.70m,基础混凝土强度等级为C30。

（2）分析结施-01可以得到独立基础的信息,如图3-88所示。

独立基础配筋表

基础编号	基底标高(m)	A(X边)	B(Y边)	H1	H2	X向钢筋	Y向钢筋	X向钢筋(面部)	Y向钢筋(面部)
DJ-01	-2.600	2800	1400	600	0	Φ18@150	Φ18@150	Φ18@150	Φ18@150
DJ-02	-2.600	2400	1500	600	0	Φ18@150	Φ18@150	Φ18@150	Φ18@150
DJ-03	-2.600	2600	1800	600	0	Φ18@150	Φ18@150	Φ18@150	Φ18@150
DJ-04	-2.600	3200	1700	600	0	Φ18@150	Φ18@150	Φ18@150	Φ18@150
DJ-05	-2.600	3600	2000	600	0	Φ18@150	Φ18@150	Φ18@150	Φ18@150
DJ-06	-2.600	3800	2000	600	0	Φ18@150	Φ18@150	Φ18@150	Φ18@150
DJ-07	-2.600	4000	2000	600	0	Φ18@150	Φ18@150	Φ18@150	Φ18@150
DJ-08	-2.600	3200	1800	600	0	Φ18@150	Φ18@150	Φ18@150	Φ18@150
DJ-09	-2.600	2200	4000	600	0	Φ18@150	Φ18@150	Φ18@100	Φ18@150
DJ-10	-2.600	3400	1600	600	0	Φ18@150	Φ18@150	Φ18@150	Φ18@150
DJ-11	-2.600	3400	1600	600	0	Φ18@150	Φ18@150	Φ18@150	Φ18@150

图3-88 独立基础配筋表

2. 软件基本操作步骤

完成独立基础BIM建模与清单套用基本步骤分为新建独立基础、模型创建与清单套用三部分。

（1）新建独立基础是将独立基础的相关信息输入属性定义框,图纸中有几种独立基础就新建几种独立基础,而且编号要一致;

（2）模型创建是将已完成属性定义的独立基础按照结施-01中的相应位置进行布置,绘制独立基础图元;

（3）清单套用是根据《房屋建筑与装饰工程工程量计算规范》(GB 50854—2013)的规定,对独立基础进行清单套取、项目特征描述。

8.2 知识链接

8.2.1 独立基础的属性定义

由结施-01可知,基础层独立基础均为矩形,以DJ-1为例介绍独立基础的新建及属性定义,其具体的操作方法如图3-89所示。

操作步骤:

① 单击模块导航栏中的"基础";

② 单击"独立基础(D)";

③ 单击"新建";

④ 单击"新建独立基础";

⑤ 右击第④步中新建的DJ-1,选择"新建矩形独立基础单元"。

在属性编辑框中输入相应的属性值,DJ-1的属性定义如图3-90所示。

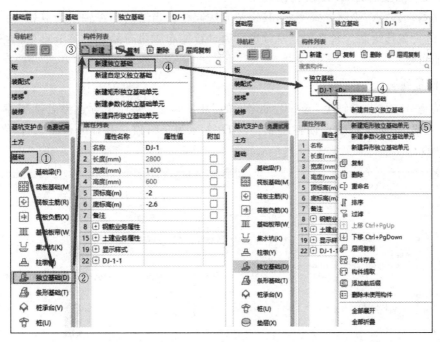

图 3-89　新建独立基础

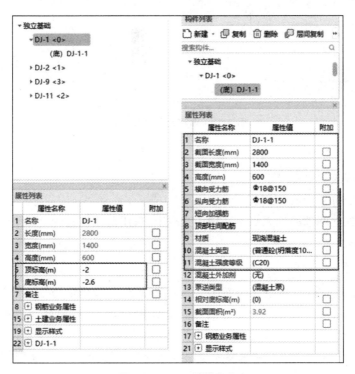

图 3-90　DJ-1 属性定义

8.2.2 独立基础 BIM 模型创建

独立基础以"点"绘制方式完成，其绘制方法同柱。当绘制不在轴线交点处的独立基础时，可以进行偏移绘制。通常独立基础也可通过智能布置进行绘制。本节重点介绍偏移绘制与智能布置。

1. 偏移绘制

由结施-01 可知，⑦轴上，Ⓔ～Ⓕ轴之间的 DJ-2 不能直接用鼠标选择点绘制，需要使用"Shift＋左键"相对于基准点偏移绘制。以 DJ-2 为例介绍独立基础的绘制，其操作方法如图 3-91 所示。

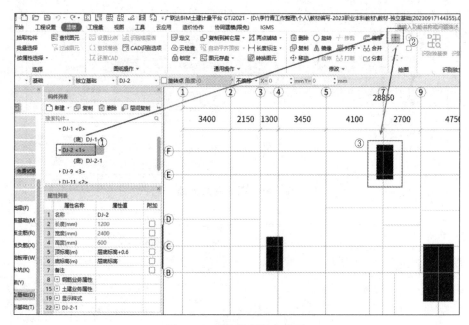

图 3-91 偏移绘制独立基础

操作步骤：

① 在构件列表中单击"DJ-2"；

② 单击绘图页签中的"点"；

③ 由于该独立基础的插入点不在轴线交点上，采用前面讲过的"Shift＋左键"的方法插入图纸对应位置。

2. 智能布置

软件提供了柱、轴线、基坑土方等多种智能布置独立基础的方法，按照轴线布置是相对常用的方法。当某区域轴线相交处的独立基础相同时，可利用此功能来快速布置。以 DJ-11 为例，其分布位置相对集中，但中心点相较于轴线交点有所偏移，故在智能布置后需进一步进行偏移操作，偏移方法参考上述知识点，智能布置独立基础的具体操作方法如图 3-92 所示。

操作步骤：

① 在构件列表中单击"DJ-11"；

项目三 建筑工程数字化计量拓展

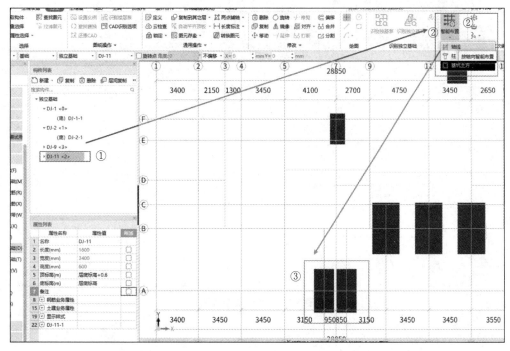

图 3-92 智能布置独立基础

② 单击"智能布置"下面的小倒三角形(▼),选择"轴线";
③ 拉框选择⑥~⑧轴与Ⓐ轴的区域,即可完成 DJ-11 的图元绘制。

8.2.3 清单套用

1. 独立基础清单项目

根据《房屋建筑与装饰工程工程量计算规范》(GB 50854—2013)规定,独立基础清单项目如表 3-7 所示。

表 3-7 独立基础清单(编号:010501)

项目编码	项目名称	项目特征	计量单位	工程量计算规则	工作内容
010501001	垫层	1. 混凝土类别; 2. 混凝土强度等级	m³	按设计图示尺寸以体积计算。不扣除构件内钢筋、预埋铁件和伸入承台基础的桩头所占体积	1. 模板及支撑制作、安装、拆除、堆放、运输及清理模内杂物、刷隔离剂等; 2. 混凝土制作、运输、浇筑、振捣、养护
010501002	带形基础				
010501003	独立基础				
010501004	满堂基础				
010501005	桩承台基础				
010501006	设备基础	1. 混凝土类别; 2. 混凝土强度等级; 3. 灌浆材料、灌浆材料强度等级			

2. 清单套取

1) 查询匹配清单

以 DJ-1 为例介绍查询匹配清单的操作方法,其具体操作步骤如图 3-93 所示。

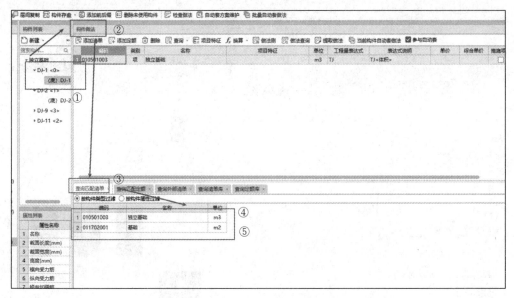

图 3-93　查询匹配清单

操作步骤：

① 在构件列表中单击"DJ-1"；

② 单击"构件做法"，进入匹配清单界面；

③ 单击"查询匹配清单"，软件根据构件属性匹配相应清单；

④ DJ-1 混凝土匹配列表中的"010501003 独立基础"；

⑤ 模板匹配"011702001 基础"，双击该项即可完成独立基础的混凝土清单与模板清单的匹配。

2）描述项目特征

项目特征的描述方法同前节所述，独立基础清单项目特征的描述结果如图 3-94 所示。

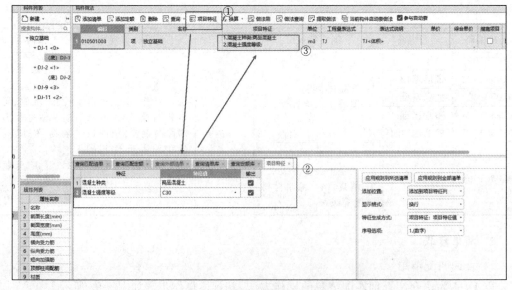

图 3-94　独立基础的项目特征

操作步骤:
① 单击添加项目特征的清单项"010501003 独立基础",单击项目特征。
② 软件中列出需要填写的构件项目特征,根据图纸要求填写以下特征值。
混凝土种类:商品混凝土;
混凝土强度等级:C30。
③ 填写完成后,清单项中即可显示项目特征。

8.3 任务考核

8.3.1 理论考核

1. (多选)在广联达软件中,独立基础图元绘制的方法有(　　)。
　　A. "点"绘制　　　　B. "直线"绘制　　　　C. "矩形"绘制　　　　D. 智能布置
2. (判断)独立基础的清单计算规则是按设计图示尺寸以体积计算。不扣除构件内钢筋、预埋铁件和伸入承台基础的桩头所占体积。(　　)
3. (判断)绘制不在轴线交点处的独立基础时,可以进行偏移绘制。要使用"Shift+右键"相对于基准点偏移绘制。(　　)
4. (多选)独立基础是单独的块状形式,常见断面有(　　)。
　　A. 矩形　　　　　　B. 踏步形　　　　　　C. 锥形　　　　　　　D. 杯形
5. (判断)独立基础可进行 CAD 识别。(　　)
6. (判断)识别独立基础表生成独立基础构件的步骤是:单击"建模"选项卡→单击"识别独立基础"→单击"识别独立基础表"。(　　)

8.3.2 任务成果

将"2 号住宅楼"各个独立基础的土建工程量及钢筋工程量填入表 3-8 中。

表 3-8　独立基础土建工程量及钢筋工程量汇总

构件名称	独立基础工程量/m³	钢筋工程量/kg
DJ-1		
DJ-2		
DJ-3		
DJ-4		
DJ-5		
DJ-6		
DJ-7		
DJ-8		
DJ-9		
DJ-10		
DJ-11		

8.4 总结拓展

软件为独立基础提供了多种参数图,图 3-95 为新建独立基础单元。选择"新建独立基础单元"后,选择参数化图形,用"点"绘制的方法绘制图元。

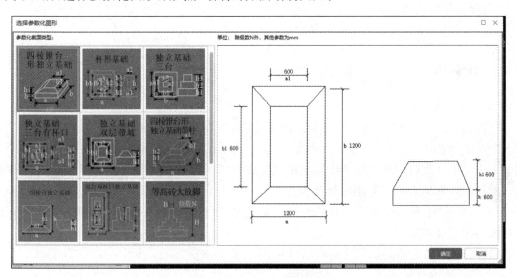

图 3-95 新建独立基础单元

任务 9 剪力墙工程量计算

9.1 学习任务

9.1.1 任务说明

(1)完成"2 号住宅楼"基础层至屋面层剪力墙的混凝土、模板及钢筋 BIM 模型建立,并依据《房屋建筑与装饰工程工程量计算规范》(GB 50854—2013)编制工程量清单。

(2)汇总计算工程量,并填写任务考核中理论考核与任务成果相关内容。

9.1.2 任务指引

1. 分析图纸

(1)建立剪力墙模型时,应识读本工程各楼层剪力墙的相关图纸,基础顶~-5.450m 处剪力墙查看结施-02,-5.450~-0.120m 处剪力墙查看结施-04,-0.120~5.880m 处剪力墙查看结施-06,5.880~23.950m 处剪力墙查看结施-08。

(2)在结施-02、结施-04、结施-06、结施-08 中均给定了相对应楼层剪力墙身表,标注了剪力墙的截面尺寸、钢筋信息,在软件中进行属性定义时必须严格按照图纸标注信息填写。剪力墙身表见表 3-9。

表 3-9 剪力墙身表

−0.120～5.880m 剪力墙身表

编号	墙厚/mm	标高/m	水平分布筋	垂直分布筋	拉筋	备注
Q1	200	−0.120～5.880	⌀8@150	⌀8@200	⌀6@600×600	未注明墙体
Q2	200	−0.120～5.880	⌀8@150	⌀8@200	⌀6@450×600	

−5.450～−0.120m 剪力墙身表

编号	墙厚/mm	标高/m	水平分布筋	垂直分布筋	拉筋	备注
Q1	200	−5.450～−0.120	⌀8@150	⌀8@150	⌀6@450×450	未注明墙体
Q2	200	−5.450～−0.120	⌀10@150	⌀8@150	⌀6@450×450	
Q3	300	−5.450～−0.120	⌀10@150	⌀10@150	⌀6@450×450	
Q4	300	−5.450～−0.120	⌀12@150	⌀10@150	⌀6@300×450	

−0.120～5.880m 剪力墙身表

编号	墙厚/mm	标高/m	水平分布筋	垂直分布筋	拉筋	备注
Q1	200	−0.120～5.450	⌀8@150	⌀8@150	⌀6@450×450	未注明墙体
Q2	300	−0.120～5.450	⌀10@150	⌀10@150	⌀6@450×450	

5.880～23.950m 剪力墙身表

编号	墙厚/mm	标高/m	水平分布筋	垂直分布筋	拉筋	备注
Q1	200	5.880～23.950	⌀8@200	⌀8@200	⌀6@600×600	未注明墙体

2. 软件基本操作步骤

完成剪力墙 BIM 建模与清单套用基本步骤分为新建剪力墙、模型创建与清单套用三部分。

(1) 新建剪力墙是将剪力墙的相关信息输入属性定义框,图纸中有几种剪力墙就新建几种剪力墙,而且编号要一致;

(2) 模型创建是将已完成属性定义的剪力墙按照结施-02～结施-08 中的相应位置进行布置,绘制剪力墙图元;

(3) 清单套用是根据《房屋建筑与装饰工程工程量计算规范》(GB 50854—2013)的规定,对剪力墙进行清单套取、项目特征描述。

9.2 知识链接

9.2.1 剪力墙的属性定义

根据结施-04 可知,图纸给出−5.450～−0.120m 处剪力墙身表,以其中的 Q3 为例介绍剪力墙的新建及属性定义。新建方法及属性定义分别如图 3-96 和图 3-97 所示。

操作步骤:

① 单击模块导航栏中的"墙";

② 进入定义界面,单击"剪力墙(Q)";

③ 单击"新建",打开下拉菜单;

④ 单击"新建外墙",新建完成后,在属性编辑框中输入相应的属性值,如图 3-97 所示。

三维动画
3-9-1

9.2.2 剪力墙 BIM 模型创建

1. "直线"绘制

剪力墙定义完毕后,切换到绘图界面。剪力墙为线状构件,采用"直线"绘制,以结施-04中 Q2 为例,其绘制方法如图 3-98 所示。

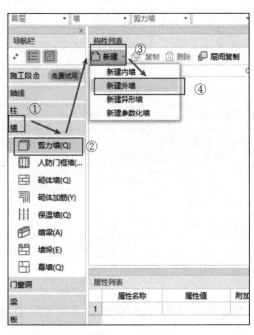

图 3-96 新建剪力墙

图 3-97 剪力墙属性定义

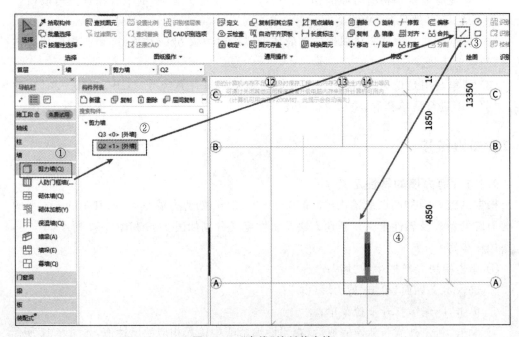

图 3-98 "直线"绘制剪力墙

操作步骤：

① 在模块导航中选择"剪力墙(Q)"；

② 单击"Q2[外墙]"；

③ 在绘图界面，单击选择"直线"命令；

④ 单击"剪力墙"起点处柱子外侧边线任意位置；单击"剪力墙"终点处柱子外侧边线任意位置，右键结束，绘制完成。

2. 对齐

绘制剪力墙时，为方便捕捉，将剪力墙的起点与终点确定为柱子外侧边线任意位置，根据结施-04 图纸要求可知，①轴上，ⓒ～ⓓ轴之间，在用直线完成 Q3 的绘制后，检查剪力墙是否与 YBZ4 和 YBZ13 对齐，如果没有对齐，可采用"对齐"功能将剪力墙与剪力墙柱对齐，其操作方法如图 3-99 所示。

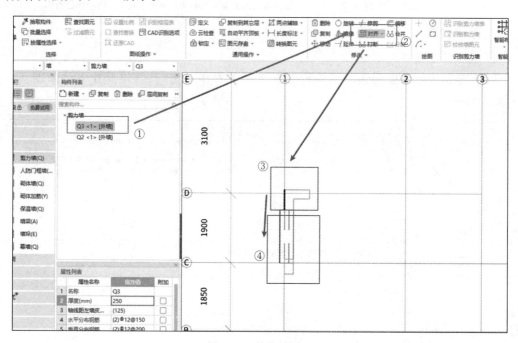

图 3-99　剪力墙对齐

操作步骤：

① 在构件列表下单击"Q3[外墙]"；

② 选择建模页签下修改面板中的"对齐"命令；

③ 单击需对齐的柱目标线；

④ 单击选择需对齐的剪力墙边线，即可完成对齐。

9.2.3　清单套用

1. 剪力墙清单项目

根据《房屋建筑与装饰工程工程量计算规范》(GB 50854—2013)规定，剪力墙清单项目如表 3-10 所示。

表 3-10　现浇混凝土墙（编号：010504）

项目编码	项目名称	项目特征	计量单位	工程量计算规则	工作内容
010504001	直形墙	1. 混凝土类别； 2. 混凝土强度等级	m³	按设计图示尺寸以体积计算。不扣除构件内钢筋、预埋铁件所占体积，扣除门窗洞口及单个面积>0.3m²的孔洞所占体积，墙垛及凸出墙面部分并入墙体体积计算内	1. 模板及支架（撑）制作、安装、拆除、堆放、运输及清理模内杂物、刷隔离剂等； 2. 混凝土制作、运输、浇筑、振捣、养护
010504002	弧形墙				
010504003	短肢剪力墙				
010504004	挡土墙				

注：① 墙肢截面的最大长度与厚度之比不大于6倍的剪力墙，按短肢剪力墙项目列项。
② L形、Y形、T形、十字形、Z形、一定形等短肢剪力墙的单肢中心线长不大于0.4m，按柱项目列项。

2. 清单套取

1) 查询匹配清单

以结施-04 中的 Q3 为例介绍查询匹配清单的操作方法，其具体操作方法如图 3-100 所示。

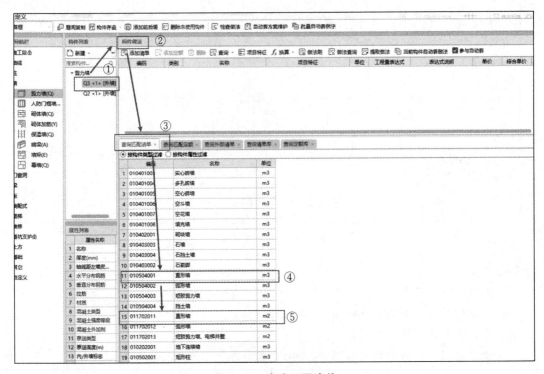

图 3-100　查询匹配清单

操作步骤：
① 在构件列表下单击"Q3[外墙]"；
② 单击"构件做法"，进入匹配清单界面；

③ 单击"查询匹配清单",软件根据构件属性匹配相应清单;
④ Q3 为直形墙,混凝土匹配列表中的第 11 项"010504001 直形墙";
⑤ 模板匹配第 15 项"011702011 直形墙",双击该项即可完成剪力墙的混凝土清单与模板清单的匹配。

2) 描述项目特征

项目特征的描述方法同前节所述,Q3 混凝土清单项目特征的描述结果如图 3-101 所示。

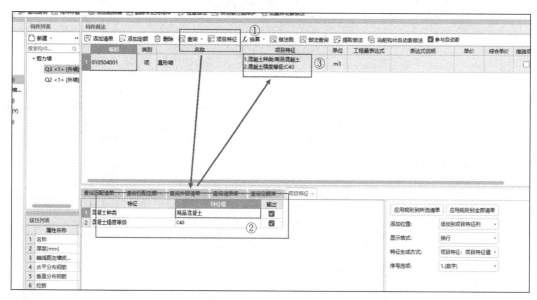

图 3-101 剪力墙的项目特征

操作步骤:
① 单击添加项目特征的清单项"010504001 直形墙",单击项目特征。
② 软件中列出需要填写的构件项目特征,根据图纸要求填写以下特征值。
混凝土种类:商品混凝土;
混凝土强度等级:C40。
③ 填写完成后,清单项中即可显示项目特征。

9.3 任务考核

9.3.1 理论考核

1.(判断)在进行剪力墙定义时,无须区分内墙和外墙。   (   )
2.(判断)在广联达土建计量软件中进行剪力墙 BIM 建模时,暗柱、暗梁、连梁不属于剪力墙的一部分。   (   )
3.(选择)直形墙的清单计算规则是以设计尺寸(   )计算。
    A. 体积   B. 面积   C. 长度   D. 数量
4.(判断)剪力墙为线状构件,采用"直线"绘制。   (   )
5.(判断)如图纸中有加强筋,需在属性定义中的"其他钢筋"另外定义。   (   )

6.（简答）在进行剪力墙属性定义时,如遇到剪力墙左右侧配筋不同,该如何表示？

9.3.2 任务成果

1. 将"2号住宅楼"各层剪力墙的土建工程量填入表3-11中。

表3-11 剪力墙土建工程量汇总

层　　数	剪力墙土建工程量/m³			
	Q1	Q2	Q3	Q4
-1层				
第1层				
第2～3层				
第4～9层				

注：根据图纸实际情况填写本表。

2. 将"2号住宅楼"各层剪力墙的钢筋工程量填入表3-12中。（可从软件导出,打印后粘贴在对应表格中）

表3-12 剪力墙钢筋工程量汇总

层数	剪力墙钢筋工程量/kg			
	Q1	Q2	Q3	Q4
-1层				
第1层				
第2～3层				
第4～9层				

注：根据图纸实际情况填写本表。

9.4 总结拓展

软件可通过复制的方法新建构件。分析结施-06可知,在-0.120～5.880m处有Q1和Q2两种类型的剪力墙,厚度均为200mm,水平筋、竖向筋及拉筋信息如表3-13所示。其区别在于墙体名称和钢筋信息及布置位置不同。因此,可在新建好Q1后,采用复制的方法建立Q2,剪力墙表的具体操作如图3-102所示。

表3-13 剪力墙表

-0.120～5.880m剪力墙身表					
编号	墙厚/mm	标高/m	水平分布筋	垂直分布筋	拉筋	备注
Q1	200	-0.120～5.450	$\phi 8@150$	$\phi 8@150$	$\phi 6@450\times 450$	未注明墙体
Q2	300	-0.120～5.450	$\phi 10@150$	$\phi 10@150$	$\phi 6@450\times 450$	

操作步骤：

① 单击导航中已新建好的"Q1"；

② 右击选择"复制",或直接单击"复制"按钮,软件自动建立构件"Q2"；对"Q2"进行属性编辑即可完成Q2的新建。

二维动画
3-9-3

项目三 建筑工程数字化计量拓展

图 3-102 复制建立新构件

任务 10　剪力墙柱工程量计算

10.1　学习任务

10.1.1　任务说明

1. 完成"2 号住宅楼"基础层至屋面层剪力墙柱的混凝土、模板及钢筋 BIM 模型建立，并依据《房屋建筑与装饰工程工程量计算规范》(GB 50854—2013) 编制工程量清单。

2. 汇总计算工程量，并填写任务考核中理论考核与任务成果相关内容。

10.1.2　任务指引

1. 分析图纸

(1) 建立剪力墙柱模型时，应识读本工程各楼层剪力墙柱的相关图纸，基础顶～－5.450m 处剪力墙柱查看结施-02，－5.450～－0.120m 处剪力墙柱查看结施-04，－0.120～5.880m 处剪力墙柱查看结施-06，5.880～23.950m 处剪力墙柱查看结施-08。

(2) 在结施-03、结施-05、结施-07、结施-09 中均给定了相对应楼层剪力墙柱截面信息表，标注了剪力墙柱截面的截面尺寸、钢筋信息，在软件中进行属性定义时必须严格按照图纸标注信息填写。

2. 软件基本操作步骤

完成剪力墙柱 BIM 建模与清单套用的基本步骤分为新建剪力墙柱、模型创建与清单套用三部分。

(1) 新建剪力墙柱是将剪力墙柱的相关信息输入属性定义框,图纸中有几种剪力墙柱就新建几种剪力墙柱,而且编号要一致;

(2) 模型创建是将已完成属性定义的剪力墙柱按照结施-02～结施-09 中的相应位置进行布置,绘制剪力墙柱图元;

(3) 清单套用是根据《房屋建筑与装饰工程工程量计算规范》(GB 50854—2013)的规定,对剪力墙柱进行清单套取、项目特征描述。

10.2 知识链接

10.2.1 剪力墙柱的属性定义

根据结施-05 可知,图纸给出－5.450～－0.120m 处剪力墙柱配筋表,以其中的约束边缘柱 YBZ8 为例介绍剪力墙柱的新建及属性定义。

1. 新建剪力墙柱

新建方法如图 3-103 所示。

操作步骤:

① 单击模块导航栏中的"柱";

② 进入定义界面,单击"柱(Z)";

③ 单击"新建",打开下拉菜单;

④ 单击"新建异形柱"。

二维动画
3-10-1

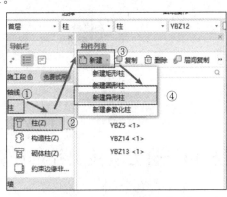

图 3-103 新建剪力墙柱

2. 绘制截面

在弹出的"异形截面编辑器"中,绘制 YBZ8 截面,定义异形柱截面的步骤如图 3-104 所示。

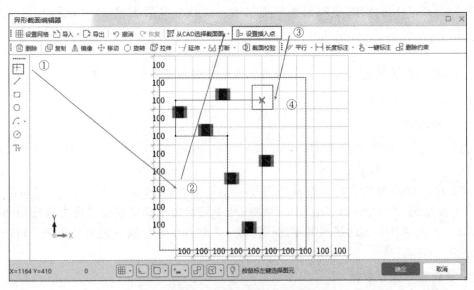

图 3-104 定义异形柱截面

操作步骤：
① 软件默认采用"直线"绘制，或者手动选择"直线"绘制；
② 参照图纸中柱子的截面尺寸绘制柱截面；
③ 选择"设置插入点"；
④ 单击以确定插入点位置。

注：插入点的位置选择与后续模型创建有关，具体结合图纸中柱子与轴线或其他构件的位置关系，综合分析，慎重选择。

3. 定义属性

在属性列表中输入 YBZ8 的属性信息，如图 3-105 所示。

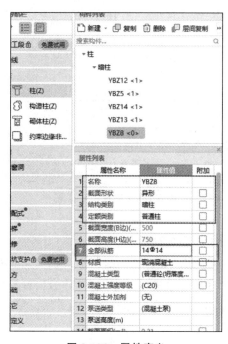

图 3-105 属性定义

注：由于 YBZ8 为剪力墙柱，截面宽度与剪力墙厚相同，所以结构类别为暗柱。异形柱的纵筋直径如果不相同，在属性列表中可先不定义，通过钢筋编辑输入。

4. 编辑钢筋信息

编辑钢筋信息的具体操作方法如图 3-106 所示。

操作步骤：
① 选择"箍筋"；
② 输入箍筋信息 C8@150；
③ 选择"矩形"绘制方法；
④ 绘制矩形箍筋，用单击左上角与右下角纵向钢筋，即可完成绘制；
⑤ 选择"直线"绘制方法；
⑥ 绘制单肢箍筋，单击单肢箍筋位置处的两根纵向钢筋，右击即可完成绘制。

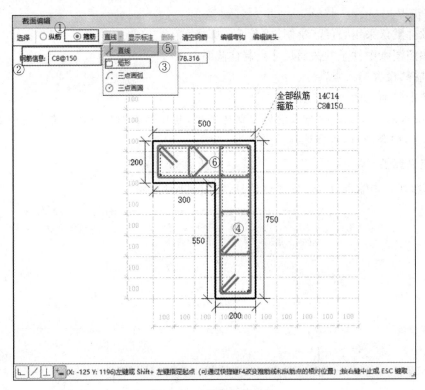

图 3-106 编辑钢筋信息

10.2.2 剪力墙柱 BIM 模型创建

剪力墙柱可以通过"点"绘制方式完成,当绘制不在轴线交点处的剪力墙柱时,可以采用"偏移"绘制。当根据图纸判断存在剪力墙柱沿轴对称时,也可采用镜像的方法,此外剪力墙柱也可通过智能布置进行绘制。本节主要介绍镜像的方法。

通过分析结施-04,Ⓐ轴~Ⓑ轴、②~⑥轴的 YBZ11 与⑧轴~⑫轴的 YBZ11 是对称的,因此在进行绘图时可使用一种简单的方法,即先绘制②轴~⑥轴的 YBZ11,然后使用镜像功能绘制⑧轴~⑫轴的 YBZ11,如图 3-106 所示。

微课 3-10-2

操作步骤:

① 拉框选中②轴~⑥轴的 YBZ11;

② 单击"修改"面板中的"镜像"命令;

③ 选中显示栏中的"中点",捕捉⑥轴~⑧轴中点,可在屏幕上看到一个黄色的三角形,单击,如图 3-107 所示;选中第二个点,出现黄色"×"号,单击确定,如图 3-108 所示;弹出对话框,根据图纸要求,不删除原有图元,单击"否",则镜像完成,如图 3-109 所示。

10.2.3 清单套用

剪力墙柱是剪力墙结构中的重要组成部分,其设计和施工需要严格按照相关规范进行。在编制清单时,剪力墙柱应套取剪力墙的清单定额,这是因为剪力墙柱是剪力墙结构的一部

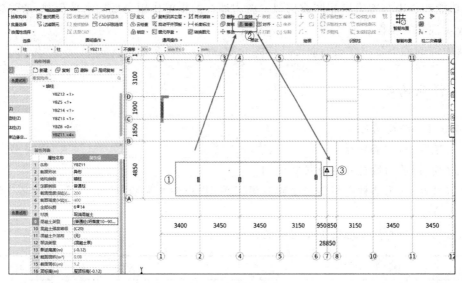

图 3-107 捕捉中点

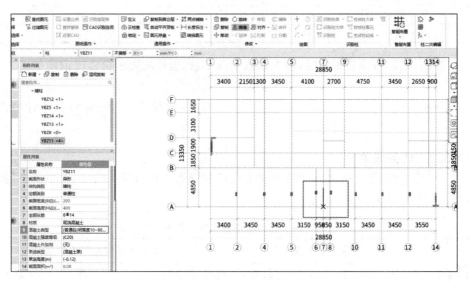

图 3-108 捕捉第二个点

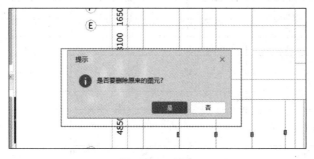

图 3-109 镜像

分,其功能和作用与剪力墙相同或相似。剪力墙柱的主要作用是抵抗水平荷载,增强建筑结构的稳定性和安全性。

剪力墙的清单套用方式前面已经详细介绍,此处不再赘述。

10.3 任务考核

10.3.1 理论考核

1.（填空）剪力墙柱有_____、_____、_____、_____等类型。

2.（简答）剪力墙柱和柱有哪些区别？

3.（判断）剪力墙柱进行清单套用时可以采用"查询匹配清单"和"查询清单库"两种方式添加清单。（   ）

4.（填空）填写以下墙柱类型对应的代号。

墙柱类型	代号
约束边缘构件	
构造边缘构件	
非边缘暗柱	
扶壁柱	

5.（判断）纵筋与箍筋布置时,可先输入钢筋信息,也可布置后再修改钢筋信息。（   ）

6.（判断）除辅助轴线、偏移等方法外,还可以用查改标注的方法进行偏心柱的设置和修改。（   ）

10.3.2 任务成果

将"2号住宅楼"各层剪力墙柱的土建工程量和钢筋工程量填入表3-14中。（可从软件导出,打印后粘贴在对应表格中。）

表3-14 剪力墙柱各楼层工程量汇总

层数 构件	剪力墙柱土建工程量/m³				剪力墙柱钢筋工程量/kg			
	一1层	第1层	第2~3层	第4~9层	一1层	第1层	第2~3层	第4~9层
YBZ1								
YBZ2								
YBZ3								
YBZ4								
YBZ5								
YBZ6								
YBZ7								
YBZ8								
YBZ9								
YBZ10								
YBZ11								
YBZ12								

续表

层数 构件	剪力墙柱土建工程量/m³				剪力墙柱钢筋工程量/kg			
	—1层	第1层	第2~3层	第4~9层	—1层	第1层	第2~3层	第4~9层
YBZ13								
YBZ114								
YBZ115								
YBZ116								
YBZ117								
YBZ114								
GBZ1								
GBZ2								
GBZ3								
GBZ4								
GBZ5								
GBZ6								
GBZ7								
GBZ8								
GBZ9								
GBZ10								
GBZ11								

注：根据图纸实际情况填写本表。

10.4 总结拓展

10.4.1 查改标注

剪力墙柱一般可使用"点"绘制或利用偏移辅助"点"绘制，或利用辅助线等功能，除此以外，如遇到有相对轴线偏心的剪力墙柱时，也可使用"查改标注"的方法进行偏心柱的设置和修改。查改标注的具体步骤如图 3-110 所示。

操作步骤：

① 选中图元；

② 单击"建模"；

③ 选择"柱二次编辑"导航栏里面的"查改标注"；

④ 依次修改方框内标注信息后按回车键确定，右键结束命令。

10.4.2 识别柱大样

1. 利用"CAD 识别"来识别柱构件

利用"CAD 识别"来识别柱构件过程中，首先需要"添加图纸"，其次通过"识别柱大样"对剪力墙柱进行定义，最后利用"识别柱"的功能生成柱构件。主要流程：添加图纸→识别柱大样→识别柱。

2. 识别柱大样生成构件

如果图纸中的剪力墙柱采用柱大样的形式来标记，则具体识别柱大样生成构件的操作

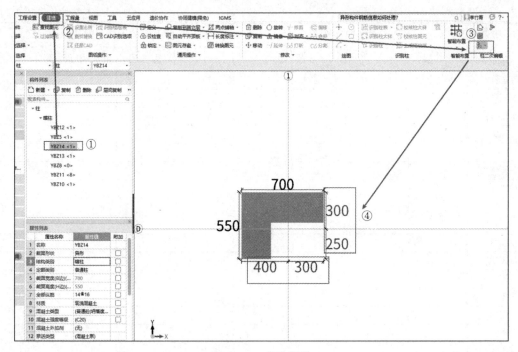

图 3-110 查改标注

方法如图 3-111 所示。

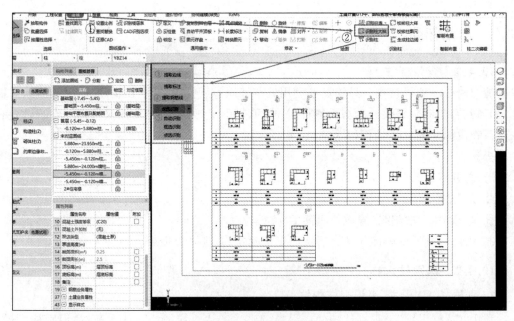

图 3-111 识别柱大样

操作步骤：

① 单击"建模"选项卡；

② 选择"识别柱"导航栏里面的"识别柱大样"；

③ 提取柱大样边线及标注,参照前面识别柱章节的方法,单击"提取边线"和"提取标注"功能完成柱大样边线、标注的提取;

④ 提取钢筋线。单击"提取钢筋线"提取所有柱大样的钢筋线,右击确定;

⑤ 自动识别柱大样。提取完成后,单击"点选识别",其中有三种识别方式,点选识别(通过鼠标选择来识别柱大样)、自动识别(软件自动识别柱大样)、框选识别(通过框选需要识别的柱大样来识别)。在识别柱大样完成后,软件定义了剪力墙柱属性,最后需要通过前期介绍的"提取边线""提取标注""自动识别"功能来生成柱构件,此处不再重复叙述。

学习新视界17

工程造价数字化管理与国家重大工程建设(以北京大兴国际机场为例)

近年来,中国建筑业迅猛发展,众多国家重大基础设施项目的建设给我国带来了无限的发展机遇。然而,这些工程项目背后,除了雄伟的建筑和壮丽的景观,更隐藏着复杂的工程造价管理挑战。在这个过程中,数字化工具的应用在工程造价管理中崭露头角,为项目的成功实施提供了强大支持。

1. 数字化工具的智能应用

在北京大兴国际机场建设中,中国建筑集团采用了先进的技术和数字化工具,其中包括建筑信息模型(BIM)技术和项目管理软件。这些工具不仅仅是技术上的创新,更是智能管理的具体体现。通过 BIM 技术,项目各方能够在一个虚拟的三维模型中实时协同工作,提前发现潜在问题,确保设计与实际施工高度匹配。项目管理软件则通过数据分析、资源调配等功能,使项目管理更加精细化,为工程造价管理提供了有力保障。

2. 成本管控的关键性

在工程建设中,成本控制是保障项目可持续发展的重要环节。数字化工具的应用为成本管控提供了更为精准和迅速的手段。通过实时的成本估算和预测,项目团队能够对资金流向有清晰的了解,及时调整预算计划,防范潜在风险。在北京大兴国际机场项目中,中国建筑集团通过数字化工具,实现了对成本的动态管理,确保了项目在有限的预算内取得了最大的效益。

3. 科技创新与国家强大后盾

在北京大兴国际机场这样的国家重大工程背后,科技创新是推动工程建设的强大动力。数字化工具的引入,体现了我国在信息技术领域的强大实力。这不仅仅是一项工程造价管理的技术革新,更是国家综合实力的展现。通过科技创新,我国在国际舞台上逐渐建立了更加强大的工程建设后盾,彰显了国家的领导力和综合实力。北京大兴国际机场于 2019 年正式投入运营,成为中国航空业的一个关键枢纽。中国建筑集团通过在这一项目中的成功实践,展示了数字化工具在大型基础设施建设中的应用潜力,为行业树立了标杆。

在工程造价管理中,数字化工具的应用已经不仅仅是提高效率的问题,更是一种国家实力的体现,一种责任观念的践行。通过北京大兴国际机场这一项目的成功经验,我们看到了技术创新与思想观念的双重变革,看到了数字化工具在国家重大工程建设中的深刻意义。在未来,工程造价管理将继续走向智能化、数字化,为国家基础设施建设提供更为有力的支持。

参 考 文 献

[1] 中国建筑标准设计研究院有限公司.混凝土结构施工图平面整体表示方法制图规则和构造详图(现浇混凝土框架、剪力墙、梁、板):22G101-1[S].北京:中国建筑标准出版社,2022.

[2] 中国建筑标准设计研究院有限公司.混凝土结构施工图平面整体表示方法制图规则和构造详图(现浇混凝土板式楼梯):22G101-2[S].北京:中国建筑标准出版社,2022.

[3] 中国建筑标准设计研究院有限公司.混凝土结构施工图平面整体表示方法制图规则和构造详图(独立基础、条形基础、筏形基础、桩基础):22G101-3[S].北京:中国建筑标准出版社,2022.

[4] 陕西省建筑标准设计办公室.09系列建筑图集.轻质空心条板隔墙:陕09J07-1[S].北京:中国计划出版社,2010.

[5] 陕西省建筑标准设计办公室.09系列建筑图集.钢丝网架水泥夹芯板隔墙:陕09J07-2[S].北京:中国计划出版社,2010.

[6] 陕西省建筑标准设计办公室.09系列建筑图集.楼梯、栏杆、栏板:陕09J08[S].北京:中国计划出版社,2010.

[7] 陕西省建筑标准设计办公室.09系列建筑图集.建筑用料及做法:陕09J01[S].北京:中国计划出版社,2010.

[8] 陕西省建筑标准设计办公室.09系列建筑图集.屋面:陕09J02[S].北京:中国计划出版社,2010.

[9] 中华人民共和国住房和城乡建设部.房屋建筑与装饰工程工程量计算规范:GB 50854—2013[S].北京:中国计划出版社,2012.

[10] 陕西省建设厅.陕西省建筑、装饰工程消耗量定额[S].陕西:陕西科学技术出版社,2004.